21世纪全国高职高专土建系列工学结合型规划教材

建筑安装工程计量与计价实训

（附图纸）

（第2版）

主　编　景巧玲　冯　钢

副主编　张贵芳　杜丽丽　金幼君

　　　　成春燕　朱溢镕　徐　欣

参　编　易智军　刘师雨　戴晓燕

主　审　华　均

北京大学出版社
PEKING UNIVERSITY PRESS

内容简介

本书根据高职高专院校土建类专业的人才培养目标、教学大纲，建筑安装工程计量与计价实训的教学特点和要求，并按照国家和湖北省相关部门颁布的有关新规范、新标准编写而成。

全书共分3个工作任务，包括建筑安装工程定额计价实训、建筑安装工程工程量清单计价实训和工程造价软件应用实训。本书结合高等职业教育的特点，立足基本理论的阐述，把“案例教学法”的思想贯穿于全书的编写过程中，采用“真题实做”的编写方式，注重实践能力的培养，体现“教、学、做”一体的实践性教学模式。本书选择从单一的分部分项工程到较为复杂的单位工程的施工图进行预算的编制，编写上具有实用性、系统性和先进性的特点。

本书可作为高职高专建筑工程技术、工程造价、工程监理及相关专业的实践课程教学用书，也可作为本科院校、中专、函授师生及土建类工程技术人员的参考书。

图书在版编目(CIP)数据

建筑安装工程计量与计价实训/景巧玲，冯钢主编. —2版. —北京：北京大学出版社，2015.7
(21世纪全国高职高专土建系列工学结合型规划教材)
ISBN 978-7-301-25683-1

Ⅰ.①建… Ⅱ.①景…②冯… Ⅲ.①建筑安装—建筑造价管理—高等职业教育—教材 Ⅳ.①TU723.3

中国版本图书馆CIP数据核字(2015)第084367号

书　　名 建筑安装工程计量与计价实训（第2版）
著作责任者 景巧玲　冯　钢　主编
策划编辑 杨星璐
责任编辑 伍大维
标准书号 ISBN 978-7-301-25683-1
出版发行 北京大学出版社
地　　址 北京市海淀区成府路205号　100871
网　　址 http://www.pup.cn　新浪微博：@北京大学出版社
电子信箱 pup_6@163.com
电　　话 邮购部62752015　发行部62750672　编辑部62750667
印 刷 者 三河市博文印刷有限公司
经 销 者 新华书店
787毫米×1092毫米　16开本　17.75印张　400千字
2011年9月第1版
2015年7月第2版　2018年7月第3次印刷(总第7次印刷)
定　　价 36.00元（附图纸）

第 2 版前言

本书为北京大学出版社“21 世纪全国高职高专土建系列工学结合型规划教材”之一。本书根据高职高专土建类专业的人才培养目标、教学计划及建筑安装工程计量与计价实训课程的教学特点和要求，以最新的国家规范《建设工程工程量清单计价规范》(GB 50500—2013)、《通用安装工程工程量计算规范》(GB 50586—2013)，以及湖北省最新出台的《湖北省通用安装工程消耗量定额及单位估价表》(2013 版)、《湖北省建筑安装工程费用定额》(2013 版)等为主要依据编写而成。本书内容紧密结合建筑安装工程计量与计价的实践性教学特点，针对培养学生实用性技能的要求，系统而详细地制订了建筑安装工程计量与计价课程的实训计划，做到理论联系实际，突出案例教学法，采用“真题实做、任务驱动”的模式，以提高学生的实际应用能力，具有实用性、系统性和先进性的特点。

目前，传统的定额计价办法和工程量清单计价办法共存于招标、投标活动中，为此本书在内容的编排上共分 3 个工作任务。各个工作任务主要包括实训目的和要求、实训内容、实训时间安排、实训的编制依据、编制步骤和方法，每个工作任务均附有独立、成套的安装工程施工图设计文件和相应的标准表格，本书推荐按 40～60 学时安排教学，教师可根据不同的使用专业灵活安排学时。

本书突破已有相关教材的知识框架，注重理论与实践相结合，采用全新体例编写，内容丰富，案例翔实，并附有多个建筑安装专业工程的实训选题供读者选用。实训图纸包括给排水工程、电气工程、采暖工程、消防工程、通风空调工程五大专业内容。案例工程大小合适，专业类型齐全，能满足建筑安装工程计量与计价实训教学需要，既可以作为手工算量实训案例，满足手工算量实训需要；也可以作为软件算量实训案例，满足软件算量实训要求。教师可在每个专业工程教学开始时，将工作任务布置下去，随着教学进度的推进，逐步完成实训任务；也可以在课程学习结束后，安排若干实训任务周集中进行课程实训。本书既可作为建筑安装工程造价相关专业的实训用书，也可作为岗位培训或建设工程相关人员的学习用书。

本书由湖北城市职业技术学院景巧玲和济南工程职业技术学院冯钢担任主编；湖北城建职业技术学院张贵芳、杜丽丽、金幼君，济南工程职业技术学院成春燕，广联达股份有限公司朱溢镕，湖北水利水电职业技术学院徐欣担任副主编；中国建筑第三工程局有限公司易智军，广联达股份有限公司刘师雨，湖北第二师范学院戴晓燕参编。湖北城市建设职业技术学院华均对本书进行了审读，并提出了很多宝贵意见。湖北省工程造价管理总站总工柯经安、中德华建(北京)国际建设工程有限公司造价工程师胡学武对本书的编写也提供了指导和帮助，在此一并表示诚挚感谢！

《安装工程计量与计价实训》由湖北城市职业技术学院景巧玲和济南工程职业技术学院冯钢担任主编；湖北城建职业技术学院张贵芳、金幼君，六安职业技术学院胡劲德，湖北水利水电职业技术学院徐欣，济南工程职业技术学院成春燕担任副主编；湖北省工程造价管理总站李志欣，湖北第二师范学院戴晓燕，中国建筑第三工程局有限公司易智军，湖北城市建设职业技术学院杜丽丽参编。济南工程职业技术学院肖明和对该书进行了审读，并提出了许多宝贵意见。在此，向诸位编者表示感谢！

本书在编写过程中，参考和引用了国内外大量文献资料，在此谨向原书作者表示衷心的感谢。由于编者水平有限，本书难免存在不足和疏漏之处，敬请各位读者批评指正。联系 E-mail：jinlin2823@sina.com。

编　者

2015 年 2 月

CONTENTS

目录

工作任务1

建筑安装工程定额计价实训

教学目标

课程实训是工程造价专业的学生在完成了教学计划规定的专业基础课程和专业课程后进行的一次综合性实践学习活动，是进行职业能力训练和职业素质培养的重要实践性教学环节。课程实训使学生将所学各科知识加以综合，通过实际的系统运用和操作，加深对所学知识的理解，培养系统全面地总结运用所学的建筑安装定额原理和工程概预算理论编制建筑安装施工图预算的能力，能够做到理论联系实践、产学结合，进一步培养学生独立分析解决问题的能力，培养安装工程造价员的岗位职业能力，为其步入社会工作奠定基础。

教学要求

能力目标	知识要点	相关知识	权重
掌握基本识图能力	正确识读安装工程各专业的施工图纸	施工图的基础知识、常用材料和设备、识图方法	0.2
掌握分部分项工程项目的划分	根据定额计算规则和图纸内容正确划分各分部分项工程	定额子目组成、工程量计算规则、工程具体内容	0.1
掌握工程量的计算方法	以建筑安装工程工程量的计算规则、定额计量单位为基础，正确计算各项工程量	工程量计算方法	0.4
掌握定额子目的正确套用	按照图纸的做法，套用最恰当的定额子目	定额项目选择、定额基价换算	0.2
掌握预算表、费用计算程序表的编制	确定各项费率系数，正确计取建筑安装工程费用，计算工程总造价	费用项目及费率系数、计费程序表	0.1

1.1 建筑安装工程定额计价实训任务书

1.1.1 实训目的和要求

1. 实训目的

实训是工程造价专业学生在完成了教学计划规定的专业基础课程和专业课程后进行的一次综合性实践学习活动，是进行职业能力训练和职业素质培养的重要实践性教学环节。实训使学生将所学知识加以综合，通过实际的系统运用和操作，加深对所学知识的理解，培养并锻炼学生理论联系实际和独立思考的工作作风，提高其分析问题和解决问题的工作能力。根据本专业实际工作的需要，学生通过本阶段的课程实训，应会编制较复杂的建筑安装单位工程施工图预算。

(1) 加深对预算定额的理解和运用，掌握现行《湖北省通用安装工程消耗量定额及单位估价表》(2013 版)和《湖北省建筑安装工程费用定额》(2013 版)的使用方法。

(2) 通过课程实训，使学生能够按照施工图预算的要求进行项目划分及列项，并能熟练地进行工程量计算，将理论知识运用到实际计算中去。

(3) 掌握建筑安装预算费用的组成，通过课程实训理解建筑安装工程费用的计算程序。

(4) 通过课程实训，学生应掌握采用定额计价的方式编制建筑安装工程施工图预算文件的程序、方法、步骤、图表填写规定等。

2. 实训具体要求

本课程实训，要求每人利用相关基本资料，如图纸、定额、标准图集及相关文件等，认真独立地完成以下实训任务。

(1) 完成该建筑安装工程各专业工程的工程量计算，并编制工程量汇总表。安装工程的主要专业工程有：电气工程，给排水、采暖、燃气工程，消防工程，通风空调工程，工业管道工程等。

(2) 课程实训期间，必须发扬实事求是的工作作风，独立思考并完成实训任务，最后提交的实训成果要资料齐全，文字语言表述清晰、简练，数据计算正确、有依据。

(3) 综合实训要求在指定教室、指定时间接受老师指导，独立完成实训任务。

1.1.2 实训内容

1. 实训需要的图纸

(1) 某工程建筑电气工程施工图、工业管道工程施工图、水暖工程施工图、消防工程施工图、通风空调工程施工图各一套。

(2) 设计说明、施工做法说明等详见工程施工图。

(3) 其他未尽事项，可根据规范、规程、图集及具体情况讨论选用，并在编制说明中注明。

2. 实训的具体内容

根据现行的预算定额、费用定额和指定的施工图实训文件等资料，完成以下任务内容。

(1) 列项目计算工程量。

(2) 套用预算定额确定直接工程费(编制工程计价表)。

(3) 进行主要材料分析。

(4) 编制取费程序表，计算工程造价。

(5) 编制说明。

(6) 填写封面，整理装订成册。

1.1.3 实训时间安排

实训时间安排见表1-1。

表1-1 实训时间安排表

序号	内容	时间/天
1	实训准备工作及识读图纸、图纸答疑、项目划分	1
2	工程量计算	2.5
3	编制工程计价表	1.0
4	计算工程造价、复核、编制说明、填写封面、整理装订成册	0.5
5	合计	5

1.2 建筑安装工程定额计价实训指导书

1.2.1 编制依据

(1) 课程实训应严格执行国家和湖北省最新的行业标准、规范、规程、定额及有关造价政策及文件。

(2) 本课程实训依据《湖北省通用安装工程消耗量定额及单位估价表》(2013版)、《湖北省建筑安装工程费用定额》(2013版)以及配套执行的《湖北省建设工程计价管理办法》。

(3) 依据实训的施工图文件、实训时的材料市场价格信息资料。

1.2.2 编制步骤和方法

1. 熟悉施工图设计文件

为了准确、快速地编制施工图预算，在编制安装工程等单位工程施工图预算之前，必须全面熟悉施工图纸，了解设计意图和工程全貌。熟悉图纸的过程，也是对施工图纸的再审查过程。检查施工图、标准图等是否齐全，如有短缺，应当补齐。对设计中的错误、遗

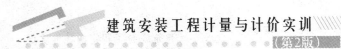

漏可提交设计单位改正、补充。对于不清楚之处，可通过技术交底解决。这样，才能避免预算编制工作的重算和漏算。熟悉图纸一般可按如下顺序进行。

1）阅读《设计说明书》

《设计说明书》中阐明了设计意图，施工要求，管道保温材料、方法，管道材料、连接方法等内容。

2）熟悉图例符号

安装工程的工程施工图中管道、管件、附件、灯具、设备和器具等，都是按规定的图例表示的。所以在熟悉施工图纸时，了解图例所代表的内容是十分必要的。

3）熟悉工艺流程

电气工程、给排水、供暖、燃气工程和通风空调等工程施工图，是按照一定工艺流程顺序绘制的。如识读建筑给水系统图时，可按引入管→水表节点→水平干管→立管→支管→用水器具的顺序进行。因此，了解工艺流程(或系统组成)，对熟悉施工图纸是十分必要的。

4）熟读施工图纸

在熟悉施工图纸时，应将施工平面图、系统图和施工详图结合起来看。从而弄清楚管道与管道、管道与管件、管道与设备(或器具)间的关系。有的内容在平面图或系统图上看不出来时，可在施工详图中弄清楚。如卫生间管道及卫生器具安装尺寸，通常不标注在平面图和系统图上，因此计算工程量时，可在施工详图中找出相应的尺寸。

5）熟悉合同或协议

熟悉、了解建设单位和施工单位签定的工程合同、协议内容和有关规定是很必要的。因为有些内容在施工图和设计说明书中是反映不出来的，如工程材料供应方式、包干方式、结算方式、工期及相应的奖罚措施等内容，都是在合同或协议中写明的。

6）熟悉施工组织设计

施工单位根据安装工程的工程特点、施工现场情况和自身施工条件和能力(技术、装备等)，编制的施工组织设计，对施工起着组织、指导作用。编制施工图预算时，应考虑施工组织设计对工程费用的影响因素。

2. 计算工程量

工程量是编制施工图预算的主要数据，是一项细致、烦琐、量大的工作。工程量计算的准确与否，直接影响施工图预算的编制质量、工程造价的高低、投资大小、施工企业的生产经营计划的编制等。工程量计算要严格按照预算定额规定和工程量计算规则进行。工程量计算时，通常采用表格形式计算，表格形式见表1-2。

表1-2 工程量计算表(样表)

工程名称：　　　　　　　　　年　月　日　　　　　　　　共　页　第　页

序号	分部分项工程名称	单位	数量	计 算 式	备 注

为了做到计算准确，便于审核，工程量计算的总体要求包括以下几个方面。

(1) 根据实训图纸、施工说明书和预算定额的规定要求，先列出本工程的分部工程和分项的项目顺序表，逐项计算，对定额缺项需要调整换算的项目要注明，以便作补充换算计算表。

(2) 计算工程量所取定的尺寸和工程量计量单位要符合预算定额的规定。

① 计算单位要求与定额工程量计算规则一致。

② 计量精度要求：数据保留 3 位小数，最终结果保留 2 位小数。

③ 工程量计算顺序：管道工程以管道系统为单位，一般由入(出)口起，先主干管，后支管；先进入，后排出；先设备，后附件。电气工程计算工程量时一般沿电流方向，先电源引入、再干线、后支线的顺序，按回路分别计算管线工程量。

工程量计算完毕，按预算定额的规定和要求，一般可按分部分项工程的顺序汇总，整理填入工程量汇总表，表格形式见表 1-3。

表 1-3　工程量汇总表(样表)

工程名称：　　　　　　　　　　年　月　日　　　　　　　　　　共　页　第　页

序号	分部分项工程名称	单位	数量	计　算　式	备　　注

3. 编制单位工程预算表

(1) 工程量计算完毕并核对无误后，用所得到的工程量，套用《湖北省建筑安装工程费用定额》(2013 版)中相应的定额基价，填入单位工程预算表，计算直接工程费并汇总。套用定额预算单价时，所列分项工程的名称、规格、计量单位必须与预算定额所列内容完全一致，且所列项目一般按预算定额的分部分项(或章、节)顺序排列。其样表无统一规定时，参照表 1-4。

表 1-4　安装工程预(结)算书(样表)

工程名称：　　　　　　　　　　年　月　日　　　　　　　　　　共　页　第　页

定额编号	分项工程名称	单位	数量	单价/元				合价/元			
				主材	基价	其中工资	其中机械	主材	合计	其中工资	其中机械

特 别 提 示

套用预算定额单价时需注意以下几点。

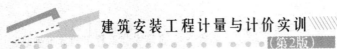

(1) 项目的名称、规格、计量单位必须与消耗量定额或价目表中所列内容一致，否则重套、错套、漏套预算基价都会引起偏差，导致施工图预算造价偏高或偏低。

(2) 进行了定额换算的项目套用换算后的价格。在套用预算单价前首先要熟悉预算定额总说明及各章、节(或分部、分项)说明，定额中包括哪些工程内容，哪些定额子目可以换算等，在定额册、章说明中都有说明。对于既不能套用，又不能换算的则需编制补充定额。补充定额的编制要合理，并须经当地定额管理部门批准。

(2) 进行主要材料分析和汇总。为制订材料计划，组织材料供应，应编制主要材料明细表，其格式见表1-5。主要材料明细表的前半部分项目栏的填写，与单位工程预算表顺序相同，需分别填写主要材料的名称规格、单位及工料数量。

表1-5　主要材料明细表(样表)

工程名称：　　　　　　　　　　　　　　　　　　　　　年　　月　　日

序　号	材料名称	型号规格	单　位	数　量	单　价	备　注

(3) 直接工程费计算。计算出各分项工程直接工程费后，再将其汇总成分部工程直接工程费，再由分部工程直接工程费汇总成单位工程直接工程费。

4. 编制取费程序表

按照《湖北省建筑安装工程费用定额》(2013版)规定的费用计算程序，编制取费表，计取建筑安装费用，见表1-6。

表1-6　建筑安装工程费用计算程序表(样表)

序号	费用项目	计算方法	金额
1	分部分项工程费	1.1+1.2+1.3	
1.1	人工费	Σ(人工费)	
1.2	材料费	Σ(材料费)	
1.3	施工机具使用费	Σ(施工机具使用费)	
2	措施项目费	2.1+2.2	
2.1	单价措施项目费	2.1.1+2.1.2+2.1.3	
2.1.1	人工费	Σ(人工费)	
2.1.2	材料费	Σ(材料费)	
2.1.3	施工机具使用费	Σ(施工机具使用费)	
2.2	总价措施项目费	2.2.1+2.2.2	
2.2.1	安全文明施工费	(1.1+1.3+2.1.1+2.1.3)×费率	
2.2.2	其他总价措施项目费	(1.1+1.3+2.1.1+2.1.3)×费率	
3	总包服务费	项目价值×费率	
4	企业管理费	(1.1+1.3+2.1.1+2.1.3)×费率	

（续）

序号	费用项目	计算方法	金额
5	利润	(1.1+1.3+2.1.1+2.1.3)×费率	
6	规费	(1.1+1.3+2.1.1+2.1.3)×费率	
7	索赔与现场签证	索赔与现场签证费用	
8	不含税工程造价	1+2+3+4+5+6+7	
9	税金	8×费率	
10	含税工程造价	8+9	

特别提示

表中“索赔与现场签证”指以费用形式表示的不含税费用。取费程序表中的“计算方法”和“费率”以国家、省(市)发布的最新通知为准。

5. 填写编制说明

编制说明是编制者向审核者交代编制方面有关情况的，主要包含以下几方面的内容。

(1) 工程名称及概况。

(2) 采用的定额和费用定额的版本；主要材料的价格依据等。

(3) 特殊项目的补充单价或补充定额的编制依据。

(4) 遗留项目或暂估项目，并说明原因。

(5) 存在的问题及以后处理的办法。

(6) 其他应说明的问题。

6. 编制预算书封面

建筑安装工程预算书

工程名称：________________________　　工程地点：________________

建筑面积：________________________　　结构类型：________________

工程造价：________________________元　　单方造价：________________元/m²

建设单位：________________________　　施工单位：________________

（公章）　　（公章）

审批部门：________________________　　编制人：________________

（公章）　　（印章）

年　月　日　　年　月　日

7. 施工图预算书装订顺序及注意事项

施工图预算书从上到下的装订顺序为：预算书封面→编制说明→取费程序表→单位工程预算表→工程量汇总表→工程量计算表→主要材料明细表。

特别提示

课程实训中，预算书格式要工整规范，书写要清晰，其中预算书封面、编制说明、取费程序表、预算表必须用钢笔或黑色中性笔书写，其余部分可用铅笔，计算要准确，过程要完整，全部采用规定的表格。

1.3 建筑安装工程定额计价实例

1.3.1 电气工程定额计价实例

本例为某住宅小区D型别墅的电气照明与供电工程的定额计价过程，考虑到实训时间的限制，省略了弱电项目。

1. 电气工程设计说明

(1) 本工程为两层框架结构，建筑面积为220m²，一层层高为3.00m，二层3.00m高处设轻钢龙骨吊顶，楼板和坡屋顶为现浇混凝土。

(2) 本建筑物供电电压为380/220V，供电方式为三相五线制供电；供电电源采用交联聚乙烯绝缘钢带铠装聚氯乙烯护套电力电缆YJV22-0.6/1—5×16穿直径40mm镀锌钢管埋地，由室外2m处手孔井引来。

电源进入配电箱后，相线接电涌保护器SPD，保护零线重复接地，接地电阻不大于4Ω。

(3) 室内支线采用BV聚氯乙烯绝缘铜心导线穿KBG扣压式薄壁电气钢导管暗敷于墙或吊顶内。

(4) 配电箱型号为XRM-13，由厂家定制，箱体规格：高×宽×厚＝350mm×400mm×125mm，配电箱底线距地面1.7m安装；开关距地面1.3m暗装；卫生间、厨房插座距地面1.5m安装；客厅、卧室插座距地面0.3m安装，总等电位端子箱和局部等电位端子箱距地面0.3m安装。

(5) 壁灯安装高度为2.5m，镜前灯安装高度为1.8m。

(6) 换气扇吸顶安装。

(7) 垂直接地体采用3根长2.5m的∟50mm×50mm×5mm的镀锌角钢，接地母线采用—40mm×4mm的镀锌扁钢，垂直接地体经接地母线连接后引至总等电位箱和配电箱。局部等电位端子箱与卫生间现浇楼板钢筋网焊接，卫生间现浇楼板内钢筋采用两根ϕ8钢筋纵横焊接。

(8) 未尽事宜均执行《建筑电气工程施工质量及验收规范》(GB 50303—2002)要求。

2. 电气工程施工图识读

本工程电源从室外2m处手孔井引入，电源线采用截面积为16mm²的5心交联聚乙烯绝缘聚氯乙烯护套电力电缆(YJV)。电源引入配电箱后，相线接电涌保护器，保护零线重复接地，再经总空气开关后分为13条支路。其中，WL1为一层多功能空间、过道、室外壁灯照明电源，WL2为一层起居室、休息空间、储藏室照明电源，WL3为二层过道、卫生间、吹拔花灯的照明电源，WL4为二层卧室照明电源，WL5为一层休息空间起居室插座电源，WL6 为一层多动能空间插座电源，WL7 为一层厨房设备插座电源，WL8 为一层多动能空间空调电源，WL9 为一层插座起居室空调插座电源，WL10 为二层卧室电源，WL11 二层卫生间电源，WL12 为二层 1 号卧室空调电源，WL13 为二层 3 号卧室空调插座电源。WL12 支线采用截面积为 $4mm^2$ 的铜心导线穿直径为 25mm 的扣压式薄壁电线钢导管(KBG)暗敷，其余支线均为 $2.5mm^2$ 铜心导线穿直径为 20mm 的扣压式薄壁电线钢导管暗敷。详细情况如附图 1～附图 5 所示，所用设备材料见表 1-7。

表 1-7　设备材料表

序号	图例	名称	规格	单位	数量	备注
1		配电箱	350mm×400mm×125mm	台	1	XRM-13
2	 MEB	总等电位端子箱	300mm×200mm×120mm	台	1	
3		防水壁灯	TCL 室外壁灯	盏	3	室外
4		吊杆灯	TCL 餐厅灯，吊杆灯 800mm 长	盏	1	餐桌上部
5		花灯 1	TCL 9 头花灯	盏	3	起居室花灯
6		壁灯	TCL 室内壁灯	盏	4	楼梯、吹拔
7		吸顶灯 1	TCL 羊皮吸顶灯，房间灯 49×47	盏	3	卧室
8		筒灯	TCL 筒灯 2.5 寸	盏	18	
9		吸顶灯 2	TCL 吸顶灯，直径 300mm	盏	6	1、2 层过道
10		防水防尘灯	TCL 吸顶灯，直径 300mm	盏	5	卫生间、厨房
11		镜前灯	TCL 镜前灯(直管，长 61cm)	盏	2	卫生间
12		花灯 2	TCL 15 头花灯	盏	1	吹拔花灯
13		安全型三极暗装插座	10A/250V	个	1	冰箱专用
14		带保护接点暗装插座	带熔断器 16A/250V	个	6	空调专用
15		安全型双联二三极暗装插座	10A/250V	个	18	
16		安全型三极暗装插座	带开关指示灯 10A/250V	个	1	洗衣机用
17		安全型三极暗装插座	防溅型 10A/250V	个	4	卫生间
18		安全型三极暗装插座	防溅型 10A/250V	个	1	热水器用
19		安全型三极暗装插座	防溅型 10A/250V	个	3	厨房用

(续)

序号	图例	名称	规格	单位	数量	备注
20		暗装延时开关	10A/250V	个	2	
21		暗装单极开关	10A/250V	个	8	
22		暗装双极开关	10A/250V	个	6	
23		暗装三极开关	10A/250V	个	2	
24		暗装双控开关	10A/250V	个	4	
25		换气扇		台	4	
26	 LE	局部等电位端子箱	135mm×75mm×60mm	台		
27		电力电缆	YJV22 - 0.6/1—5×16	m		
28		聚氯乙烯绝缘线	BV - 2.5/4	m		
29		镀锌扁钢	—40×4	m		
30		水煤气管	RC40/32	m		
31		扣压式薄壁钢导管	KBG16/20/25	m		

3. 施工图预算文件的编制

1）工程项目划分

根据供电系统图、平面布置图和《湖北省通用安装工程消耗量定额及单位估价表》(2013 版)，本工程可划分为如下工程项目内容。

(1) 电缆工程。电源进线采用交联聚乙烯绝缘聚氯乙烯护套电力电缆 YJV 0.6/1—5×16 穿直径 40mm 水煤气钢管从室外 2m 处手孔井埋地敷设到室内配电箱，工程内容包括：电缆沟挖填、电缆保护管敷设、电缆敷设、电缆头制作和电缆中间头制作。

(2) 控制设备及低压电器安装。控制设备及低压电器安装项目主要包括：配电箱安装、配电箱外部端子接线、等电位端子箱安装、插座安装、开关安装和风扇安装。

(3) 照明器具安装。根据本工程选用的灯具以及定额配套的示意图号，灯具安装工程内容包括：普通吸顶灯、其他普通灯具、装饰灯具和日光灯。

(4) 配管、配线工程。室内导线均穿扣压式薄壁电线钢导管(KBG)暗敷于墙、混凝土、吊顶内，工程内容包括：KBG 管敷设于墙、混凝土结构、吊顶内；管内穿线和接线盒安装。

(5) 防雷与接地装置安装工程。本工程无防雷工程，接地工程主要为零线重复接地装置安装和卫生间等电位装置安装工程，具体工程内容包括：接地极安装、水平接地体安装、接地母线安装、卫生间等电位盒安装、卫生间均压环安装和接地装置测试。

2）计算工程量

(1) 编制工程量计算表。建筑电气安装工程工程量计算要依据设计说明、施工图、规范和施工标准图进行。工程量计算中要仔细阅读设计说明、施工图，领会设计者的意图，对于有些工程项目的工程量计算还要参阅相应的标准图。本工程工程量计算见表1-8。

表1-8 工程量计算表

序号	项目名称	计算式	单位	工程量	备注
1	电缆沟挖填	[(0.6+0.4)×(2+2.553)×0.9]/2	m^3	2.049	室外沟长2m，室内沟长2.553m，单管敷设，沟的上宽0.6m，沟底宽0.4m，沟深0.9m
2	电缆保护管敷设	2+2.553+2.6	m	7.153	室外沟长2m，室内2.553m，墙上2.6m
3	电缆敷设	(4.553+2.6+1.5+2+2+1.5+1.5+2)×1.025	m	18.094	电缆敷设距离水平4.553m，垂直2.6m，附加长度：室内电缆头1.5m，进配电箱2m，进建筑物2m，出沟1.5m，进沟1.5m，手孔井电缆连接2m，松弛率2.5%
4	干包式电缆头制作	1	个	1.000	室内
5	浇注式电缆中间接头	1	个	1.000	室外手孔井内与外部电源连接
6	接地极制作安装	3	根	3.000	附图1中为3根垂直接地极
7	户外接地母线安装	(10+2)×1.039	m	12.468	户外接地母线(水平接地体)长度为3个接地极之间的连接长度10m和从室外进入室内部分长度2m之和。按照规则，增加3.9%
8	户内接地母线安装	(2.553+2.6)×1.039	m	5.354	进入室内2.553m，垂直引上2.6m。按照规则，增加3.9%
9	接地装置调试	1	组	1.000	室外一组接地装置接地电阻测试
10	卫生间等电位盒安装	1	个	1.000	二层卫生间1个等电位盒
11	卫生间等电位均压环安装	4+2.4	m	6.400	二层卫生间长4m、宽2.4m，采用直径8mm钢筋纵横焊接
12	配电箱安装	1	台	1	配电箱规格：350mm×400mm×125mm

（续）

序号	项目名称	计算式	单位	工程量	备注
13	配电箱外部端子接线	5	个	5	配电箱进线共 5 个端子，截面积 16mm²
		35	个	35	截面积为 6mm² 以下共 35 个接线端子
14	等电位箱	1	个	1	总等电位端子盒，设于一层储藏室
15	换气扇	4	台	4	卫生间换气扇，规格 350mm×350mm
16	卫生间 PE 线穿管	2＋1.30	m	3.30	从卫生间插座连接到局部等电位盒的配管，采用 KBG16
17	卫生间配 PE 线	2＋1.30	m	3.30	从卫生间插座连接到局部等电位盒，采用 BV2.5 导线
18	WL1 支线墙、楼板内配管	合计	m	28.15	WL1 支线采用直径 16mm 的 KBG 管
	WL1 支线配管详细计算过程	1.30－0.35＋6.50＋3.46	m	10.91	从配电箱上边线开始向上引入到楼顶，再从楼顶引入到多功能空间的花灯。式中 0.35m 长是配电箱高度
		1.87＋1.70	m	3.57	花灯开关控制线，线管内 3 根线
		2.05＋4.05＋3.97＋3.60	m	13.67	筒灯电源及开关配管
19	WL1 支线配线	[(0.35＋0.40)＋10.91＋13.67] × 2＋3.57×3	m	61.37	(0.35＋0.40)m 为配电箱半周长，管内配线为 BV2.5 导线
20	WL2 支线配管	合计	m	57.48	WL2 支线采用直径 16mm 的 KBG 管
	WL2 支线配管详细计算过程	1.30－0.35＋2.07	m	3.02	配电箱上边线开始向上引入到屋顶，再引入到过道中间的吸顶灯，式中 0.35m 长是配电箱高度
		3.26	m	3.26	过道中间吸顶灯到过道右侧吸顶灯配管，此段管穿 3 根导线
		0.64＋0.50＋0.86＋1.70	m	3.70	室外壁灯电源及控制
		3.96＋1.22＋1.70	m	6.88	中间吸顶灯到左侧吸顶灯以及开关配管，开关上部设置 1 个分线盒，管内穿 3 根导线

（续）

序号	项目名称	计算式	单位	工程量	备注
20	WL2 支线配管详细计算过程	2＋0.50＋0.50	m	3.00	过道右侧吸顶灯到室外壁灯电源
		2.72	m	2.72	过道中间吸顶灯到休息空间壁灯位置顶部配管，此处设置 1 个分线盒
		1＋1.70	m	2.70	休息空间壁灯开关控制导线配管
		0.50＋2.94＋0.50	m	3.94	休息空间壁灯电源配管
		3.99	m	3.99	过道中间吸顶灯到起居室餐桌上部吊杆灯电源配管
		2.17	m	2.17	起居室吊杆灯到厨房防水防尘灯配管
		1.83＋3.83	m	5.66	起居室上部厨房筒灯配管
		3.17	m	3.17	起居室吊杆灯到起居室花灯配管
		1.45＋1.70	m	3.15	起居室灯开关电源配管，此管内穿 5 根导线
		1.30－0.35＋0.76＋2.35＋0.47	m	4.53	储藏室和 1 层卫生间灯及换气扇电源
		0.92＋1.70	m	2.62	储藏室灯开关
		1.27＋1.70	m	2.97	卫生间灯及换气扇开关，此开关为双极，故穿 3 根线
21	WL2 支线配线	[(0.35＋0.40)＋3.02＋3.70＋3＋2.72＋2.70＋3.94＋3.99＋2.17＋5.66＋3.17＋4.53＋2.62] ×2＋(3.26＋6.88＋2.97) ×3＋3.15×5	m	139.02	(0.35＋0.40)m 为配电箱半周长，管内配线为 BV2.5 导线
22	WL3 支线墙内配管	合计	m	25.27	WL3 支线墙内采用直径 16mm 的 KBG 管
23	WL3 支线吊顶内配管	合计	m	33.70	WL3 支线吊顶内采用直径 16mm 的 KBG 管
	WL3 支线详细配管计算过程	1.30－0.35＋1.30	m	2.25	从配电箱上部向上引到楼梯位置双控开关，0.35m 为配电箱高度
		1.70	m	1.70	从双控开关引到二层楼顶，设置一个分线盒。此管内有 3 根导线

(续)

序号	项目名称	计算式	单位	工程量	备注
23	WL3 支线详细配管计算过程	2.10+2.20	m	4.30	引入到吹拔顶部花灯，再引入到J轴线墙面。此处为吊顶内安装，管内有3根导线
		4.70	m	4.70	从J轴线墙内引入一层双控开关，此段管内有3根导线，吊顶内安装
		2.50+3.16+1.50	m	7.16	从吹拔分线盒到两个编号为b的吸顶灯，吊顶内安装
		1.70	m	1.70	b吸顶灯开关控制线
		2.21+1.67	m	3.88	从编号为b的吸顶灯引到编号为a的吸顶灯，吊顶内安装
		1.70	m	1.70	a吸顶灯控制开关
		2.24	m	2.24	从编号为b的吸顶灯引到公共卫生间防水防尘灯，吊顶内安装
		1.25	m	1.25	从公共卫生间防水防尘灯引到镜前灯墙面上部吊顶内配管，镜前灯1.8m安装
		1.20	m	1.20	镜前灯墙面配管
		1.34+0.46	m	1.80	从公共卫生间防水防尘灯引到公共卫生间换气扇插座上部，再引到换气扇，吊顶内安装，插座1.5m安装，换气扇吸顶安装
		1.50	m	1.50	卫生间插座墙内配管，管内3根导线
		1.26	m	1.26	从公共卫生间防水防尘灯经吊顶引到墙面控制开关上部，此管内4根导线，吊顶内安装
		1.70	m	1.70	三极开关墙内配管，故穿4根导线
		2.18	m	2.18	从公共卫生间防水防尘灯引到3号卧室卫生间，吊顶内安装
		1.28	m	1.28	从3号卧室卫生间防水防尘灯吊顶内引到镜前灯，镜前灯1.8m安装
		1.20	m	1.20	从吊顶经墙内配管到镜前灯，镜前灯1.8m安装

（续）

序号	项目名称	计算式	单位	工程量	备注
23	WL3 支线详细配管计算过程	1.45+1.00	m	2.45	从3号卧室卫生间防水防尘灯引到3号卧室卫生间换气扇插座，再引到换气扇，吊顶内安装，插座1.5m安装，换气扇吸顶安装
		1.50	m	1.50	3号卧室卫生间换气扇插座墙内配管，插座1.5m安装，管内3根导线
		1.20	m	1.20	3号卧室卫生间开关，此处开关为3极开关，故穿4根线，吊顶内安装
		1.70	m	1.70	3号卧室卫生间开关墙内配管，穿4根线
		$(1.80^2+1^2)^{1/2}+2.50+2.50+(1.80^2+1^2)^{1/2}$	m	3.02	楼梯壁灯电源引自WL3，从2层双控开关处引入，沿墙斜上进入左侧壁灯，再引下到楼梯平台地板，再引上到右侧壁灯，然后到1层双控开关。壁灯安装距地2.5m，此段线管穿3根导线
24	WL3 支线配线	[(0.35+0.40)+2.25+7.16+1.70+1.70+3.88+1.70+2.24+1.25+1.20+1.80+1.26+2.18+1.28+1.20+2.45+9.12]×2+(1.70+4.30+4.70+1.50+1.50+9.12)×3+(1.70+1.20+1.70)×4	m	173.10	(0.35+0.40)m为配电箱半周长，管内配线为BV2.5导线
25	WL4 支线墙内配管	合计	m	12.57	KBG管直径16mm
26	WL4 支线吊顶内配管	合计	m	38.82	KBG管直径16mm
	WL4 支线详细配管计算过程	1.30−0.35+3	m	3.95	从配电箱上边线引到二层楼顶吊顶内
		1.40+6.58+1.15	m	9.13	通过吊顶引入到1号卧室吸顶灯
		1.82+1.70	m	3.52	1号卧室花灯控制开关配管
		3.38	m	3.38	从1号卧室花灯吊顶内引到2号卧室花灯电源配管

(续)

序号	项目名称	计算式	单位	工程量	备注
26	WL4 支线详细配管计算过程	1.63	m	1.63	2 号卧室花灯控制开关吊顶内配管
		1.70	m	1.70	2 号卧室花灯控制开关墙内配管
		2.03+0.72+1.81	m	4.56	二层阳台吸顶灯吊顶内配管，此处安装接线盒 1 个
		1.70	m	1.70	二层阳台吸顶灯控制开关墙内配管
		4.89+2.66	m	7.55	从 2 号卧室花灯引到 3 号卧室花灯以及开关吊顶内配管
		1.70	m	1.70	3 号卧室花灯控制开关墙内配管
27	WL4 支线配线	[(0.35+0.40)+3.95+9.13+3.52+3.38+1.63+1.70+4.56+1.70+7.55+1.70] ×2	m	79.14	(0.35+0.40)m 为配电箱半周长，管内配线为 BV2.5 导线
28	WL5 支线配管	合计	m	20.80	WL5 支线采用直径 20mm 的 KBG 管
	WL5 支线详细配管计算过程	1.70−0.3	m	1.40	配电箱垂直引出至墙面距地面 0.3m，此处装分线盒
		1.20	m	1.20	从休息室分线盒沿 7 轴线水平引至墙面插座
		0.30	m	0.30	从插座引到地下
		4+0.30	m	4.30	从地下再到墙面引至 K 轴线插座
		0.30+4.10+1+0.30	m	5.70	从休息空间墙面分线盒经地下引到吧台插座
		0.30+1+2.80+0.30	m	4.40	从吧台插座经地下引到起居室 D 轴线插座
		3.50	m	3.50	从起居室 D 轴线插座经墙内引到 A 轴线位置插座
29	WL5 支线配线	[(0.35+0.40)+1.40+1.20+0.30+4.30+5.70+4.40+3.50] ×3	m	64.65	(0.35+0.40)m 为配电箱半周长，管内配线为 BV−3×2.5

（续）

序号	项目名称	计算式	单位	工程量	备注
30	WL6 支线配管	合计	m	24.24	WL 支线配直径 20mmKBG 管
	WL6 支线配管详细计算过程	1.70+1.55+3.85+3.28+0.30	m	10.68	配电箱垂直引出经地下再到 5 轴线墙面插座
		0.30+4.82+0.3+3.46	m	8.88	从 5 轴线插座引至 1 轴线墙面两个插座
		0.30+4.08+0.30	m	4.68	从 5 轴线插座引至 B 轴线墙面插座
31	WL6 支线配线	[(0.35+0.4)+10.68+8.88+4.68]×3	m	74.97	(0.35+0.40)m 为配电箱半周长，管内配线为 BV—3×2.5
32	WL7 支线配管	合计	m	16.89	WL7 支线配直径 20mm 的 KBG 管
	WL7 支线配管详细计算过程	1.70+4.28+2.50+2.48+1.00+0.30	m	12.26	从配电箱下部垂直引出，经地下再到 5 轴线墙面厨房插座
		4.13+0.50	m	4.63	厨房墙面插座连接导线
33	WL7 支线配线	[(0.35+0.40)+12.26+4.63]×3	m	52.92	(0.35+0.40)m 为配电箱半周长，管内配线为 BV—3×2.5
34	WL8 支线配管	1.70+1.55+3.85+3.23+3.03+3.00+0.30	m	16.66	KBG 管直径 20mm，从配电箱下部垂直引出，经地下再到 1 轴线墙面空调插座
34	WL8 支线配线	[(0.35+0.40)+16.66]×3	m	52.23	(0.35+0.40)m 为配电箱半周长，管内配线为 BV—3×2.5
35	WL9 支线配管	1.70+4.28+2.41+0.3	m	8.69	KBG 管直径 20mm，从配电箱下部垂直引出，经地下引到 8 轴线空调插座
36	WL9 支线配线	[(0.35+0.40)+8.69]×3	m	28.32	(0.35+0.40)m 为配电箱半周长，管内配线为 BV—3×2.5
37	WL10 支线配管	合计	m	33.19	KBG 管直径 20mm
	WL10 支线配管详细计算过程	1.30−0.35+1.83+3.81+0.30	m	6.89	从配电箱上边开始引入到 1 层楼顶，再从楼顶穿管引入到 2 号卧室 5 轴线位置插座
		0.30+2.70+0.30	m	3.30	从 2 号卧室 5 轴线位置插座引入到 2 号卧室 B 轴线位置插座
		0.30+3.60+0.30	m	4.20	从 2 号卧室 5 轴线位置插座引入到 2 号卧室 F 轴线位置插座
		0.30+1.65+0.30	m	2.25	从 2 号卧室 F 轴线位置插座引入到 1 号卧室 1 轴线位置插座

（续）

序号	项目名称	计算式	单位	工程量	备注
37	WL10 支线配管详细计算过程	0.30＋2.66＋0.30	m	3.26	从 2 号卧室 F 轴线位置插座引入到 1 号卧室 5 轴线位置插座
		0.30＋2.20＋0.30	m	2.80	从 1 号卧室 F 轴线位置插座引入到 1 号卧室 H 轴线位置插座
		3.84＋0.30＋6.05＋0.30	m	10.49	从 2 号卧室 5 轴线位置插座穿墙引入到 3 号卧室 5 轴线位置插座，再从该插座沿 5 轴线墙引入到 3 号卧室 A 轴线附近位置的插座，然后从楼板穿管到 3 号卧室 8 轴线位置插座
38	WL10 支线配线	[(0.35＋0.40)＋6.89＋3.30＋4.20＋2.25＋3.26＋2.80＋10.49] ×3	m	101.82	(0.35＋0.40)m 为配电箱半周长，管内配线为 BV－3×2.5
39	WL11 支线配管	1.30－0.35＋3.2＋1.5＋1.7＋0.40	m	7.75	KBG 管直径 20mm，从配电箱上边线开始引入到一层楼顶，再从楼顶到卫生间插座
40	WL11 支线配线	[(0.35＋0.40)＋7.75] ×3	m	25.50	(0.35＋0.40)m 为配电箱半周长，管内配线为 BV－3×2.5
41	WL12 支线配管	合计	m	17.64	KBG 管直径 25
	WL12 支线配管详细计算过程	1.30－0.35＋1.13＋8.17＋0.30	m	10.55	从配电箱上边线开始引入到一层楼顶，再从楼顶引到 1 号卧室 H 轴线空调插座
		0.30＋3.25＋3.24＋0.30	m	7.09	从 1 号卧室 H 轴线空调插座引入到 2 号卧室 C 轴线空调插座
42	WL12 支线配线	[(0.35＋0.40)＋10.55＋7.09] ×3	m	55.17	(0.35＋0.40)m 为配电箱半周长，管内配线为 BV－3×4
43	WL13 支线配管	1.30－0.35＋4.73＋2.17＋0.3	m	8.15	从配电箱上边线开始引入 1 层楼顶，再从楼顶到 3 号卧室空调插座
44	WL13 支线配线	[(0.35＋0.40)＋8.15] ×3	m	26.70	(0.35＋0.40)m 为配电箱半周长
45	单相 5 孔插座		个	18	暗装普通安全型 5 孔插座 10A/220V
46	带开关插座		个	1	暗装组合带开关、防溅型 3 孔插座 10A/220V
47	单相 3 孔插座		个	10	防溅型、暗装单相 3 孔插座 10A/220V

（续）

序号	项目名称	计算式	单位	工程量	备注
48	单相3孔插座		个	6	暗装单相3孔插座16A/220V
49	双控开关		个	4	暗装双控开关
50	单联开关		个	8	暗装单联开关，含延迟开关
51	双联开关		个	6	暗装双联开关
52	三联开关		个	2	暗装三联开关
53	分线盒		个	4	分线盒设置规定见教材
54	暗装延时开关		个	2	暗装延时开关
55	半球吸顶灯安装		套	11	TCL吸顶灯，直径300mm
56	方形吸顶灯安装		套	3	TCL羊皮吸顶灯房间灯49cm×47cm
57	壁灯安装		套	7	TCL室内、外壁灯
58	15头花灯安装		套	1	TCL15头花灯
59	9头花灯安装		套	1	TCL9头花灯
60	筒形钢架灯		套	1	TCL餐厅灯吊杆灯800mm
61	筒灯		套	18	TCL筒灯2.5寸
62	镜前灯		套	2	TCL镜前灯(直管，长61cm)

注：表中配管配线工程量计算是按原幅施工图计算，比例为1∶100，教材中图纸比例有所变化，实训时可按1∶150计算，所计算工程量较为接近原图。

(2) 工程量汇总。将工程量按项目分类汇总并整理，并插入《湖北省通用安装工程消耗量定额及单位估价表》(2013版)的定额编号，按照定额子目的编排顺序，将工程量汇总为表1-9。

表1-9 工程量汇总表

序号	定额编号	项目名称	工程量	
			单位	数量
1	C4-275	成套配电箱安装 悬挂嵌入式(半周长1.0m)	台	1
2	C4-373	端子箱 无端子外部接线2.5	10个	3.5
3	C4-379	轴流排气扇	台	4
4	C4-382	扳式暗开关(单控) 单联	10套	0.8
5	C4-383	扳式暗开关(单控) 双联	10套	0.6
6	C4-384	扳式暗开关(单控) 三联	10套	0.2
7	C4-388	扳式暗开关(双控) 单联	10套	0.4

（续）

序号	定额编号	项目名称	工程量	
			单位	数量
8	C4-397	声光控延时开关	10套	0.2
9	C4-399	多联组合开关插座 暗装	10套	0.1
10	C4-417	单相暗插座 15A 3孔	10套	1
11	C4-419	单相暗插座 15A 5孔	10套	1.8
12	C4-428	单相暗插座 30A 3孔	10套	0.6
13	C4-444	压铜接线端子 导线截面 $16mm^2$ 以内	10个	0.5
14	C4-720	铜心电力电缆敷设	100m	0.1758
15	C4-799	5心干包终端头 1kV以下(铜心截面 $35mm^2$ 以下)	个	1
16	C4-836	1kV以下浇注式中间头(铜心截面 $35mm^2$ 以下)	个	1
17	C4-901	角钢接地极 普通土	根	3
18	C4-910	户内接地母线敷设	10m	0.535
19	C4-911	户外接地母线 敷设截面 $200mm^2$ 以内	10m	1.247
20	C4-957	避雷网安装 卫生间等电位均压环 利用圈梁钢筋	10m	0.64
21	C4-967	等电位箱	个	1
22	C4-968	卫生间等电位盒安装	10个	0.1
23	C4-1054	钢管敷设 砖、混凝土结构暗配 钢管公称直径(40mm以内)	100m	0.072
24	C4-1174	砖、混凝土结构暗敷 薄壁电气钢导管公称直径20mm以内	100m	1.604
25	C4-1174	砖、混凝土结构暗敷 薄壁电气钢导管公称直径20mm以内	100m	1.037
26	C4-1175	砖、混凝土结构暗敷 薄壁电气钢导管公称直径32mm以内	100m	0.176
27	C4-1183	轻型吊顶内配管 公称直径20mm以内	100m	0.595
28	C4-1287	管内穿线 照明线路(铜心) 导线截面 $2.5mm^2$ 以内铜心	100m单线	8.848
29	C4-1288	管内穿线 照明线路(铜心)导线截面 $4mm^2$ 以内铜心	100m单线	0.552
30	C4-1404	接线箱(盒)安装 暗装 接线盒	10个	0.4
31	C4-1405	接线箱(盒)安装 暗装 开关盒	10个	5.7
32	C4-1415	半圆球吸顶灯 灯罩直径300mm以内	10套	1.1
33	C4-1418	方形吸顶灯 大口方罩	10套	0.3

（续）

序号	定额编号	项目名称	工程量	
			单位	数量
34	C4－1425	其他普通灯具 一般壁灯(室内壁灯)	10套	0.4
35	C4－1425	其他普通灯具 一般壁灯(室外壁灯)	10套	0.3
36	C4－1425	其他普通灯具 一般壁灯(镜前灯)	10套	0.2
37	C4－1508	花灯安装 吊顶花灯 9头	10套	0.3
38	C4－1509	花灯安装 吊顶花灯 15头	10套	0.1
39	C4－1619	几何形状组合艺术灯具 筒形钢架灯 示意图号166、167	10套	0.1
40	C4－1630	点光源艺术装饰灯具 吸顶式	10套	1.8
41	C4－1909	接地网	系统	1

3）未计价材料费用

本工程未计价材料费用见表1－10。

表1－10　未计价材料费用表

序号	材料名称及规格	单位	数量	单价/元
1	成套配电箱 XRB－13　350mm×400mm×125mm	台	1	1000
2	轴流排气扇　300mm	台	4	135
3	照明开关单联　TCL罗格朗　银韵S 8.0系列	只	8.16	27.9
4	照明开关双联　TCL罗格朗　银韵S 8.0系列	只	6.12	43
5	照明开关三联　TCL罗格朗　银韵S 8.0系列	只	2.04	55
6	照明开关　TCL罗格朗　银韵S 8.0系列	只	4.08	35
7	延时开关	套	2.04	54
8	成套插座　TCL罗格朗　银韵S 8.0系列带开关指示灯三极插座，10A/220V	套	1.02	22
9	成套插座　TCL罗格朗　银韵S 8.0系列防溅型，10A/220V	套	10.2	55
10	成套插座　TCL罗格朗　银韵S 8.0系列安全型，10A/220V	套	18.36	39
11	成套插座　TCL罗格朗　银韵S 8.0系列带熔断器，16A/220V	套	6.12	45
12	铜接线端子	个	5.075	2
13	电缆　YJV　0.6/1—5×16	m	17.7558	58.44
14	角钢接地极　∟50×50×5	kg	28.275	4.4
15	接地母线—40×4(户外)	kg	6.741	4.35
16	接地母线—40×4(户内)	kg	15.7097	4.35

（续）

序号	材料名称及规格	单位	数量	单价/元
17	避雷网安装 卫生间等电位均压环 利用圈梁钢筋	kg	2.528	3.28
18	等电位箱 TD28 大型 200mm×300mm×100mm	个	1	300
19	等电位盒	个	1.02	35
20	钢管 *DN*40	kg	28.70	4.45
21	扣压式薄壁电气钢导管 直径 20mm	m	165.21	2.3
22	扣压式薄壁电气钢导管 直径 16mm	m	106.81	1.9
23	扣压式薄壁电气钢导管	m	18.13	3.2
24	扣压式薄壁电气钢导管 直径 16mm	m	61.29	1.9
25	绝缘导线 $2.5mm^2$ 以内	m	1026.37	2.05
26	绝缘导线 $4mm^2$ 以内	m	60.72	2.46
27	接线盒	个	62.22	2
28	TCL 吸顶灯	套	11.11	138
29	TCL 羊皮吸顶灯房间灯 49cm×47cm	套	3.03	88
30	TCL 室内壁灯	套	4.04	260
31	TCL 室外壁灯	套	3.03	88
32	镜前灯	套	2.02	228
33	TCL 9 头花灯	套	1	360
34	TCL 15 头花灯	套	1.01	538
35	TCL 餐厅灯吊杆灯　长 800mm	套	1.01	828
36	TCL 筒灯 2.5 寸	套	18.18	32

4）编制单位工程预算表

根据工程量计算汇总表 1-9 的项目，套用《湖北省通用安装工程消耗量定额及单位估价表》（2013 版），编制单位工程预算表，并计算工程直接费，其详细计算过程见表 1-11。

表 1-11　单位工程预算表

工程名称：别墅电气工程

序号	定额编号	子目名称	工程量		价值/元		其中/元			主材合价/元
			单位	数量	单价	合价	人工合价	材料合价	机械合价	
一、	0404	控制设备及低压电器				921.28	777.28	144		3981.01
1	C4-275	成套配电箱安装 悬挂嵌入式(半周长 1.0m)	台	1	163.90	163.90	123.26	40.64		1000
	主材	成套配电箱 XRB-13 350mm×400mm×125mm	台	1	1000	1000				1000

（续）

序号	定额编号	子目名称	工程量		价值/元		其中/元			主材合价/元
			单位	数量	单价	合价	人工合价	材料合价	机械合价	
2	C4－373	端子箱 无端子外部接线 2.5	10个	3.5	21.17	74.10	49.21	24.89		
3	C4－379	轴流排气扇	台	4	44.96	179.84	171.20	8.64		540
	主材	轴流排气扇 300mm	台	4	135	540				540
4	C4－382	扳式暗开关(单控)单联	10套	0.8	66.31	53.05	49.30	3.75		227.66
	主材	照明开关单联 TCL 罗格朗 银韵 S 8.0 系列	只	8.16	27.90	227.66				227.66
5	C4－383	扳式暗开关（单控）双联	10套	0.6	71.12	42.67	38.83	3.85		263.16
	主材	照明开关双联 TCL 罗格朗 银韵 S 8.0 系列	只	6.12	43	263.16				263.16
6	C4－384	扳式暗开关（单控）三联	10套	0.2	75.95	15.19	13.56	1.63		112.20
	主材	照明开关三联 TCL 罗格朗 银韵 S 8.0 系列	只	2.04	55	112.20				112.20
7	C4－388	扳式暗开关（双控）单联	10套	0.4	67.45	26.98	24.65	2.33		142.80
	主材	照明开关 TCL 罗格朗 银韵 S 8.0 系列	只	4.08	35	142.80				142.80
8	C4－397	声光控延时开关	10套	0.2	77.44	15.49	14.55	0.94		110.16
	主材	延时开关	套	2.04	54	110.16				110.16
9	C4－399	多联组合开关插座暗装	10套	0.1	244.35	24.44	20.55	3.89		22.44
	主材	成套插座 TCL 罗格朗 银韵 S 8.0 系列带开关指示灯三极插座，10A/220V	套	1.02	22	22.44				22.44
10	C4－417	单相暗插座 15A 3 孔	10套	1	77.65	77.65	66.18	11.47		561
	主材	成套插座 TCL 罗格朗 银韵 S 8.0 系列防溅型，10A/220V	套	10.2	55	561				561
11	C4－419	单相暗插座 15A 5 孔	10套	1.8	96.78	174.20	143.82	30.38		716.04
	主材	成套插座 TCL 罗格朗 银韵 S 8.0 系列安全型，10A/220V	套	18.36	39	716.04				716.04

（续）

序号	定额编号	子目名称	工程量		价值/元		其中/元			主材合价/元
			单位	数量	单价	合价	人工合价	材料合价	机械合价	
12	C4－428	单相暗插座 30A 3孔	10套	0.6	94.33	56.60	46.97	9.63		275.4
	主材	成套插座 TCL罗格朗 银韵S 8.0系列带熔断器，16A/220V	套	6.12	45	275.40				275.4
13	C4－444	压铜接线端子 导线截面（16mm² 以内）	10个	0.5	34.34	17.17	15.2	1.97		10.15
	主材	铜接线端子	个	5.075	2	10.15				10.15
二、	0408	电缆安装				591.48	270.49	319.22	1.77	1037.65
1	C4－720	铜心电力电缆敷设 电缆（截面 35mm² 以内）5心电力电缆时 单价×1.3 截面 25mm² 以内电力电缆套用时 单价×0.85	100m	0.1758	797.93	140.28	82.67	55.84	1.77	1037.65
	主材	电缆 YJV 0.6/1－5×16	m	17.7558	58.44	1037.65				1037.65
2	C4－799	5心干包终端头 1kV以下（铜心截面 35mm² 以内）	个	1	169.66	169.66	71.98	97.68		
3	C4－836	1kV以下浇注式中间头（铜心截面 35mm² 以内）	个	1	281.54	281.54	115.84	165.70		
三、	0409	防雷及接地装置				612.11	500.39	46.6	65.12	566.06
1	C4－901	角钢接地极 普通土	根	3	47.89	143.67	96.60	9.57	37.50	124.41
	主材	角钢接地极 ∟50×50×5	kg	28.275	4.40	124.41				124.41
2	C4－910	户内接地母线敷设	10m	0.535	117.46	62.84	48.68	10.07	4.09	29.32
	主材	接地母线－40×4	kg	6.741	4.35	29.32				29.32
3	C4－911	户外接地母线 敷设截面 200mm² 以内	10m	1.2468	208.01	259.35	253.59	2.29	3.47	68.34
	主材	接地母线－40×4	kg	15.7097	4.35	68.34				68.34
4	C4－957	避雷网安装 卫生间等电位均压环 利用圈梁钢筋	10m	0.64	119.50	76.48	42.18	15.63	18.67	8.29
	主材	避雷网安装 卫生间等电位均压环 利用圈梁钢筋	kg	2.528	3.28	8.29				8.29

（续）

序号	定额编号	子目名称	工程量		价值/元		其中/元			主材合价/元
			单位	数量	单价	合价	人工合价	材料合价	机械合价	
5	C4－967	等电位箱	个	1	60.14	60.14	51.36	8.78		300
	主材	等电位箱 TD28 大型 200mm×300mm×100mm	个	1	300	300				300
6	C4－968	卫生间等电位盒安装	10个	0.1	96.31	9.63	7.98	0.26	1.39	35.7
	主材	等电位盒	个	1.02	35	35.7				35.7
四、	0411	配管、配线				2631.62	1870.89	757.15	3.58	3262.95
1	C4－1054	钢管敷设 砖、混凝土结构暗配 钢管公称直径40mm以内	100m	0.072	1294.24	93.19	78.60	11.01	3.58	127.71
	主材	钢管 *DN*40	kg	28.6992	4.45	127.71				127.71
2	C4－1174	砖、混凝土结构暗敷薄壁电气钢导管公称直径20mm以内	100m	1.604	329.69	528.82	414.86	113.96		379.99
	主材	扣压式薄壁电气钢导管 直径20mm	m	165.212	2.30	379.99				379.99
3	C4－1174	砖、混凝土结构暗敷薄壁电气钢导管公称直径20mm以内	100m	1.037	329.69	341.89	268.21	73.68		202.94
	主材	扣压式薄壁电气钢导管 直径16mm	m	106.811	1.9	202.94				202.94
4	C4－1175	砖、混凝土结构暗敷薄壁电气钢导管公称直径32mm以内	100m	0.176	521.46	91.78	71.13	20.65		58.01
	主材	扣压式薄壁电气钢导管	m	18.128	3.2	58.01				58.01
5	C4－1183	轻型吊顶内配管 公称直径20mm以内	100m	0.595	829.91	493.80	272.04	221.76		116.44
	主材	扣压式薄壁电气钢导管直径16mm	m	61.285	1.9	116.44				116.44
6	C4－1287	管内穿线 照明线路(铜心)导线截面 $2.5mm^2$ 以内铜心	100m单线	8.848	92.47	818.17	551.76	266.41		2104.05
	主材	绝缘导线 $2.5mm^2$ 以内	m	1026.368	2.05	2104.05				2104.05
7	C4－1288	管内穿线 照明线路(铜心)导线截面 $4mm^2$ 以内铜心	100m单线	0.552	73.8	40.74	24.08	16.66		149.37
	主材	绝缘导线 $4mm^2$ 以内	m	60.72	2.46	149.37				149.37

（续）

序号	定额编号	子目名称	工程量		价值/元		其中/元			主材合价/元
			单位	数量	单价	合价	人工合价	材料合价	机械合价	
8	C4－1404	接线箱(盒)安装 暗装接线盒	10个	0.4	39.96	15.99	11.64	4.35		8.16
	主材	接线盒	个	4.08	2	8.16				8.16
9	C4－1405	接线箱(盒)安装 暗装开关盒	10个	5.7	36.36	207.25	178.58	28.67		116.28
	主材	接线盒	个	58.14	2	116.28				116.28
五、	0412	照明器具				1426.13	1229.25	194.38	2.5	5898.84
1	C4－1415	半圆球吸顶灯 灯罩直径300mm以内	10套	1.1	202.27	222.50	170.10	52.40		1533.18
	主材	TCL吸顶灯	套	11.11	138	1533.18				1533.18
2	C4－1418	方形吸顶灯 大口方罩	10套	0.3	222.36	66.71	53.71	13		266.64
	主材	TCL羊皮吸顶灯房间灯49cm×47cm	套	3.03	88	266.64				266.64
3	C4－1425	其他普通灯具 一般壁灯	10套	0.4	176.02	70.41	58.56	11.85		1050.4
	主材	TCL室内壁灯	套	4.04	260	1050.40				1050.4
4	C4－1425	其他普通灯具 一般壁灯	10套	0.3	176.02	52.81	43.92	8.89		266.64
	主材	TCL室外壁灯	套	3.03	88	266.64				266.64
5	C4－1425	其他普通灯具 一般壁灯	10套	0.2	176.02	35.20	29.28	5.92		460.56
	主材	镜前灯	套	2.02	228	460.56				460.56
6	C4－1508	花灯安装 吊顶花灯9头	10套	0.3	1072.05	321.62	299.12	22.50		360
	主材	TCL 9头花灯	套	1	360	360				360
7	C4－1509	花灯安装 吊顶花灯15头	10套	0.1	2985.89	298.59	286.12	12.47		543.38
	主材	TCL 15头花灯	套	1.01	538	543.38				543.38
8	C4－1619	几何形状组合艺术灯具 筒形钢架灯 示意图号166、167	10套	0.1	857.37	85.74	57.33	25.91	2.50	836.28
	主材	TCL餐厅灯吊杆灯800mm长	套	1.01	828	836.28				836.28

（续）

序号	定额编号	子目名称	工程量		价值/元		其中/元			主材合价/元
			单位	数量	单价	合价	人工合价	材料合价	机械合价	
9	C4－1630	点光源艺术装饰灯具吸顶式	10套	1.8	151.43	272.57	231.12	41.45		581.76
	主材	TCL筒灯2.5寸	套	18.18	32	581.76				581.76
六、	0414	电气调整试验				642.15	449.61	8.99	183.55	
1	C4－1909	接地网	系统	1	642.15	642.15	449.61	8.99	183.55	
	其中	脚手架搭拆费	人工费×4%			203.90	其中人工费：50.98			
合计						6824.77	5097.9	1470.34	256.52	14746.51

5）编制取费程序表

根据《湖北省建筑安装工程费用定额》（2013版），计算分部分项工程费、措施项目费、企业管理费、利润、规费、税金。计算过程及取费程序表见表1－12。

表1－12 单位工程取费程序表

工程名称：某别墅电气工程

序号	费用名称	取费基数	费率/(%)	费用金额/元
一	安装工程	安装工程		25555.69
二	分部分项工程费	人工费＋材料费＋未计价材料费＋施工机具使用费		21571.27
1	人工费	人工费		5097.90
2	材料费	材料费		1470.34
3	未计价材料费	主材费		14746.51
4	施工机具使用费	机械费		256.52
三	措施项目费	单价措施项目费＋总价措施项目费		728.25
1	单价措施项目费	人工费＋材料费＋施工机具使用费		203.92
1.1	人工费	技术措施项目人工费		50.98
1.2	材料费	技术措施项目材料费		152.94
1.3	施工机具使用费	技术措施项目机械费		
2	总价措施项目费	安全文明施工费＋其他总价措施项目费		524.33
2.1	安全文明施工费	人工费＋施工机具使用费	9.05	489.19

（续）

序号	费用名称	取费基数	费率/(%)	费用金额/元
2.2	其他总价措施项目费	人工费＋施工机具使用费	0.65	35.14
四	总包服务费			
五	企业管理费	人工费＋施工机具使用费	17.5	945.95
六	利润	人工费＋施工机具使用费	14.91	805.95
七	规费	人工费＋施工机具使用费	11.66	630.27
八	索赔与现场签证			
九	不含税工程造价	分部分项工程费＋措施项目费＋总包服务费＋企业管理费＋利润＋规费＋索赔与现场签证		24681.69
十	税前包干项目	税前包干价		
十一	税金	不含税工程造价＋税前包干价	3.5411	874
十二	税后包干项目	税后包干价		
十三	设备费	设备费		
十四	含税工程造价	不含税工程造价＋税金＋税前包干项目＋税后包干项目＋设备费		25555.69

特别提示

表1-12中的“取费基数”和“费率”以国家、省(市)发布的最新通知为准。

(1) 计算分部分项工程费。

分部分项工程费＝人工费＋材料费＋未计价材料费＋施工机具使用费

(2) 计算措施项目费。

措施项目费＝单价措施项目费＋总价措施项目费

其中，单价措施项目费是可以计算工程量的项目，如脚手架、降水工程等，就以“量”计价，更有利于措施费的确定和调整。

总价措施项目费包含两个部分：安全文明施工费和其他总价措施项目费，计费基础为分部分项工程费中的人工费与机械费及单价措施项目费中的人工费和机械费之和，费率分别为9.05％和0.65％。

(3) 计算企业管理费。按照《湖北省建筑安装工程费用定额》(2013版)的规定，企业管理费的计费基础为人工费与机械费之和，费率为17.5％。

(4) 利润。计费基础为人工费与机械费之和，费率为14.91％。

(5) 规费。计费基础为人工费与机械费之和，费率为11.66％。

(6) 计算税金。税金是以不含税工程造价为计费依据，根据《湖北省建筑安装工程费用定额》(2013 版)的规定，不同地区的施工企业，税率不同。纳税人所在地在市区的税率为 3.48%，纳税人所在地在县城、镇的税率为 3.41%，纳税人所在地不在市区、县城或镇的税率为 3.28%。本工程承建方为武汉市企业，税率为 3.5411%。

6）编制说明

(1) 定额计价的依据。

由于篇幅的限制，本实例未给出建筑、结构工程施工图。因此，工程量计算中涉及高度和电线管敷设位置时，以一层层高 3.00m，二层采用轻钢龙骨吊顶，吊顶高度 3.00m，框架结构，屋顶和楼板混凝土现浇为依据。

本预算以照明电气系统图、照明电气平面布置图、电气标准图、主要材料表、电气装饰灯具安装工程示意图集和设计说明为工程量计算的依据，采用《湖北省通用安装工程消耗量定额及单位估价表》(2013 版)第四分册进行计价。

各项工程费用计取采用《湖北省建筑安装工程费用定额》(2013 版)规定的费率。

税金按照纳税人所在地为武汉市计取。

(2) 其他说明。

本工程未包含弱电工程。

7）编制预算书封面

建设单位：×××××房地产开发公司 工程名称：××××小区 D 栋别墅电气照明工程 施工单位：×××××建筑安装工程公司 工程造价：贰万伍仟伍佰伍拾伍元陆角玖分 编 制 人：×××

1.3.2 给排水、采暖工程定额计价实例

本节内容为某招待所工程的给排水、采暖工程的定额计价过程示例。

1. 给排水、采暖工程施工图文件

附图 6～附图 13 为某招待所工程的排水、采暖工程施工文件。

2. 给排水、采暖工程施工图识读

通过对附图 6～附图 13 水暖工程平面图和系统图的识读，可以了解到以下内容。

本工程水源从室外水表接自来水处引入，引入管采用 PPR63 聚丙烯塑料给水管，埋设深度—1.4mm。水源引入室内后，经埋地敷设的水平干管，分配水流至各给水立管。其中 JL-0 立管引水至屋面水箱，JL-1～JL-6 立管分别引至用水部位，各层给水横管于 $H+1.0$m 处引出。在屋面通过太阳能集热器生产热水，并通过夹层内敷设的热水 PPR 管水平干管分配水流至各热水立管处，再分配至各个用水部位。其中夹层水平热水管标高按 13.0m 考虑。

排水系统采用 UPVC 排水管，排出管采用 UPVC160 管，排至室外检查井，埋地敷设深度为—1.35m。排水立管 WL-1～WL-6 均为 UPVC110 管，各层排水横管由标高为 $H-0.3$ 处引出。卫生间安装冷热水洗脸盆、淋浴器、坐便器、小便斗等卫生器具。

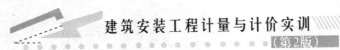

通过采暖平面图和系统图了解到，热媒从入口至出口的管道、散热器附件等空间位置和相互关系。采暖供回水管在底层沿采暖地沟敷设，设固定支架。本工程采暖系统共设供回水立管12处，支管采用*DN*20焊接钢管。同时从平面图和系统图也可了解到散热器的布置情况。通过设计说明，了解到钢管刷油、保温、绝热情况。

3. 施工图预算文件的编制

1）工程项目划分

根据该工程给排水、采暖工程施工图和《湖北省通用安装工程消耗量定额及单位估价表》(2013版)，本工程可划分为如下工程项目内容。

(1) 给排水、采暖管道安装。给水管采用聚丙烯塑料给水管，热熔连接；排水管采用UPVC复合消音管，零件粘接；采暖管道采用焊接钢管，*DN*32以上采用焊接连接，*DN*32以下采用螺纹连接。具体工程内容包括：聚丙烯塑料给水管(热熔连接)、承插塑料排水管(零件粘接)、焊接钢管(螺纹连接)、钢管(焊接)、管道消毒冲洗、管道支架制安。

(2) 管道附件安装。依据工程图纸，管道附件安装项目主要包括：阀门安装、水表安装。

(3) 卫生器具制作安装。依据图纸，卫生器具的安装工程内容包括：洗脸盆安装、淋浴器安装、坐式大便器安装、小便器安装、水箱安装、塑料地漏安装、太阳能集热器安装、水箱消毒、冲洗。

(4) 供暖器具安装。供暖器具安装工程内容包括：钢管柱形散热器安装。

(5) 刷油、防腐、绝热工程内容包括：钢管除锈、钢管刷油、钢管保温。

2）计算工程量

(1) 列工程量计算表。建筑给排水、采暖工程工程量计算要依据设计说明、施工图、规范和施工标准图进行。工程量计算中要仔细阅读设计说明、施工图，领会设计者的意图，对于有些工程项目的工程量计算还要参阅相应的标准图。本工程工程量计算见表1-13。

表1-13　工程量计算表

序号	项目名称	计算式	单位	工程量	备　注
	一、排水管道				
1	塑料排水管UPVC160	9.9	m	9.9	排水管道以出户第一个检查井为室内外界限。排出管UPVC160水平长9.9m，由清扫口算至室外检查井处
	塑料排水管UPVC110	4+1.35	m	5.35	4m为UPVC110排出管水平长度，1.35m为清扫口支管长度
	塑料排水管UPVC75	3.6	m	3.6	接卫生器具的水平支管长度

（续）

序号	项目名称	计算式	单位	工程量	备注
	一、排水管道				
1	塑料排水管 UPVC50	1.35×4	m	5.4	卫生器具支管以存水弯为界，存水弯及存水弯以内管子定额已含。1.35m为卫生器具的S形存水弯以外的竖直方向支管计算长度(洗脸盆及地漏支管按UPVC50，坐便器支管按UPVC110考虑)
2	塑料排水管 UPVC160	8.3	m	8.3	8.3m为排出管水平计算长度
	塑料排水管 UPVC110	5.4+0.5×2	m	6.4	5.4m为排出管水平计算长度，0.5m为接坐便器水平支管长度
	塑料排水管 UPVC75	0.6	m	0.6	0.6m为排水支管水平计算长度
	塑料排水管 UPVC50	1.35×4	m	5.4	1.35m为地漏以及洗脸盆处S形存水弯以外的竖直方向支管计算长度
3	WL－1计算：塑料排水管 UPVC160	19.8	m	19.8	19.8m为UPVC160排出管水平长度，由立管WL－1处算至室外检查井处
	塑料排水管 UPVC110	(1.35＋11.4＋2＋0.6)＋1.35(清扫口处)＋2.7×2(二、三层水平支管)＋1.3(立管地漏处)	m	23.4	(1.35＋11.4＋2＋0.6)m为WL－1立管长度(透气帽标高H＋0.6m，H标高按13.4m计算)
	塑料排水管 UPVC75	5.2×2(二、三层水平支管)	m	10.4	
	塑料排水管 UPVC50	0.3×11	m	3.3	各层排水支管均按H－0.3m标高计算。0.3m为二、三层地漏及洗脸盆竖直方向S形存水弯以外支管计算长度，共计11处
4	WL－2计算：塑料排水管 UPVC160	12.6	m	12.6	排出管水平长度
	塑料排水管 UPVC110	(1.35＋4.2－0.3)(立管长)＋1.35排出管清扫口处＋2.5(一、二层排水支管水平长)	m	9.1	各层排水横管均按H－0.3m标高计算
	塑料排水管 UPVC75	7.4	m	7.4	各层水平支管长度
	塑料排水管 UPVC50	0.3×7	m	2.1	各层地漏及洗脸盆竖直方向S形存水弯以外支管计算长度，每处按0.3m计算，共计7处

(续)

序号	项目名称	计算式	单位	工程量	备　　注
	一、排水管道				
5	WL-3计算： 塑料排水管UPVC160	14.0	m	14.0	排出管水平长度
	塑料排水管UPVC110	(1.35+4.2-0.3)(立管长)+1.35排出管清扫口处+1.5(一、二层排水支管水平长)	m	8.1	各层排水横管均按 $H-0.3$m 标高计算
	塑料排水管UPVC75	2.7	m	2.7	各层水平支管长度
	塑料排水管UPVC50	0.3×6	m	1.8	各层地漏及洗脸盆竖直方向S形存水弯以外支管计算长度，每处按0.3m计算，共计6处
6	WL-4计算： 塑料排水管UPVC160	9.9	m	9.9	排出管水平长度
	塑料排水管UPVC110	(1.35+7.8-0.3)(立管长)+4.0(二、三层排水支管水平长)	m	12.85	各层排水横管均按 $H-0.3$m 标高计算
	塑料排水管UPVC75	7.2	m	7.2	二、三层水平支管长度
	塑料排水管UPVC50	0.3×7	m	2.1	各层地漏及洗脸盆竖直支管计算长度，每处按0.3m计算，共计7处
7	WL-5计算： 塑料排水管UPVC160	9.9	m	9.9	排出管水平长度，同WL-4
	塑料排水管UPVC110	(1.35+7.8-0.3)(立管长)+1.2(三层排水支管长度)	m	10.05	各层排水横管均按 $H-0.3$m 标高计算
	塑料排水管UPVC75	1.8	m	1.8	三层排水支管长度
	塑料排水管UPVC50	0.3×2	m	0.6	各层地漏及洗脸盆竖直支管计算长度，共2处

（续）

序号	项目名称	计算式	单位	工程量	备　　注
	一、排水管道				
8	WL－6计算：塑料排水管UPVC160	14.5	m	14.5	排出管水平长度
	塑料排水管UPVC110	(1.35＋11.4＋0.6)(立管长)＋4.6(各层排水支管水平长)	m	17.95	各层排水横管均按 $H-0.3\text{m}$ 标高计算
	塑料排水管UPVC75	12.3	m	12.3	
	塑料排水管UPVC50	0.3×13	m	3.9	各层地漏及洗脸盆竖直支管计算长度，共13处
	二、给水管道				
9	一层给水干管：给水管PPR63	9.5＋(1.4－0.5)	m	10.4	给水管入口处设阀门者以阀门为室内外管界限。给水引入管PPR63从室外水表处起，算至JL－5三通分支处
	给水管PPR50	6.5	m	6.5	一层水平干管长度，由JL－5三通分支处算至JL－0左侧分支处
	给水管PPR40	5.8＋0.9	m	6.7	一层水平干管长度
	给水管PPR32	9＋3.6＋2	m	14.6	一层水平干管长度
	给水管PPR25	1.8＋1.1＋1.6＋3.5＋3.7＋1.8＋1.5	m	15.0	一层水平干管长度
10	JL－0给水管：PPR40	(13＋0.5)(立管)＋3(屋面水平管)	m	16.5	水箱进水管标高按13m考虑
11	JL－1、JL－2给水管：PR25	(7.8＋1＋0.5)(JL－2立管)＋(7.8＋1－4.2－0.2)(JL－1立管)	m	13.7	各层给水横管标高按 $H+1.0\text{m}$ 考虑，部分沿天棚下敷设给水横管按 $H-0.2\text{m}$ 考虑
	PPR20	2.5＋2.8×2×2(二、三层给水横管)	m	13.7	以给水横管与器具支管交接处为计算范围界限
12	JL－3给水管：PPR25	(4.2＋1.0＋0.5)(立管长)	m	5.7	各层给水横管标高按 $H+1.0\text{m}$ 考虑，部分沿天棚下敷设给水横管按 $H-0.2\text{m}$ 考虑
	PPR20	5.8＋4.5	m	10.3	一、二层给水支管
13	JL－4给水管：PPR32	0.5＋4.2＋1.0	m	5.7	立管部分长度
	PPR25	3.6＋0.9	m	4.5	立管部分长度
	PPR20	2.6＋3＋3＋1.8	m	10.4	一至三层支管长度

(续)

序号	项目名称	计算式	单位	工程量	备　注
	二、给水管道				
14	JL－5、JL－5′给水管：PPR32	0.5＋7.8＋1.0	m	9.3	立管部分长度
	PPR25	3.8＋3	m	6.8	二、三层支管长度
	PPR20	3.2＋2.0×2＋5.3	m	12.5	一至三层支管长度
15	JL－6给水管：PPR25	4.2＋1.0＋0.5	m	5.7	立管长度
	PPR20	3.2×2	m	6.4	一、二层支管长度
16	夹层热水管：热水管PPR40	13.5	m	13.5	夹层内热水水平管
	热水管PPR32	10.5	m	10.5	夹层内热水水平管
	热水管PPR25	14.4	m	14.4	夹层内热水水平管
17	RL－1热水管：热水管PPR25	13－7.8＋1.1	m	6.3	立管长度(夹层水平管标高按13.0m考虑，各层热水给水横管标高按H＋1.1m计算)
	热水管PPR20	(8.9－5.3)(立管长度)＋2.3×2(二、三层支管长度)	m	8.2	热水给水横管标高按H＋1.1m计算
18	RL－2热水管：热水管PPR32	13－8.9	m	4.1	立管长度
	热水管PPR25	3.6＋7.2	m	10.8	立管及水平支管长度
	热水管PPR20	4.2＋8.4＋3.8＋6.2	m	22.6	立管及各层水平支管长度
19	RL－3、RL－3′热水管：热水管PPR25	13－8.8	m	4.2	立管长度
	热水管PPR20	(13－8.8)(RL－3立管长)＋(8.9－4.3)(RL－3立管长)＋(3.8＋5.6)(各层水平支管长)	m	18.2	热水给水横管标高按H＋1.1m计算
20	RL－4热水管：热水管PPR32	13－7.8－0.2	m	5.0	沿天棚下敷设热水水平横管，标高按H－0.2m计算，热水给水横管标高按H＋1.1m计算
	热水管PPR25	(7.6－5.3)(立管长度)＋2.3(三层水平管长度)	m	4.6	
	热水管PPR20	(5.3－1.1)(立管长度)＋(5.4＋3.5)(一、二层支管长度)	m	13.1	

（续）

序号	项目名称	计算式	单位	工程量	备　　注
	三、采暖管道				
21	一层采暖管道：焊接钢管 *DN*50(焊接)	25.2+23.4	m	48.6	一层采暖水平干管长度
	焊接钢管 *DN*40(焊接)	29+8+16.2	m	53.2	一层采暖水平干管长度
	焊接钢管 *DN*32(螺纹连接)	18.5+8.9	m	27.4	一层采暖水平干管长度
	焊接钢管 *DN*25(螺纹连接)	13+8.5	m	21.5	一层采暖水平干管长度
22	采暖立管：焊接钢管 *DN*25(螺纹连接)	(1.0+0.35)×12×2	m	32.4	散热器供水支管标高按 *H*+1.0m，回水支管标高按 *H*+0.2m 考虑
	焊接钢管 *DN*20(螺纹连接)	(7.8+1.0−1.0)×10+(7.8+0.2−0.2)×10+(4.2+1.0−1.0)×2+(4.2+0.2−0.2)×2	m	172.8	散热器供水支管标高按 *H*+1.0m，回水支管标高按 *H*+0.2m 考虑
23	散热器支管：焊接钢管 *DN*20(螺纹连接)	3.0×34	m	102	每组散热器支管长按 3.0m 考虑，共计 34 组
24	管道支架制安	200	kg	200	采暖管道支架
25	管道消毒冲洗 *DN*100 以内	10.4	m	10.4	
26	管道消毒冲洗 *DN*50 以内	824.5	m	824.5	
	四、管道附件				
	(1) 给水管道附件				
27	水表 LXS-50	1	组	1	引入管部位
28	闸阀 *DN*40	2	个	2	PPR 专用阀门
29	止回阀 *DN*40	1	个	1	PPR 专用阀门
30	截止阀 *DN*40	1	个	1	PPR 专用阀门
31	截止阀 *DN*32	5	个	5	PPR 专用阀门
32	截止阀 *DN*25	9	个	9	PPR 专用阀门
33	截止阀 *DN*20	34	个	34	PPR 专用阀门

(续)

序号	项目名称	计算式	单位	工程量	备　注
	(2)采暖管道附件				
34	闸阀 $DN50$ 焊接	3	个	3	立管处
35	截止阀 $DN25$ 螺纹连接	24	个	24	立管处
36	自动排气阀 $DN20$	4	个	4	立管处
37	手动放气阀 $DN20$	2×34	个	68	散热器支管处
	五、卫生器具制作安装				
38	洗脸盆	16	组	16	
39	坐便器	14	套	14	
40	小便斗	1	套	1	
41	淋浴器	17	个	17	
42	地漏 $DN50$	29	个	29	
43	清扫口 $DN100$	5	个	5	
44	矩形钢板水箱安装 1.5m×1.5m×2m	1	个	1	
45	水箱消毒冲洗	1.5×1.5×2	m^3	4.5	
46	太阳能集热器	1	台	1	
47	水龙头 $DN20$	5	个	5	
	六、供暖器具				
48	钢制柱式散热器长度 2000mm	4	组	4	
49	钢制柱式散热器长度 1800mm	10	组	10	
50	钢制柱式散热器长度 1600mm	11	组	11	
51	钢制柱式散热器长度 1400mm	7	组	7	
52	钢制柱式散热器长度 1200mm	2	组	2	

（续）

序号	项目名称	计算式	单位	工程量	备　注
	七、刷油、防腐、绝热工程				
53	钢管除锈	4.635	m^2	4.635	$S=\pi DL$
54	钢管刷油	4.635	m^2	4.635	$S=\pi DL$
55	保温	1.6	m^3	1.6	查定额附表

注：表中管道工程量计算是按原幅施工图计算，比例为 1∶100；教材中图纸比例有所变化，实训时可按 1∶150 计算，所计算工程量较为接近原图。

（2）工程量汇总。将工程量按项目分类汇总、整理，并套用《湖北省通用安装工程消耗量定额及单位估价表》(2013 版)的定额编号，按照定额子目的编排顺序，工程量汇总见表 1－14。

表 1－14　工程量汇总表

序号	定额编号	项目名称	单位	工程量	备　注
	一、给排水、采暖管道				
1	C8－398	塑料排水管 UPVC160(零件粘接)	m	98.9	
2	C8－397	塑料排水管 UPVC110(零件粘接)	m	83.15	
3	C8－396	塑料排水管 UPVC75(零件粘接)	m	46.0	
4	C8－395	塑料排水管 UPVC50(零件粘接)	m	24.6	
5	C8－382	聚丙烯塑料给水管 PPR63(热熔连接)	m	10.4	
6	C8－381	聚丙烯塑料给水管 PPR50(热熔连接)	m	6.5	
7	C8－380	聚丙烯塑料给水管 PPR40(热熔连接)	m	23.2	
8	C8－379	聚丙烯塑料给水管 PPR32(热熔连接)	m	29.6	
9	C8－378	聚丙烯塑料给水管 PPR25(热熔连接)	m	37.7	
10	C8－377	聚丙烯塑料给水管 PPR20(热熔连接)	m	53.3	
11	C8－380	聚丙烯塑料热水管 PPR40(热熔连接)	m	13.5	
12	C8－379	聚丙烯塑料热水管 PPR32(热熔连接)	m	19.6	
13	C8－378	聚丙烯塑料热水管 PPR25(热熔连接)	m	40.3	
14	C8－377	聚丙烯塑料热水管 PPR20(热熔连接)	m	62.1	
15	C8－237	焊接钢管 *DN*50(焊接)	m	48.6	
16	C8－236	焊接钢管 *DN*40(焊接)	m	53.2	
17	C8－227	焊接钢管 *DN*32(丝接)	m	27.4	
18	C8－226	焊接钢管 *DN*25(丝接)	m	53.9	
19	C8－225	焊接钢管 *DN*20(丝接)	m	274.8	
20	C8－683	管道支架制安	kg	200	

（续）

序号	定额编号	项目名称	单位	工程量	备　　注
21	C8-617	管道消毒冲洗 *DN*100 以内	m	10.4	
22	C8-616	管道消毒冲洗 *DN*50 以内	m	824.5	
	二、管道附件				
23	C8-862	水表 LXS-50　*DN*50	组	1	
24	C8-776	PPR 管专用闸阀 *DN*40(热熔连接)	个	2	
25	C8-776	PPR 管专用止回阀 *DN*40(热熔连接)	个	1	
26	C8-776	PPR 管专用截止阀 *DN*40(热熔连接)	个	1	
27	C8-775	PPR 管专用截止阀 *DN*32(热熔连接)	个	5	
28	C8-774	PPR 管专用截止阀 *DN*25(热熔连接)	个	9	
29	C8-773	PPR 管专用截止阀 *DN*20(热熔连接)	个	34	
30	C8-701	闸阀 *DN*50(焊接)	个	3	
31	C8-685	截止阀 *DN*25(螺纹连接)	个	1	
32	C8-744	自动排气阀 *DN*20(螺纹连接)	个	4	
33	C8-745	手动放气阀 *DN*20(螺纹连接)	个	68	
	三、卫生器具制作安装				
34	C8-975	洗脸盆	组	16	
35	C8-1038	坐便器	套	14	
36	C8-1039	小便斗	套	1	
37	C8-997	淋浴器	个	17	
38	C8-1124	地漏 *DN*50	个	29	
39	C8-1131	清扫口 *DN*100	个	5	
40	C8-1073	矩形钢板水箱安装 1.5mm×1.5mm×2mm	个	1	
41	C8-1173	水箱消毒冲洗	m^3	4.5	
42	C8-1168	太阳能集热器	台	1	
43	C8-1117	水龙头 *DN*20	个	5	
	四、供暖器具				
44	C8-1247	钢制柱式散热器(*L*=2000mm)	组	4	
45	C8-1247	钢制柱式散热器(*L*=1800mm)	组	10	
46	C8-1247	钢制柱式散热器(*L*=1600mm)	组	11	
47	C8-1246	钢制柱式散热器(*L*=1400mm)	组	7	
48	C8-1246	钢制柱式散热器(*L*=1200mm)	组	2	

（续）

序号	定额编号	项目名称	单位	工程量	备　注
	五、刷油、防腐、绝热工程				
49	C14－1	钢管除锈	m^2	4.635	
50	C14－53 C14－54	钢管刷防锈漆两遍	m^2	4.635	
51	C14－1242	钢管刷银粉漆两遍	m^2	3.204	
52	C14－7	支架除锈刷油	kg	200	
53	C14－117 C14－118	支架刷油防锈漆两遍	kg	200	
54	C14－122 C14－123	支架刷油银粉漆两遍	kg	200	
55	C14－1242	保温 50mm 超细玻璃棉保温	m^3	1.6	

（3）编制单位工程预算表。根据工程量计算汇总表 1－14 的项目，套用《湖北省通用安装工程消耗量定额及单位估价表》（2013 版）编制单位工程预算表，见表 1－15。

表 1－15　单位工程预算表

序号	定额编号	子目名称	工程量		价值/元		其中/元			主材合价/元
			单位	数量	单价	合价	人工合价	材料合价	机械合价	
	10	给排水、采暖、燃气工程				28982.3	18901.2	9228.2	852.9	92346.3
	1001	给排水、采暖、燃气管道				17648.1	13611.2	3768.3	268.6	26657.8
1	C10－185	室内管道安装 焊接钢管(螺纹连接）公称直径20mm 以内	10m	27.5	146.2	4016.2	3554.3	436.1	25.8	2936.2
	主材	焊接钢管 *DN*20mm	m	280.3	7.7	2144.3				2144.3
	主材	焊接钢管接头零件 *DN*20mm	个	444.9	1.8	791.9				791.9
2	C10－186	室内管道安装 焊接钢管(螺纹连接）公称直径25mm 以内	10m	5.4	179.5	967.6	837.5	119.5	10.6	870.8
	主材	焊接钢管 *DN*25mm	m	55.0	11.4	625.1				625.1
	主材	焊接钢管接头零件 *DN*25mm	个	81.6	3.0	245.6				245.6
3	C10－187	室内管道安装 焊接钢管(螺纹连接）公称直径32mm 以内	10m	2.7	181.6	497.6	425.7	66.5	5.4	570.6

（续）

序号	定额编号	子目名称	工程量		价值/元		其中/元			主材合价/元
			单位	数量	单价	合价	人工合价	材料合价	机械合价	
	主材	焊接钢管 *DN*32mm	m	27.9	14.7	410.8				410.8
	主材	焊接钢管接头零件 *DN*32mm	个	29.8	5.4	159.8				159.8
4	C10－196	室内管道安装 钢管(焊接) 公称直径 40mm 以内	10m	5.3	151.7	806.9	680.5	35.8	90.6	978.9
	主材	焊接钢管 *DN*40mm	m	54.3	18.0	978.9				978.9
5	C10－197	室内管道安装 钢管(焊接) 公称直径 50mm 以内	10m	4.9	171.4	832.9	683.6	62.6	86.8	1136.7
	主材	焊接钢管 *DN*50mm	m	49.6	22.9	1136.7				1136.7
6	C10－341	室内管道安装 聚丙烯塑料给水管(热、电容) 公称直径 20mm 以内	10m	5.3	108.1	576.0	424.3	143.0	8.7	936.0
	主材	给水聚丙烯塑料管 *De*20	m	54.4	13.3	723.1				723.1
	主材	聚丙烯塑料给水管接头零件 *De*20	个	87.3	2.4	212.9				212.9
7	C10－341	室内管道安装 聚丙烯塑料给水管(热、电容) 公称直径 20mm 以内	10m	6.2	108.1	671.1	494.4	166.6	10.2	1467.2
	主材	给水聚丙烯塑料热水管 *De*20	m	63.3	17.0	1076.8				1076.8
	主材	聚丙烯塑料热水管接头零件 *De*20	个	101.7	3.8	390.4				390.4
8	C10－341	室内管道安装 聚丙烯塑料给水管(热、电容) 公称直径 20mm 以内	10m	3.6	108.1	393.4	289.8	97.6	6.0	780.7
	主材	给水聚丙烯塑料管 *De*25	m	37.1	15.7	582.9				582.9
	主材	聚丙烯塑料给水管接头零件 *De*25	个	59.6	3.3	197.8				197.8
9	C10－341	室内管道安装 聚丙烯塑料给水管(热、电容) 公称直径 20mm 以内	10m	4.1	108.1	437.7	322.4	108.6	6.6	1440.7
	主材	给水聚丙烯塑料热水管 *De*25	m	41.3	27.3	1127.8				1127.8

（续）

序号	定额编号	子目名称	工程量		价值/元		其中/元			主材合价/元
			单位	数量	单价	合价	人工合价	材料合价	机械合价	
	主材	聚丙烯塑料给水管接头零件 *De*25	个	66.3	4.7	312.9				312.9
10	C10－342	室内管道安装 聚丙烯塑料给水管(热、电容)公称直径 25mm 以内	10m	1.5	106.2	159.3	119.4	37.5	2.5	489.4
	主材	给水聚丙烯塑料管 *De*32	m	15.3	26.5	405.5				405.5
	主材	聚丙烯塑料给水管接头零件 *De*32	个	17.3	4.9	84.0				84.0
11	C10－342	室内管道安装 聚丙烯塑料给水管(热、电容)公称直径 25mm 以内	10m	2.0	106.2	208.2	156.0	48.9	3.2	999.1
	主材	给水聚丙烯塑料热水管 *De*32	m	20.0	42.6	851.7				851.7
	主材	聚丙烯塑料给水管接头零件 *De*32	个	22.6	6.5	147.4				147.4
12	C10－343	室内管道安装 聚丙烯塑料给水管(热、电容)公称直径 32mm 以内	10m	2.3	114.0	264.6	210.6	50.1	3.8	1090.9
	主材	给水聚丙烯塑料管 *De*40	m	23.7	38.4	908.7				908.7
	主材	聚丙烯塑料给水管接头零件 *De*40	个	22.7	8.0	182.2				182.2
13	C10－343	室内管道安装 聚丙烯塑料给水管(热、电容)公称直径 32mm 以内	10m	1.4	114.0	153.9	122.6	29.2	2.2	1082.3
	主材	给水聚丙烯塑料热水管 *De*40	m	13.8	64.1	882.7				882.7
	主材	聚丙烯塑料给水管接头零件 *De*40	个	13.2	15.1	199.6				199.6
14	C10－344	室内管道安装 聚丙烯塑料给水管(热、电容)公称直径 40mm 以内	10m	0.7	114.0	74.1	59.0	13.7	1.4	468.1
	主材	给水聚丙烯塑料管 *De*50	m	6.6	58.7	389.2				389.2

(续)

序号	定额编号	子目名称	工程量		价值/元		其中/元			主材合价/元
			单位	数量	单价	合价	人工合价	材料合价	机械合价	
	主材	聚丙烯塑料给水管接头零件 *De*50	个	5.2	15.1	78.9				78.9
15	C10-345	室内管道安装 聚丙烯塑料给水管(热、电容)公称直径 50mm 以内	10m	1.0	130.4	135.7	111.6	21.8	2.3	1144.7
	主材	给水聚丙烯塑料管 *De*63	m	10.6	93.8	995.0				995.0
	主材	聚丙烯塑料给水管接头零件 *De*63	个	7.4	20.1	149.7				149.7
16	C10-359	室内管道安装 承插塑料排水管(零件粘接)公称直径 50mm 以内	10m	2.5	126.5	311.1	260.7	50.2	0.3	415.2
	主材	承插塑料排水管 UPVC50	m	23.8	15.3	364.0				364.0
	主材	承插塑料排水管件 UPVC50	个	22.2	2.3	51.3				51.3
17	C10-360	室内管道安装 承插塑料排水管(零件粘接)公称直径 75mm 以内	10m	4.6	172.7	794.2	662.7	131.1	0.5	1075.4
	主材	承插塑料排水管 UPVC75	m	44.3	18.6	823.9				823.9
	主材	承插塑料排水管件 UPVC75	个	49.5	5.1	251.4				251.4
18	C10-361	室内管道安装 承插塑料排水管(零件粘接)公称直径(100mm 以内)	10m	8.3	200.0	1663.7	1337.0	325.8	0.8	2834.5
	主材	承插塑料排水管 UPVC110	m	70.9	24.3	1721.1				1721.1
	主材	承插塑料排水管件 UPVC110	个	94.7	11.8	1113.5				1113.5
19	C10-362	室内管道安装 承插塑料排水管(零件粘接)公称直径 150mm 以内	10m	9.9	268.6	2656.4	2239.6	415.8	1.0	5940.3
	主材	承插塑料排水管 UPVC160	m	93.7	40.1	3754.8				3754.8

（续）

序号	定额编号	子目名称	工程量		价值/元		其中/元			主材合价/元
			单位	数量	单价	合价	人工合价	材料合价	机械合价	
	主材	承插塑料排水管件UPVC160	个	69.0	31.7	2185.6				2185.6
20	C10－538	管道消毒冲洗 公称直径 50mm 以内	100m	8.4	51.8	432.6	300.4	132.2		
21	BM104	系统调整费(采暖工程)	元	1.0	1595.1	1595.1	319.0	1276.1		
	1002	支架及其他				2147.5	1327.8	532.6	287.0	890.4
22	C10－571	管道支架 一般管架	100kg	2.0	995.9	1991.9	1296.7	408.1	287.0	890.4
	主材	型钢	kg	212.0	4.2	890.4				890.4
23	BM104	系统调整费(采暖工程)	元	1.0	155.6	155.6	31.1	124.5		
	1003	管道附件				1713.9	815.9	862.7	35.4	13558.8
24	C10－629	阀门安装 螺纹阀 公称直径 25mm 以内	个	24.0	18.2	435.6	159.8	275.8		2399.8
	主材	螺纹阀门	个	24.2	99.0	2399.8				2399.8
25	C10－644	阀门安装 焊接法兰阀 公称直径 50mm 以内	个	3.0	100.2	300.5	87.7	180.3	32.4	1050.0
	主材	法兰阀门	个	3.0	350.0	1050.0				1050.0
26	C10－687	自动排气阀 公称直径 25mm 以内	个	4.0	34.2	136.9	72.9	64.0		192.0
	主材	自动排气阀	个	4.0	48.0	192.0				192.0
27	C10－688	手动放风阀 公称直径 10mm 以内	个	68.0	2.5	166.6	138.0	28.6		2060.4
	主材	手动放风阀	个	68.7	30.0	2060.4				2060.4
28	C10－716	阀门安装 PP－R 管专用（热熔连接）公称直径 20mm 以内	个	34.0	8.8	298.9	150.3	147.2	1.4	3605.7
	主材	PP－R 专用阀门	个	34.3	105.0	3605.7				3605.7
29	C10－717	阀门安装 PP－R 管专用（热熔连接）公称直径 25mm 以内	个	9.0	11.0	99.1	57.5	41.0	0.6	1345.3
	主材	PP－R 专用阀门	个	9.1	148.0	1345.3				1345.3
30	C10－718	阀门安装 PP－R 管专用（热熔连接）公称直径 32mm 以内	个	5.0	13.1	65.6	41.2	24.0	0.4	1161.5

（续）

序号	定额编号	子目名称	工程量		价值/元		其中/元			主材合价/元
			单位	数量	单价	合价	人工合价	材料合价	机械合价	
	主材	PP－R专用阀门	个	5.1	230.0	1161.5				1161.5
31	C10－719	阀门安装 PP－R管专用（热熔连接）公称直径40mm以内	个	2.0	15.4	30.9	20.4	10.2	0.3	656.5
	主材	PP－R专用阀门闸阀	个	2.0	325.0	656.5				656.5
32	C10－719	阀门安装 PP－R管专用（热熔连接）公称直径40mm以内	个	1.0	15.4	15.4	10.2	5.1	0.2	434.3
	主材	PP－R专用阀门止回阀	个	1.0	430.0	434.3				434.3
33	C10－719	阀门安装 PP－R管专用（热熔连接）公称直径40mm以内	个	1.0	15.4	15.4	10.2	5.1	0.2	383.8
	主材	PP－R专用阀门截止阀	个	1.0	380.0	383.8				383.8
34	C10－828	水表安装 螺纹水表 公称直径50mm以内	组	1.0	53.5	53.5	48.5	5.0		269.5
	主材	螺纹水表	个	1.0	220.0	220.0				220.0
	主材	螺纹闸阀	个	1.0	49.0	49.5				49.5
35	BM104	系统调整费（采暖工程）	元	1.0	95.6	95.6	19.1	76.5		
	1004	卫生器具				4993.1	2035.1	2958.0		12939.2
36	C10－918	洗脸盆 钢管组成 冷热水	10组	1.6	1860.7	2977.1	666.1	2311.1		5171.2
	主材	洗脸盆	个	16.2	320.0	5171.2				5171.2
37	C10－940	管材组成淋浴器 单管	10组	1.7	391.6	665.7	320.8	344.9		1706.9
	主材	莲蓬喷头	个	17.0	85.0	1445.0				1445.0
	主材	淋浴管材	m	30.6	8.6	261.9				261.9
38	C10－977	大便器安装 坐式 自闭冲洗阀座便	10套	1.4	510.6	714.8	645.5	69.3		5373.2
	主材	自闭式冲洗坐便器	个	14.1	380.0	5373.2				5373.2
39	C10－980	小便器安装 挂斗式 普通式	10套	0.1	598.2	59.8	21.5	38.3		181.8

（续）

序号	定额编号	子目名称	工程量		价值/元		其中/元			主材合价/元
			单位	数量	单价	合价	人工合价	材料合价	机械合价	
	主材	挂式小便器	个	1.0	180.0	181.8				181.8
40	C10-1006	水龙头安装 公称直径20mm以内	10个	0.5	18.7	9.4	9.0	0.4		40.4
	主材	铜水嘴	个	5.1	8.0	40.4				40.4
41	C10-1009	地漏安装 塑料地漏 公称直径50mm以内	10个	2.9	102.0	295.7	293.7	2.0		385.7
	主材	地漏	个	29.0	12.5	362.5				362.5
	主材	塑料管	m	2.9	8.0	23.2				23.2
42	C10-1016	地面扫除口安装 地面扫除口公称直径100mm以内	10个	0.5	64.3	32.2	31.0	1.2		80.0
	主材	地面扫除口	个	5.0	16.0	80.0				80.0
43	BM104	系统调整费(采暖工程)	元	1.0	238.5	238.5	47.7	190.8		
	1005	供暖器具				1501.4	635.8	865.6		14300.0
44	C10-1095	钢制柱式散热器 片数6～8片	组	7.0	37.6	263.2	97.4	165.8		2100.0
	主材	钢制柱式散热器 L＝1400mm	组	7.0	300.0	2100.0				2100.0
45	C10-1095	钢制柱式散热器 片数6～8片	组	2.0	37.6	75.2	27.8	47.4		400.0
	主材	钢制柱式散热器 L＝1200mm	组	2.0	200.0	400.0				400.0
46	C10-1096	钢制柱式散热器 片数10～12片	组	4.0	43.5	174.2	79.3	94.8		2400.0
	主材	钢制柱式散热器 L＝2000mm	组	4.0	600.0	2400.0				2400.0
47	C10-1096	钢制柱式散热器 片数10～12片	组	10.0	43.5	435.4	198.3	237.1		5000.0
	主材	钢制柱式散热器 L＝1800mm	组	10.0	500.0	5000.0				5000.0
48	C10-1096	钢制柱式散热器 片数10～12片	组	11.0	43.5	478.9	218.1	260.8		4400.0
	主材	钢制柱式散热器 L＝1600mm	组	11.0	400.0	4400.0				4400.0

（续）

序号	定额编号	子目名称	工程量		价值/元		其中/元			主材合价/元
			单位	数量	单价	合价	人工合价	材料合价	机械合价	
49	BM104	系统调整费(采暖工程)	元	1.0	74.5	74.5	14.9	59.6		
	1006	采暖、给排水设备				978.4	475.4	241.0	262.0	24000.0
50	C10－1135	太阳能集热器 单台重量201～250kg以内	台	1.0	544.8	544.8	209.1	149.7	186.1	18000.0
	主材	太阳能集热器 单台重量201～250kg以内	台	1.0	18000.0	18000.0				18000.0
51	C10－1194	矩形钢板水箱安装 总容量6.0m^3	个	1.0	299.4	299.4	220.6	2.9	75.9	6000.0
	主材	矩形水箱	个	1.0	6000.0	6000.0				6000.0
52	C10－1221	水箱(水池)消毒、冲洗水箱或水池容量20.0m^3	m^3	4.5	17.4	78.4	34.5	43.9		
53	BM104	系统调整费(采暖工程)	元	1.0	55.7	55.7	11.1	44.6		
	12	刷油、防腐蚀、绝热工程				1375.1	931.1	349.9	94.1	988.8
	1201	除锈工程				166.5	138.1	14.7	13.7	
54	C12－1	手工除锈 管道 轻锈	10m^2	4.6	26.1	121.2	109.0	12.2		
55	C12－7	手工除锈 一般钢结构轻锈	100kg	2.0	22.7	45.3	29.1	2.5	13.7	
	1202	刷油工程				574.3	250.6	268.8	54.8	
56	C12－55	管道刷油 防锈漆 第一遍	10m^2	4.6	40.9	189.6	86.5	103.2		
57	C12－56	管道刷油 防锈漆 第二遍	10m^2	4.6	38.0	176.4	86.5	89.9		
58	C12－119	金属结构刷油 一般钢结构 红丹防锈漆 第一遍	100kg	2.0	28.9	57.8	19.3	24.9	13.7	
59	C12－120	金属结构刷油 一般钢结构 红丹防锈漆 第二遍	100kg	2.0	27.4	54.8	19.3	21.9	13.7	
60	C12－124	金属结构刷油 一般钢结构 银粉漆 第一遍	100kg	2.0	24.3	48.5	19.9	15.0	13.7	
61	C12－125	金属结构刷油 一般钢结构 银粉漆 第二遍	100kg	2.0	23.5	47.0	19.3	14.1	13.7	
	1204	绝热工程				634.3	542.4	66.3	25.6	988.8

（续）

序号	定额编号	子目名称	工程量		价值/元		其中/元			主材合价/元
			单位	数量	单价	合价	人工合价	材料合价	机械合价	
62	C12－1252	离心玻璃棉粘贴保温管道 ϕ57 以下(保温厚度 50mm)	m^3	1.6	396.5	634.3	542.4	66.3	25.6	988.8
	主材	带铝箔离心玻璃棉管壳	m^3	1.6	600.0	988.8				988.8
	合计：					30357.4	19832.3	9578.0	947.1	93335.1
	措施	脚手架搭拆费(给排水、采暖工程)	18901.2×5%			945.06	945.06×25%=236.27			
		脚手架搭拆费(刷油工程)	250.625×8%			20.05	20.05			
		脚手架搭拆费(绝热工程)	542.4×20%			108.48	108.48			

（4）编制未计价材料表。本工程未计价材料明细见表 1－16。

表 1－16　未计价材料明细表

序号	材料名称	单位	数量	单价/元
1	焊接钢管 *DN*20mm	m	280.3	7.65
2	焊接钢管接头零件 *DN*20mm	个	444.9	1.78
3	焊接钢管 *DN*25mm	m	55.0	11.37
4	焊接钢管接头零件 *DN*25mm	个	81.6	3.01
5	焊接钢管 *DN*32mm	m	27.9	14.7
6	焊接钢管接头零件 *DN*32mm	个	29.8	5.36
7	焊接钢管 *DN*40mm	m	54.3	18.04
8	焊接钢管 *DN*50mm	m	49.6	22.93
9	给水聚丙烯塑料管 *De*20	m	54.4	13.3
10	聚丙烯塑料给水管接头零件 *De*20	个	87.3	2.44
11	给水聚丙烯塑料热水管 *De*20	m	63.3	17
12	聚丙烯塑料热水管接头零件 *De*20	个	101.7	3.84
13	给水聚丙烯塑料管 *De*25	m	37.1	15.7
14	聚丙烯塑料给水管接头零件 *De*25	个	59.6	3.32
15	给水聚丙烯塑料热水管 *De*25	m	41.3	27.3

（续）

序号	材料名称	单位	数量	单价/元
16	聚丙烯塑料给水管接头零件 *De*25	个	66.3	4.72
17	给水聚丙烯塑料管 *De*32	m	15.3	26.5
18	聚丙烯塑料给水管接头零件 *De*32	个	17.3	4.86
19	给水聚丙烯塑料热水管 *De*32	m	20.0	42.6
20	聚丙烯塑料给水管接头零件 *De*32	个	22.6	6.53
21	给水聚丙烯塑料管 *De*40	m	23.7	38.4
22	聚丙烯塑料给水管接头零件 *De*40	个	22.7	8.03
23	给水聚丙烯塑料热水管 *De*40	m	13.8	64.1
24	聚丙烯塑料给水管接头零件 *De*40	个	13.2	15.12
25	给水聚丙烯塑料管 *De*50	m	6.6	58.7
26	聚丙烯塑料给水管接头零件 *De*50	个	5.2	15.12
27	给水聚丙烯塑料管 *De*63	m	10.6	93.8
28	聚丙烯塑料给水管接头零件 *De*63	个	7.4	20.1
29	承插塑料排水管 UPVC50	m	23.8	15.3
30	承插塑料排水管件 UPVC50	个	22.2	2.31
31	承插塑料排水管 UPVC75	m	44.3	18.6
32	承插塑料排水管件 UPVC75	个	49.5	5.08
33	承插塑料排水管 UPVC110	m	70.9	24.28
34	承插塑料排水管件 UPVC110	个	94.7	11.76
35	承插塑料排水管 UPVC160	m	93.7	40.09
36	承插塑料排水管件 UPVC160	个	69.0	31.66
37	型钢	kg	212.0	4.2
38	螺纹阀门 *DN*25	个	24.2	99
39	法兰阀门 *DN*50	个	3.0	350
40	自动排气阀 *DN*25	个	4.0	48
41	手动放风阀 *DN*10	个	68.7	30
42	PP－R 专用阀门 *DN*20	个	34.3	105
43	PP－R 专用阀门 *DN*25	个	9.1	148
44	PP－R 专用阀门 *DN*32	个	5.1	230
45	PP－R 专用阀门闸阀 *DN*40	个	2.0	325
46	PP－R 专用阀门止回阀 *DN*40	个	1.0	430
47	PP－R 专用阀门截止阀 *DN*40	个	1.0	380

（续）

序号	材料名称	单位	数量	单价/元
48	螺纹闸阀	个	1.0	49
49	螺纹水表 $DN50$	个	1.0	220
50	洗脸盆	个	16.2	320
51	莲蓬喷头 $DN15$	个	17.0	85
52	淋浴管材	m	30.6	8.56
53	自闭式冲洗坐便器	个	14.1	380
54	挂式小便器	个	1.0	180
55	铜水嘴	个	5.1	8
56	塑料管	m	2.9	8
57	地漏 $DN50$	个	29.0	12.5
58	地面扫除口 $DN100$	个	5.0	16
59	钢制柱式散热器 $L=1400$mm	组	7.0	300
60	钢制柱式散热器 $L=1200$mm	组	2.0	200
61	钢制柱式散热器 $L=2000$mm	组	4.0	600
62	钢制柱式散热器 $L=1800$mm	组	10.0	500
63	钢制柱式散热器 $L=1600$mm	组	11.0	400
64	太阳能集热器 单台重量 201～250kg 以内	台	1.0	18000
65	矩形水箱 6.0m^3	个	1.0	6000
66	带铝箔离心玻璃棉管壳	m^3	1.6	600

（5）编制取费程序表。本工程单位工程费用汇总见表 1－17。

表 1－17　单位工程费用汇总表

序号	费用名称	取费基数	费率/(%)	费用金额/元
一	安装工程	安装工程		140955.91
(一)	分部分项工程费	人工费＋材料费＋未计价材料费＋施工机具使用费		123692.42
1	人工费	人工费		19832.3
2	材料费	材料费		9578.02
3	未计价材料费	主材费		93335.05
4	施工机具使用费	机械费		947.05
(二)	措施项目费	单价措施项目费＋总价措施项目费		3124.58
2.1	单价措施项目费	人工费＋材料费＋施工机具使用费		1073.59

（续）

序号	费用名称	取费基数	费率/(%)	费用金额/元
2.1.1	人工费	技术措施项目人工费		364.8
2.1.2	材料费	技术措施项目材料费		708.79
2.1.3	施工机具使用费	技术措施项目机械费		
2.2	总价措施项目费	安全文明施工费＋其他总价措施项目费		2050.99
2.2.1	安全文明施工费	人工费＋施工机具使用费	9.05	1913.55
2.2.2	其他总价措施项目费	人工费＋施工机具使用费	0.65	137.44
（三）	总包服务费			
（四）	企业管理费	人工费＋施工机具使用费	17.5	3700.23
（五）	利润	人工费＋施工机具使用费	14.91	3152.59
（六）	规费	人工费＋施工机具使用费	11.66	2465.41
（七）	索赔与现场签证			
（八）	不含税工程造价	分部分项工程费＋措施项目费＋总包服务费＋企业管理费＋利润＋规费＋索赔与现场签证		136135.23
（九）	税前包干项目	税前包干价		
（十）	税金	不含税工程造价＋税前包干价	3.5411	4820.68
（十一）	税后包干项目	税后包干价		
（十二）	设备费	设备费		
（十三）	含税工程造价	不含税工程造价＋税金＋税前包干项目＋税后包干项目＋设备费		140955.91
二	工程造价	专业造价总合计		140955.91

特别提示

结合工程实际情况，安装工程取费程序表可删去未发生的费用项目，如总承包服务费、价差等，以使表格简洁明了。

(6) 填写编制说明。

① 定额计价的依据：本预算以某招待所给排水、采暖工程施工图为依据，采用

《湖北省通用安装工程消耗量定额及单位估价表》(2013版)计价，各项工程费用计取采用《湖北省建筑安装工程费用定额》(2013版)规定的费率。税金按照纳税人所在地武汉市计取。

② 其他说明：本工程未包含室外管道工程。

(7) 填写封面。

建筑安装工程预算书

工程名称：某招待所给排水、采暖工程　　工程地点：武汉市

建筑面积：＿＿＿＿＿＿　　结构类型：＿＿＿＿＿＿

工程造价：壹拾肆万零玖佰贰拾玖元捌角捌分　　单方造价：×××元/m^2

建设单位：×××（公章）　　施工单位：×××（公章）

审批部门：×××（公章）　　编制人：×××（印章）

年　月　日　　年　月　日

1.4 建筑安装工程定额计价实训选题

实训选题：下面为建筑安装工程施工图实训文件，根据本专业实际工作的需要，学生通过本阶段的实训，应会编制较复杂的安装单位工程施工图预算(定额计价模式)。本阶段共有建筑安装电气工程、泵房工业管道工程、给排水、采暖工程、消防工程、通风空调工程方向的5个综合实训选题，要求学生依据图纸和定额等资料编制出以上安装工程的施工图预算(定额计价)。

1.4.1 电气安装工程定额计价实训选题

本实训要求学生按照定额计价方式编制某住宅小区A型别墅的电气照明与供电工程的预算，编制过程中未计价材料价格和各室灯具种类参考表1-10未计价材料费用表。

1. 电气工程设计说明

(1) 工程概况：本工程为两层框架结构，建筑面积为180m^2，一层层高为3.00m，二层3.00m高处设轻钢龙骨吊顶，楼板和坡屋顶为现浇混凝土。

(2) 本建筑物供电电压为380/220V，供电方式为三相五线制供电；供电电源采用交联聚乙烯绝缘钢带铠装聚氯乙烯护套电力电缆YJV22-0.6/1—5×16穿直径40mm镀锌钢管埋地，由室外2m处手孔井引来。

电源进入配电箱后，相线接电涌保护器SPD，保护零线重复接地，接地电阻不大于4Ω。

(3) 室内支线采用BV聚氯乙烯绝缘铜心导线穿KBG扣压式薄壁电气钢导管暗敷于墙或吊顶内。

(4) 配电箱型号为XRM-13，厂家定制，箱体规格：高×宽×厚＝350mm×400mm×125mm，配电箱底线距地面1.7m安装；开关距地面1.3m暗装；卫生间、厨房插座距地面1.5m安装；客厅、卧室插座距地面0.3m安装，总等电位端子箱和局部等电位端子箱

距地面 0.3m 安装。

（5）壁灯安装高度 2.5m，镜前灯安装高度 1.8m。

（6）换气扇吸顶安装。

（7）垂直接地体采用 3 根长 2.5m 的∟ 50mm×50mm×5mm 的镀锌角钢，接地母线采用－40mm×4mm 的镀锌扁钢，垂直接地体经接地母线连接后引至总等电位箱和配电箱。局部等电位端子箱与卫生间现浇楼板钢筋网焊接，卫生间现浇楼板内钢筋采用两根 $\phi 8$ 钢筋纵横焊接。

（8）未尽事宜均执行《建筑电气工程施工质量验收规范》（GB 50303—2002）。

2. 施工图及主要材料表

附图 14 为供电系统图、附图 15 为一层电气照明平面图、附图 16 为二层电气照明平面图、附图 17 为一层电力平面图、附图 18 为二层电力平面图，即 A 栋别墅电气施工图。主要设备材料表参照表 1－7。

3. 施工图预算文件的编制

施工图预算文件按如下次序编制。

1）划分工程项目

根据施工图划分工程项目。

2）计算工程量

根据划分的工程项目计算工程量，并将结果填入表 1－18 中。

表 1－18　工程量计算表

序号	项目名称	计　算　式	单　位	工　程　量	备　　注

3）工程量汇总

将相同项目汇总填入表 1－19 中，并按定额编号次序排序。

表 1－19　工程量汇总表

序号	定额编号	项 目 名 称	单　位	工　程　量	备　　注

4）未计价材料费用

参照表 1－16，将本工程未计价材料费用填入表 1－20 中。

表 1－20　未计价材料费用表

序号	材料名称	规 格 型 号	单位	数量	单价/元	金额/元

5）编制单位工程预算表

根据工程量汇总表 1－19 的工程项目，套用《湖北省通用安装工程消耗量定额及单位估价表》（2013 版），编制单位工程预算并填入表 1－21 中。

表 1－21　单位工程预算表

定额编号	分项工程名称	单位	数量	单价/元				合价/元			
				主材	基价	其中工资	其中机械费	主材	基价	其中工资	其中机械费

6）编制取费程序表

根据《湖北省建筑安装工程费用定额》（2013 版），计算安装工程费用。

7）编写预算书编制说明

8）编制预算书封面

1.4.2　工业管道工程定额计价实训选题

泵房工业管道工程施工图设计文件如附图 19～附图 24 所示。

1.4.3　给排水、采暖工程定额计价实训选题

某幼儿园项目给排水、采暖工程施工图设计文件如附图 25～附图 34 所示。

1.4.4　消防工程定额计价实训选题

附图 35～附图 53 为国税大楼给排水、消防工程施工图设计文件。

1.4.5　通风空调工程定额计价实训选题

附图 54～附图 61 为某住宅楼通风空调工程施工图设计文件。

工作任务2

建筑安装工程工程量清单计价实训

教学目标

培养学生系统全面地总结、运用所学的建筑安装工程工程量清单计价方法，编制建筑安装工程工程量清单和计价的能力，能够做到理论联系实践、产学结合，进一步培养学生独立分析解决问题的能力。

教学要求

能力目标	知识要点	相关知识	权重
掌握基本识图能力	正确识读工程图纸，理解建筑安装做法和详图	建筑安装施工工艺、识图知识	0.1
掌握分部分项工程清单项目的划分	根据清单计算规则和图纸内容正确划分各分部分项工程	清单子目组成、工程量计算规则、工程具体内容	0.15
掌握清单工程量的计算方法、清单子目的正确套用	运用建筑安装工程清单工程量的计算规则，正确计算各分部分项工程量、正确套用清单子目	工程量计算规则的运用	0.35
掌握分部分项工程量清单、措施项目清单、其他项目清单、规费项目清单及税金项目清单计价表的编制	综合单价的确定；措施项目费的确定；暂列金额、暂估价的确定；计日工、总承包服务费的确定；规费和税金的确定	通用措施项目、专业措施项目、暂列金额、暂估价、计日工、总承包服务费、规费及税金	0.4

2.1 建筑安装工程工程量清单计价实训任务书

2.1.1 实训目的和要求

1. 实训目的

(1) 通过建筑安装工程工程量清单及计价编制的实际训练，学生应掌握正确贯彻执行国家建设工程的相关法律、法规，正确应用国家现行的《建设工程工程量清单计价规范》(GB 50500—2013)、《通用安装工程工程量计算规范》(GB 50856—2013)、建筑安装工程设计和施工规范、标准图集等标准的基本技能。

(2) 提高运用所学的专业理论知识解决工程实际问题的能力。

(3) 使学生熟练掌握建筑安装工程工程量清单编制和清单计价的编制方法和技巧，培养编制建筑安装工程工程量清单及计价的专业技能。

2. 实训具体要求

(1) 本阶段实训包括建筑电气工程、给排水工程、采暖工程、消防工程、通风空调工程的工程量清单编制及工程量清单报价两大部分内容。主要内容包括：分部分项工程量清单及计价、措施项目清单及计价、其他项目清单及计价、规费项目清单及计价、税金项目清单及计价。

(2) 学生在实训结束后，所完成的建筑安装工程工程量清单及计价必须满足以下标准。

① 建筑安装工程工程量清单及计价的内容必须完整、正确。

② 采用现行《建设工程工程量清单计价规范》(GB 50500—2013)统一的表格，规范填写建筑安装工程工程量清单及计价的各项内容，且要求字体工整、字迹清晰。

③ 按规定的顺序装订成册。

(3) 课程实训期间，必须发扬实事求是的科学精神，进行深入分析研究和计算，按照指导要求编制，严禁捏造、抄袭等不良作风，力争使自己的实训达到先进水平。

(4) 课程实训应独立完成，遇有争议的问题可以相互讨论，但不准抄袭他人，一经发现，相关责任者的课程实训成绩以零分计。

2.1.2 实训内容

1. 资料

已知某工程资料如下。

(1) 建筑安装工程施工图文件。

(2) 施工说明、建筑安装做法说明（见工程施工图）。

(3) 其他未尽事项，可根据规范、办法、图集及具体情况讨论选用，并在编制说明中注明。

2. 内容

根据现行的《建设工程工程量清单计价规范》(GB 50500—2013)、《通用安装工程工程量计算规范》(GB 50856—2013)、《湖北省建设安装工程计价管理办法》《湖北省通用安装工程消耗量定额及单位估价表》(2013 版)和指定的施工图设计文件等资料，编制以下内容。

1）建筑安装工程工程量清单文件

（1）列项目计算工程量，编制分部分项工程量清单与单价措施项目清单。

（2）编制总价措施项目清单。

（3）编制其他项目清单，其中包括：其他项目清单与计价汇总表、暂列金额明细表、材料暂估单价表、专业工程暂估价表、计日工表、总承包服务费计价表。

（4）编制规费、税金项目清单。

（5）编制总说明。

（6）填写封面，整理装订成册。

2）建筑安装工程工程量清单计价文件

（1）编制分部分项工程与单价措施项目工程量清单与计价表。

（2）编制工程量清单综合单价分析表。

（3）编制总价措施项目清单与计价表。

（4）编制其他项目清单与计价表，其中包括：其他项目清单与计价汇总表、暂列金额明细表、材料暂估单价表、专业工程暂估价表、计日工表、总承包服务费计价表。

（5）编制规费、税金项目清单与计价表。

（6）编制单位工程投标报价汇总表。

（7）编制单项工程投标报价汇总表。

（8）编制总说明。

（9）填写封面，整理装订成册。

2.1.3 实训时间安排

实训时间安排见表 2-1。

表 2-1 实训时间安排表

序号	内容		时间/天
1	实训准备工作及熟悉图纸、清单计价规范，了解工程概况，进行项目划分		0.5
2	编制工程量清单	列项目进行工程量计算、编制分部分项工程量清单、编制措施项目清单	1
		编制其他项目清单、编制规费、税金项目清单	1
3	编制工程量清单计价表	编制分部分项工程量清单与计价表、编制工程量清单综合单价分析表	1
		编制其他项目清单与计价表、编制规费、税金项目清单与计价表、编制单位工程投标报价汇总表、编制单项工程投标报价汇总表	1
4	复核、编制总说明、填写封面、整理装订成册		0.5
5	合计		5

2.2 建筑安装工程工程量清单计价实训指导书

2.2.1 编制依据

(1) 现行的《建设工程工程量清单计价规范》(GB 50500—2013)和《通用安装工程工程量计算规范》(GB 50856—2013)。

(2) 国家或省级、行业建设主管部门颁发的计价依据和办法，本书采用《湖北省通用安装工程消耗量定额及单位估价表》(2013 版)、《湖北省建筑安装工程费用定额》(2013 版)及《湖北省建设安装工程计价管理办法》等依据。

(3) 与建设工程有关的标准、规范、技术资料。

(4) 实训的施工图等招标文件。

(5) 施工现场情况、工程特点及常规施工方案；有关造价政策及文件。

(6) 市场价格信息或工程造价管理机构发布的工程造价信息。

(7) 其他相关资料。

2.2.2 编制步骤和方法

1. 编制工程量清单

1) 熟悉施工图设计文件

(1) 熟悉图纸、设计说明，了解工程性质，对工程情况具备初步了解。

(2) 熟悉平面图、立面图和剖面图，核对尺寸。

(3) 查看详图和做法说明，了解细部做法。

2) 熟悉施工组织设计资料

了解施工方法、施工机械的选择、工具设备的选择、运输距离的远近。

3) 熟悉建筑安装工程工程量清单计价办法

了解清单各项目的划分、工程量计算规则，掌握各清单项目的项目编码、项目名称、项目特征、计量单位及工作内容。

4) 列项目计算工程量，编制工程量计算书

工程量计算，必须根据设计图纸和说明提供的工程构造、设计尺寸和做法要求，结合施工组织设计和现场情况，按照清单的项目划分、工程量计算规则和计量单位的规定，对每个分项工程的工程量进行具体计算。它是工程量清单编制工作中的一项细致的重要环节。

为了做到计算准确，便于审核，工程量计算的总体要求如下。

(1) 根据设计图纸、施工说明书和建筑安装工程工程量清单计价办法的规定要求，计算各分部分项工程量。

(2) 计算工程量所取定的尺寸和工程量计量单位要符合清单计价办法的规定。

(3) 正确划分清单项目，编制工程量计算表，见表 2-2。

表 2-2　工程量计算表

序号	项目编码	项目名称	项目特征	计算公式	单位	数量	备注
1							
2							
3							

5）编制分部分项工程量清单(表 2-3)

表 2-3　分部分项工程和单价措施项目清单与计价表(样表)

工程名称：　　　　标段：　　　　第　页　共　页

序号	项目编码	项目名称	项目特征	计量单位	工程量	金额/元		
						综合单价	合价	其中：暂估价
1								
2								
本页小计								
合　计								

说明：

(1) 本清单中的项目编码、项目名称、项目特征、计量单位及工程量应根据建筑安装工程工程量清单计价办法“分部分项工程量清单项目设置及其消耗量定额”表进行编制，是拟建工程分项实体工程项目及相应数量的清单。

(2) 本清单中分部分项工程和单价措施项目工程量清单项目的项目编码由 12 位阿拉伯数字表示。前 9 位应按《通用安装工程工程量计算规范》(GB 50856—2013)附录表中的项目编码进行填写。其中 1、2 位为第 1 级工程分类顺序码，如 03 为安装工程等；3、4 位为第 2 级专业工程顺序码；5、6 位为第 3 级分部工程顺序编码；7、8、9 位为第 4 级分项工程项目名称顺序码；10、11、12 为第 5 级清单项目顺序码(由清单项目编制人设置，从 001 开始)。

(3) 工程量清单编制时，清单项目名称应结合拟建工程实际，按建筑安装工程工程量清单计价办法“分部分项工程量清单项目设置及其消耗量定额”表中的相应项目名称填写，并将拟建工程项目的具体项目特征，根据要求填写在项目特征栏中。

(4) 分部分项工程量清单中的计量单位应按《通用安装工程工程量计算规范》(GB 50856—2013)附录中的相应计量单位确定。

(5) 分部分项工程量清单中的工程数量应按《通用安装工程工程量计算规范》(GB 50856—2013)附录表中的“工程量计算规则”栏内规定的计算方法进行计算。

工程量的有效位数应遵循下列规定：①以“t”为单位，应保留小数点后 3 位有效数字，第 4 位四舍五入；②以“m^3”“m^2”“m”为单位，应保留小数点后 2 位有效数字，第 3 位四舍五入；③以“个”“项”等为单位，应取整数。

(6) 综合单价：完成一个规定计量单位的分部分项工程量清单项目或措施清单项目所需的人工费、材料费、施工机械使用费和企业管理费与利润，以及一定范围内的风险费用。

(7) 暂估价：招标人在工程量清单中提供的用于支付必然发生但暂时不能确定的材料的单价以及专业工程的金额。

(8) 本表适用于以综合单价形式计价的措施项目。

6) 编制总价措施项目清单与计价表(表2-4)

表2-4 总价措施项目清单与计价表(样表)

工程名称：　　　　　　　　　　　　标段：　　　　　　　　　　　　第　页　共　页

序号	项目名称	计算基础	费率/(%)	金额/元
1	安全文明施工费			
2	夜间施工增加费			
3	二次搬运费			
4	冬雨季施工增加费			
5	已完工程及设备保护			
…	……			
合　计				

说明：

(1) 表2-4适用于以“项”计价的措施项目。

(2) 根据原建设部、财政部发布的《建筑安装工程费用项目组成》(建标［2003］206号)的规定，“计算基础”可为“直接费”“人工费”或“人工费+机械费”。

特别提示

影响措施项目设置的因素很多，除工程本身因素外，还涉及水文、气象、环境及安全等方面，表中不可能把所有的措施项目一一列出，因情况不同，出现表中未列的施工项目，工程量清单编制人可做补充。

总价措施项目清单以“项”为计量单位，相应数量为“1”。

7) 编制其他项目清单(表2-5～表2-10)

表2-5 其他项目清单与计价汇总表(样表)

工程名称：　　　　　　　　　　　　标段：　　　　　　　　　　　　第　页　共　页

序号	项目名称	计量单位	金额/元	备　注
1	暂列金额			明细详见表2-6
2	暂估价			
2.1	材料暂估单价			明细详见表2-7
2.2	专业工程暂估价			明细详见表2-8
3	计日工			明细详见表2-9

（续）

序号	项目名称	计量单位	金额/元	备　注
4	总承包服务费			明细详见表2-10
5	索赔与现场签证			
	合　计			

特别提示

暂列金额在编制招标控制价和投标报价时填列，在竣工结算中无此内容。材料暂估单价进入清单项目综合单价，此处不汇总。

相关解释

(1) 暂列金额：招标人在工程量清单中暂定并包括在合同价款中的一笔款项。用于施工合同签订时尚未确定或者不可预见的所需材料、设备、服务的采购，施工过程中可能发生的工程变更、合同约定调整因素出现时的工程价款调整以及发生的索赔、现场签证确认等费用。

(2) 计日工：在施工过程中，完成发包人提出的施工图纸以外的零星项目或工作，按合同中约定的综合单价计价。

(3) 总承包服务费：总承包人为配合协调发包人进行的工程分包自行采购的设备、材料等进行管理、服务以及施工现场管理、竣工资料汇总整理等服务所需的费用。

表2-6　暂列金额明细表(样表)

工程名称：　　　　　　　　　　　标段：　　　　　　　　　　　第　页共　页

序号	项目名称	计量单位	金额/元	备　注
1				例：此项目设计图纸有待完善
2				
3				
4				
	合　计			

特别提示

表2-6由招标人填写，如不能详列明细，也可只列暂定金额总额，投标人应将上述暂列金额计入投标总价中。

表2-7　材料暂估单价表(样表)

工程名称：　　　　　　　　　　　标段：　　　　　　　　　　　第　页　共　页

序号	材料名称、规格、型号	计量单位	单价/元	备　注
1				
2				

（续）

序号	材料名称、规格、型号	计量单位	单价/元	备　　注
3				
4				

特别提示

表2-7由招标人填写，并在备注栏说明暂估价的材料拟用在哪些清单项目上，投标人应将上述材料暂估单价计入工程量清单综合单价报价中。

材料包括原材料、燃料、构配件以及按规定应计入建筑安装安装工程造价的设备。

表2-8　专业工程暂估价表(样表)

工程名称：　　　　　　　　　　标段：　　　　　　　　　　第　页共　页

序号	工程名称	工程内容	金额/元	备　　注
1				例：此项目设计图纸有待完善
2				
3				
4				
合　　计				

特别提示

表2-8由招标人填写，投标人应将上述专业工程暂估价计入投标总价中。

表2-9　计日工表(样表)

工程名称：　　　　　　　　　　标段：　　　　　　　　　　第　页共　页

序号	项目名称	单位	暂定数量	综合单价/元	合价/元
一	人工				
1					
2					
3					
人工小计					
二	材料				
1					
2					
3					

(续)

序号	项目名称	单位	暂定数量	综合单价/元	合价/元
材料小计					
三	施工机械				
1					
2					
3					
施工机械小计					
合计					

特别提示

表2-9暂定项目、数量由招标人填写，编制招标控制价，单价由招标人按有关计价规定确定。

投标时，工程项目、数量按招标人提供数据计算，单价由投标人自主报价，计入投标总价中。

表2-10 总承包服务费计价表(样表)

工程名称： 标段： 第 页 共 页

序号	项目名称	项目价值/元	服务内容	费率/(%)	金额/元
1	发包人发包专业工程				
2	发包人供应材料				
	合　计				

8) 编制规费、税金项目清单(表2-11)

表2-11 规费、税金项目清单与计价表(样表)

工程名称： 标段： 第 页 共 页

序号	项目名称	计算基础	费率/(%)	金额/元
1	规费			
1.1	社会保险费			
(1)	养老保险费			
(2)	失业保险费			
(3)	医疗保险费			
(4)	工伤保险费			
(5)	生育保险费			
1.2	住房公积金			
1.3	工程排污费			
2	税金	分部分项工程费＋措施项目费＋其他项目费＋规费		
合　计				

特别提示

规费的“计算基础”可为“定额基价”“定额人工费”或“定额人工费+定额机械费”。

9）编制总说明

总说明

工程名称：　　　　　　　　　　标段：　　　　　　　　　　第　页　共　页

特别提示

总说明应按下列内容填写。

(1) 工程概况：建设规模、工程特征、计划工期、施工现场实际情况、自然地理条件、环境保护要求等。

(2) 工程招标和分包范围。

(3) 工程量清单编制依据。

(4) 工程质量、材料、施工等的特殊要求。

(5) 其他需要说明的问题。

10）填写封面

封　面

________工程

工程量清单

招　标　人：________________　　工程造价咨询人：________________

（单位盖章）　　（单位资质专用章）

法定代表人或其授权人：________________　　法定代表人或其授权人：________________

（签字或盖章）　　（签字或盖章）

编　制　人：________________　　复　核　人：________________

（造价人员签字盖专用章）　　（造价工程师签字盖专用章）

编制时间：　　年　　月　　日　　复核时间：　　年　　月　　日

特别提示

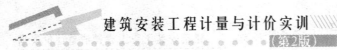

封面应按规定的内容填写、签字、盖章，造价员编制的工程量清单应有负责审核的造价工程师签字、盖章。

11）整理装订成册

装订顺序，自上而下依次为：封面→编制总说明→分部分项工程和单价措施项目清单与计价表→总价措施项目清单与计价表计价表→其他项目清单与计价表（包括其他项目清单与计价汇总表、暂列金额明细表、材料暂估单价表、专业工程暂估价表、计日工表和总承包服务费计价表）→规费、税金项目清单与计价表→工程量计算表→封底。

2. 编制工程量清单计价表

1）编制工程量清单综合单价分析表

（1）计算综合单价。分部分项工程量清单计价，其核心是综合单价的确定。综合单价的计算一般应按下列顺序进行。

① 确定工程内容。根据工程量清单项目名称和拟建工程实际，或参照“分部分项工程量清单项目设置及其消耗量定额”表中的“工程内容”，确定该清单项目主体及其相关工程内容。

② 计算工程数量。根据现行湖北省建筑安装工程工程量计算规则的规定，分别计算工程量清单项目所包含的每项工程内容的工程数量。

③ 计算单位含量。分别计算工程量清单项目每计量单位应包含的各项工程内容的工程数量。

计算单位含量＝第②步计算的工程数量÷相应清单项目的工程数量

④ 选择定额。根据第①步确定的工程内容，参照“分部分项工程量清单项目设置及其消耗量定额”表中的定额名称和编号，选择定额，确定人工、材料和机械台班的消耗量。

⑤ 选择单价。应根据建筑安装工程工程量清单计价办法规定的费用组成，参照其计算方法，或参照工程造价主管部门发布的人工、材料和机械台班的价格信息，确定其相应单价。

⑥ 计算清单项目每计量单位所含某项工程内容的人工、材料、机械台班价款。

“工程内容”的人、材、机价款＝$\sum$（第④步确定的人、材、机消耗量×第⑤步选择的人、材、机单价）×第③步计算的单位含量

⑦ 计算工程量清单项目每计量单位人工、材料、机械台班价款。

工程量清单项目人、材、机价款＝第⑥步计算的各项工程内容的人、材、机价款之和

⑧ 选定费率。应根据建筑安装工程工程量清单计价办法规定的费用组成，参照其计算方法，或参照工程造价主管部门发布的相关费率，并结合本企业和市场的实际情况，确定管理费率和利润率。

⑨ 计算综合单价。

安装工程综合单价＝第⑦步计算的人、材、机价款＋管理费＋利润

⑩ 计算未计价材料费。

未计价材料费＝主材数量×主材单价

（2）将第（1）项计算结果填入工程量清单综合单价分析表中，见表2－12。

表 2-12 工程量清单综合单价分析表

工程名称： 标段： 第 页 共 页

项目编码				项目名称				计量单位			
清单综合单价组成明细											
定额编号	定额名称	定额单位	数量	单价/元				合价/元			
				人工费	材料费	机械费	管理费和利润	人工费	材料费	机械费	管理费和利润
人工单价	小计										
元/工日	未计价材料费										
清单项目综合单价											
材料费明细	主要材料名称、规格、型号					单位	数量	单价/元	合价/元	暂估单价/元	暂估合价/元
	其他材料费							—		—	
	材料费小计							—		—	

特别提示

如不使用省级或行业建设主管部门发布的计价依据，可不填定额项目、编号等。

招标文件提供了暂估单价的材料，按暂估的单价填入表内“暂估单价”栏及“暂估合价”栏。

2）编制分部分项工程量清单与计价表(表 2-13)

表 2-13 分部分项工程和单价措施项目清单与计价表

工程名称： 标段： 第 页 共 页

序号	项目编码	项目名称	项目特征	计量单位	工程量	金额/元		
						综合单价	合价	其中：暂估价
1								
2								
3								

(续)

序号	项目编码	项目名称	项目特征	计量单位	工程量	金额/元		
						综合单价	合价	其中：暂估价
4								
5								
6								
7								
本页小计								
合　计								

表2-13中单价措施项目清单中综合单价的确定同分部分项工程量清单计价表中的综合单价的确定方法相似，一般按下列顺序进行。

(1) 应根据措施项目清单和拟建工程的施工组织设计，确定措施项目。

(2) 确定该措施项目所包含的工程内容。

(3) 根据现行的湖北省建筑安装工程工程量计算规则，分别计算该措施项目所含每项工程内容的工程量。

(4) 根据第(2)步确定的工程内容，参照“措施项目设置及其消耗量定额(计价方法)”表中的消耗量定额，确定人工、材料和机械台班消耗量。

(5) 应根据《湖北省建设安装工程计价管理办法》的费用组成，参照其计算方法，或参照工程造价主管部门发布的价格信息，确定相应单价。

(6) 计算措施项目所含某项工程内容的人工、材料和机械台班的价款。

“工程内容”的人、材、机价款＝$\sum$[第(4)步确定的人、材、机消耗量×第(5)步选择的人、材、机单价]×第(3)步工程量

(7) 计算措施项目人工、材料和机械台班价款。

措施项目人、材、机价款＝第(6)步计算的各项工程内容的人、材、机价款之和

(8) 应根据《湖北省建设安装工程计价管理办法》的费用组成，参照其计算方法，或参照工程造价主管部门发布的相关费率，并结合本企业和市场的实际情况，确定管理费率和利润率。

3) 编制总价措施项目清单与计价表(表2-4)

(1) 确定总价措施项目。投标人在措施项目费计算时，可根据施工组织设计采取的具体措施，在招标人提供的措施项目清单的基础上，增加其未列的措施项目，对措施项目清单中列出而实际未采用的措施项目进行零报价。

(2) 计算总价措施项目费。

表2-4中的措施项目费可按费用定额的计费基础和工程造价管理机构发布的费率进行计算，如《湖北省建筑安装工程工程量清单计价办法》提供了以下计算方法。

建筑安装工程总价措施项目费＝分部分项工程费和单价措施项目费中的(人工费＋机械台班费)×相应措施项目费率

4）编制其他项目清单与计价表(表 2－5～表 2－10)

5）编制规费、税金项目清单与计价表(表 2－11)

6）编制单位工程投标报价汇总表(表 2－14)

表 2－14　单位工程投标报价汇总表

工程名称：　　　　标段：　　　　第　页　共　页

序号	汇总内容	金额/元	其中：暂估价/元
1	分部分项工程		
1.1			
1.2			
…	……		
2	措施项目		
2.1	其中：安全文明施工费		
3	其他项目		
3.1	其中：暂列金额		
3.2	其中：专业工程暂估价		
3.3	其中：计日工		
3.4	其中：总承包服务费		
4	规费		
5	税金		
投标报价合计＝1＋2＋3＋4＋5			

特 别 提 示

表 2－14 适用于单位工程招标控制价或投标报价的汇总，如无单位工程划分，单项工程也使用本表汇总。

7）编制单项工程投标报价汇总表(表 2－15)

表 2－15　单项工程投标报价汇总表

工程名称：　　　　第　页　共　页

序号	单位工程名称	金额/元	其中/元		
			暂估价	安全文明施工费	规费
1					
2					
3					
合计					

特别提示

表2-15适用于单项工程招标控制价或投标报价的汇总。暂估价包括分部分项工程中的暂估价和专业工程暂估价。

8）编制总说明

总说明

工程名称： 第 页 共 页

特别提示

总说明应按下列内容填写。

(1) 工程概况：建设规模、工程特征、计划工期、合同工期、实际工期、施工现场及变化情况、施工组织设计的特点、自然地理条件、环境保护要求等。

(2) 编制依据、清单计价范围等。

9）填写封面

封　面

投标总价
招　标　人：________________
工程名称：________________
投标总价(小写)：________________
(大写)：________________
投　标　人：________________
（单位盖章）
法定代表人
或其授权人：________________
（签字或盖章）
编　制　人：________________
（造价人员签字盖专用章）
编制时间：　　　年　月　日

10）整理装订成册

装订顺序，自上而下依次为：封面→编制总说明→单项工程投标报价汇总表→单位工程投标报价汇总表→分部分项工程与单价措施项目清单与计价表→总价措施项目清单与计价表→其他项目清单与计价表(包括其他项目清单与计价汇总表、暂列金额明细表、材料暂估单价表、专业工程暂估价表、计日工表和总承包服务费计价表)→规费、税金项目清单与计价表→分部分项工程与单价措施项目清单综合单价分析表→工程量计算表→封底。

2.3 建筑安装工程工程量清单编制实例

2.3.1 建筑电气工程工程量清单编制实例

工程量清单是建设工程招标的主要文件，一般由具有编制招标文件能力的招标人或受其委托的具有相应资质的中介机构进行编制。

本例选用的工程为 1.3.1 节所述的工程实例，有关工程情况说明与图纸识读不再赘述，下面介绍该工程的工程量清单编制，通过工程的工程量清单编制，掌握基本方法。

1. 工程量清单编制的思路

1）编制分部分项工程量清单

(1) 根据工程施工图和《建设工程工程量清单计价规范》(GB 50500—2013)列出

主项。

(2) 根据所列项目填写清单项目的编码和计量单位。

(3) 确定清单工程量项目的主项内容和包含的附项内容。

(4) 根据施工图、项目主项内容和计价规范中的工程量计算规则，计算主项工程量和附项工程量。

(5) 按《建设工程工程量清单计价规范》(GB 50500—2013)规定的项目编码排列顺序，形成工程量清单。

2) 编制措施项目清单

措施项目清单的项目见《建设工程工程量清单计价规范》(GB 50500—2013)，如果是投标人，项目选取根据施工企业确定的施工组织设计决定。招标人一般不予考虑。

3) 其他项目清单

编写其他项目清单依据两个内容，一是根据招标人提出的暂列金额和材料设备购置费等项目，二是承包商根据招标文件或承包工程的实际需要发生了分包工程，承包商要提出总承包服务费项目。

4) 零星工作项目表

零星工作是指分部分项工程量以外的工作项目，实际工程发生这些费用时需要填写零星工作项目表，如果没有发生，则没有零星工作项目表。

5) 总说明

总说明包含工程概况、工程总包和分包范围、工程量清单编制依据、工程质量、材料、施工等的特殊要求、招标人自行采购材料的名称、规格、型号、数量、预留金、自行采购材料的金额数量等，根据实际工程情况编写总说明内容。

6) 填写封面

封面必须按规定格式填写。

2. 分部分项工程量清单编制

根据附图1～附图5，按照《建设工程工程量清单计价规范》(GB 50500—2013)规定的项目列出本工程的主项名称并填入表2-16所示的主要项目表中。

表2-16 主要项目表

序号	项目编号	项目名称	单位	工程数量	计算式
1	030404017	配电箱安装	台		
2	030404035	插座	个		
3	030414011	接地装置接地电阻值测试	系统		
4	030404034	照明开关	个		
5	030408001	电缆敷设	m		
6	030408003	电缆保护管敷设	m		
7	030409001	接地极	根		
8	030411001	配管	m		

(续)

序号	项目编号	项目名称	单位	工程数量	计算式
9	030411004	配线	m		
10	030412001	普通灯具安装	套		
11	030412004	装饰灯	套		

在列项过程中，要注意有些工程项目名称与规范主项名称不同但内容相同，例如，总等电位端子箱、局部等电位端子箱类似配电箱安装。相同主项名称，但规格、型号、使用环境等不同，应列为不同主项。依据施工图和材料表仔细分析哪些工程项目内容应该分列为不同主项，特别注意材料表中相同名称规格不同、价格不同的电器器件和设备。

列出主项后再计算工程量，工程量计算注意两个内容，一是要特别注意主项的单位，二是注意工程量的计算规则。完成后按项目编号排列次序，形成分部分项工程量清单。

本例分部分项工程量清单见表2-17。

表2-17　分部分项工程和单价措施项目工程量清单

序号	项目编码	项目名称	项目特征描述	计量单位	工程量
1	030404017001	配电箱	1. 型号：成套配电箱 XRB-13 350mm×400mm×125mm 2. 接线端子材质、规格：$16mm^2$ 压铜接线端子 3. 端子板外部接线材质、规格：$2.5mm^2$ 及 $4mm^2$ 无端子外部接线	台	1
2	030404033001	风扇	规格：轴流排气扇　300mm×300mm	台	4
3	030404034001	照明开关	1. 名称：TCL 罗格朗　银韵 S 8.0 系列 2. 规格：暗装照明开关单联 10A/220V	个	8
4	030404034002	照明开关	1. 名称：TCL 罗格朗　银韵 S 8.0 系列 2. 规格：暗装照明开关双联 10A/220V	个	6
5	030404034003	照明开关	1. 名称：TCL 罗格朗　银韵 S 8.0 系列 2. 规格：暗装照明开关三联 10A/220V	个	2
6	030404034004	照明开关	1. 名称：TCL 罗格朗　银韵 S 8.0 系列 2. 规格：暗装照明双控单联开关 10A/220V	个	4

(续)

序号	项目编码	项目名称	项目特征描述	计量单位	工程量
7	030404034005	照明开关	1. 名称：TCL 罗格朗　银韵 S 8.0 系列 2. 规格：暗装延时开关　10A/220V	个	2
8	030404035001	插座	1. 名称：TCL 罗格朗　银韵 S 8.0 系列 2. 规格：带开关指示灯三极插座，10A/220V	个	1
9	030404035002	插座	1. 名称：TCL 罗格朗　银韵 S 8.0 系列 2. 规格：暗装单相 3 孔插座，10A/220V	个	10
10	030404035003	插座	1. 名称：TCL 罗格朗　银韵 S 8.0 系列 2. 规格：暗装单相 5 孔插座，10A/220	个	18
11	030404035004	插座	1. 名称：TCL 罗格朗　银韵 S 8.0 系列 2. 规格：暗装单相 3 孔插座，16A/220V	个	6
12	030408001001	电力电缆	型号：YJV 0.6/15×16 敷设	m	17.58
13	030408003001	电缆保护管	1. 材质：镀锌钢管 2. 规格：RC40 3. 敷设方式：暗敷	m	7.15
14	030408006001	电力电缆头	型号：5 心干包式电缆终端头	个	1
15	030408006002	电力电缆头	型号：浇注式中间电缆头	个	1
16	030409001001	接地极	1. 材质：角钢接地极 2. 规格：∟50×50×5 3. 土质：普通土	根	3
17	030409002001	接地母线	1. 名称：接地母线 2. 材质：扁钢 3. 规格：—40×4 4. 安装部位：户内	m	5.35
18	030409002002	接地母线	1. 名称：接地母线 2. 材质：扁钢 3. 规格：—40×4 4. 安装部位：户外	m	12.47
19	030409004001	均压环	1. 名称：卫生间等电位均压环 2. 材质：圆钢 3. 规格：$\phi 8$ 4. 安装形式：暗敷	m	6.40
20	030409008001	等电位端子箱、测试板	名称：等电位箱 TD 28 大型 200mm×300mm×100mm	台	1
21	030409008002	等电位端子箱、测试板	名称：等电位箱 TD28 小型 75mm×160mm×50mm	台	1

（续）

序号	项目编码	项目名称	项目特征描述	计量单位	工程量
22	030411001001	配管	1. 名称：扣压式薄壁电气钢导管 2. 材质：KBG20 3. 配置形式：砖、混凝土结构暗敷	m	160.40
23	030411001002	配管	1. 名称：扣压式薄壁电气钢导管 2. 材质：KBG16 3. 配置形式：砖、混凝土结构暗敷	m	103.70
24	030411001003	配管	1. 名称：扣压式薄壁电气钢导管 2. 材质：KBG25 3. 配置形式：砖、混凝土结构暗敷	m	17.60
25	030411001004	配管	1. 名称：扣压式薄壁电气钢导管 2. 材质：KBG16 3. 配置形式：吊顶暗配	m	59.50
26	030411004001	配线	1. 配线形式：管内穿线 2. 型号：BV2.5	m	884.80
27	030411004002	配线	1. 配线形式：管内穿线 2. 型号：BV4	m	55.20
28	030411006001	接线盒	1. 名称：接线盒 2. 安装形式：暗装	个	4
29	030411006002	接线盒	1. 名称：开关盒、插座盒 2. 安装形式：暗装	个	57
30	030412001001	普通灯具	1. 名称：TCL 半圆球吸顶灯 2. 规格：直径 300mm	套	11
31	030412001002	普通灯具	1. 名称：TCL 吸顶灯 2. 规格：羊皮吸顶灯 49×47	套	3
32	030412001003	普通灯具	名称：TCL 室内壁灯	套	4
33	030412001004	普通灯具	名称：TCL 室外壁灯	套	3
34	030412001005	普通灯具	名称：TCL 镜前灯	套	2
35	030412004001	装饰灯	1. 名称：TCL9 头花灯 2. 安装形式：吊杆	套	3
36	030412004002	装饰灯	1. 名称：TCL15 头花灯 2. 安装形式：吊杆	套	1
37	030412004003	装饰灯	1. 名称：TCL 餐桌吊杆灯 2. 安装形式：吊杆	套	1
38	030412004004	装饰灯	1. 名称：TCL 筒灯 ϕ150 2. 安装形式：嵌入式	套	18
39	030414011001	接地装置	接地装置接地电阻值测试	系统	1
40	031301017001	脚手架搭拆			1

3. 措施工程量清单编制

措施项目清单含总价措施项目和单价措施项目。总价措施项目有：安全文明施工，夜间施工，二次搬运，冬雨季施工，地上、地下设施、建筑物的临时保护设施，已完工程及设备保护，共6个项目。单价措施项目是投标人根据施工组织设计考虑施工中采用的本专业的施工技术措施。用分部分项工程量清单的方式采用综合单价来确定和调整。总价措施项目在《湖北省建筑安装工程费用定额》(2013版)中有详细取费规定。

4. 其他项目清单与零星工作项目表

本例无。

5. 总说明

总 说 明

工程名称：×××××房地产开发公司A型别墅　　　　第×页　共×页

1. 工程概况： 本建筑物建筑面积220m²，2层，钢筋混凝土框架结构，1层层高3m，2层3m处设轻钢龙骨吊顶，楼板及坡屋顶现浇。 2. 招标范围： 照明与供电系统安装。 3. 编制依据： 本工程量清单依据《建设工程工程量清单计价规范》(GB 50500—2013)和施工图、标准图编制。 4. 投标人应按《建设工程工程量清单计价规范》(GB 50500—2013)规定的统一格式，提供“分部分项工程量清单综合单价计算表”。

2.3.2 建筑电气工程工程量清单投标报价编制实例

建筑安装工程的投标报价由分部分项工程费、措施项目费、其他项目费、规费和税金组成。由于实行合理的低价中标的原则，投标人一旦中标，其投标报价就具有法律效力，因此工程量清单计价文件编制得是否合理对投标人能否中标以及中标后能否盈利就显得极为重要。

工程量清单计价的依据主要有：工程量清单、施工图、消耗量定额、费用定额、企业定额、施工方案、工料机市场价格等。本工程实例以2.3.1章节的清单工程量、施工图、《湖北省建筑安装工程费用定额》(2013版)、《湖北省建筑安装工程消耗量定额及单位估价表》(2013版)、《建设工程工程量清单计价规范》(GB 50500—2013)为依据，介绍工程量清单计价的过程。

1. 计价工程量计算

计价工程量是计算分部分项工程量清单综合单价的重要依据，它是投标人根据招标文件中的清单工程量、施工图以及《建设工程工程量清单计价规范》(GB 50500—2013)、施工组织设计等确定的报价工程量。在计算中，除计算主项的工作任务外，还必须注意添加附属于主项的工作内容。

本例在表 2－17 分部分项工程量清单上添加适当工作内容构成表 2－18 计价工程量计算表。

表 2－18　计价工程量表（未列出序号与表 2－17 相同）

序号	项目编码	项目名称	项目特征描述	计量单位	工程量
1	030404017001	配电箱	1. 型号：成套配电箱 XRB－13　350mm×400mm×125mm 2. 接线端子材质、规格：16mm² 压铜接线端子 3. 端子板外部接线材质、规格：2.5mm² 及 4mm² 无端子外部接线	台	1
7	030404034005	照明开关	1. 名称：TCL 罗格朗　银韵 S 8.0 系列 2. 规格：暗装延时开关 10A/220V	个	2
8	030404035001	插座	1. 名称：TCL 罗格朗　银韵 S 8.0 系列 2. 规格：带开关指示灯三极插座，10A/220V	个	1

2. 计算分部分项工程综合单价

分部分项工程综合单价依据工程量和人、机、料的市场价格确定。

1）人、机、料的价格确定因素

（1）人工单价确定：确定人工单价可以有多种方法，其中最常用的方法就是按照定额站发布的最新人工单价与定额人工单价取价差。湖北省 2013 年定额编制期的发布价为：技工 92 元/工日；普工 60 元/工日。

（2）材料单价的确定：材料单价要考虑材料在不同地点的采购价格、材料运费、材料损耗、材料保管等因素，综合测定材料的价格后最终确定综合单价中的材料价，本例假设未计价材料价格经过综合测算以后为表 1－16 未计价材料表所示的材料价格。

（3）机械台班费的确定。机械费要考虑折旧费、大修费、经常修理费、安拆运输费、燃料动力费以及人工费。本例没有大型机械设备的使用。

2）分部分项工程综合单价的计算

分部分项工程综合单价的计算方法如图 2.1 所示。表 2－19～表 2－32 为本实例工程分部分项工程量清单综合单价表，材料单价见表 1－16 未计价材料用表。

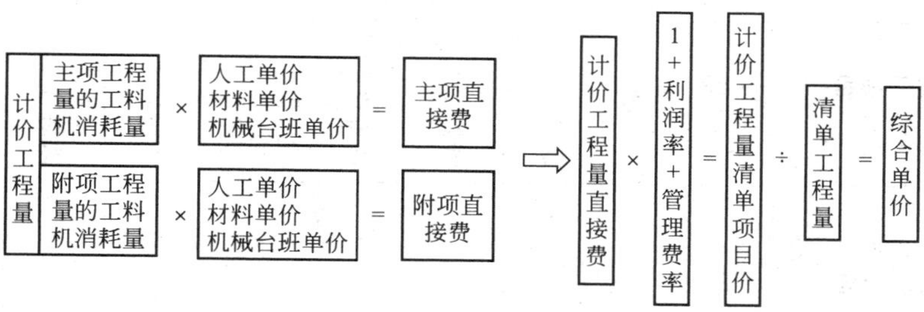

图 2.1　分部分项工程综合单价计算方法

表 2-19　分部分项工程量清单综合单价计算表(一)

项目编码		030404017001	项目名称		配电箱		计量单位		台	工程量	1
清单综合单价组成明细											
定额编号	定额项目名称	定额单位	数量	单价/元				合价/元			
				人工费	材料费	机械费	管理费和利润	人工费	材料费	机械费	管理费和利润
C4-444	压铜接线端子 导线截面 16mm² 以内	10个	0.5	30.40	3.94	0	9.85	15.20	1.97	0	4.93
C4-275	成套配电箱安装 悬挂嵌入式(半周长1.0m)	台	1	123.26	40.64	0	39.95	123.26	40.64	0	39.95
C4-373	端子箱 无端子外部接线 2.5	10个	3.5	14.06	7.11	0	4.56	49.21	24.89	0	15.96
人工单价		小计						187.67	67.50	0	60.84
技工92元/工日；普工60元/工日		未计价材料费						1010.15			
清单项目综合单价								1326.16			
材料费明细	主要材料名称、规格、型号				单位	数量		单价/元	合价/元	暂估单价/元	暂估合价/元
	成套配电箱 XRB-13 350mm×400mm×125mm				台	1		1000	1000		
	铜接线端子				个	5.075		2	10.15		
	其他材料费							—	67.49	—	0
	材料费小计							—	1077.64	—	0

表 2-20　分部分项工程量清单综合单价计算表(二)

项目编码		030404034001	项目名称		照明开关		计量单位		个	工程量	8
清单综合单价组成明细											
定额编号	定额项目名称	定额单位	数量	单价/元				合价/元			
				人工费	材料费	机械费	管理费和利润	人工费	材料费	机械费	管理费和利润
C4-382	扳式暗开关(单控)单联	10套	0.1	61.63	4.68	0	19.98	6.16	0.47	0	2

（续）

定额编号	定额项目名称	定额单位	数量	单价/元				合价/元			
				人工费	材料费	机械费	管理费和利润	人工费	材料费	机械费	管理费和利润
人工单价		小计						6.16	0.47	0	2
技工 92 元/工日；普工 60 元/工日		未计价材料费						28.46			
清单项目综合单价								37.09			
材料费明细	主要材料名称、规格、型号					单位	数量	单价/元	合价/元	暂估单价/元	暂估合价/元
	照明开关单联　TCL 罗格朗　银韵 S 8.0 系列					只	1.02	27.90	28.46		
	其他材料费							—	0.47	—	0
	材料费小计							—	28.93	—	0

表 2－21　分部分项工程量清单综合单价计算表(三)

项目编码	030404035002	项目名称	插座	计量单位	个	工程量	10

清单综合单价组成明细

定额编号	定额项目名称	定额单位	数量	单价/元				合价/元			
				人工费	材料费	机械费	管理费和利润	人工费	材料费	机械费	管理费和利润
C4－417	单相暗插座 15A 3孔	10 套	0.1	66.18	11.47	0	21.45	6.62	1.15	0	2.15
人工单价		小计						6.62	1.15	0	2.15
技工 92 元/工日；普工 60 元/工日		未计价材料费						56.1			
清单项目综合单价								66.01			
材料费明细	主要材料名称、规格、型号					单位	数量	单价/元	合价/元	暂估单价/元	暂估合价/元
	成套插座　TCL 罗格朗　银韵 S 8.0 系列 防溅型，10A/220V					套	1.02	55	56.10		
	其他材料费							—	1.15	—	0
	材料费小计							—	57.25	—	0

表 2-22　分部分项工程量清单综合单价计算表(四)

项目编码		030408001001		项目名称		电力电缆		计量单位	m	工程量	17.58
清单综合单价组成明细											
定额编号	定额项目名称	定额单位	数量	单价/元				合价/元			
				人工费	材料费	机械费	管理费和利润	人工费	材料费	机械费	管理费和利润
C4-720 ×1.3，×0.85	铜心电力电缆敷设 电缆(截面 35mm² 以下)	100m	0.01	470.25	317.62	10.06	155.66	4.70	3.18	0.10	1.56
人工单价		小计						4.70	3.18	0.10	1.56
高级技工 138 元/工日；技工 92 元/工日；普工 60 元/工日		未计价材料费						59.02			
清单项目综合单价								68.56			
材料费明细	主要材料名称、规格、型号					单位	数量	单价/元	合价/元	暂估单价/元	暂估合价/元
	电缆　YJV　0.6/1-5×16					m	1.01	58.44	59.02		
	其他材料费							—	3.18	—	0
	材料费小计							—	62.20	—	0

表 2-23　分部分项工程量清单综合单价计算表(五)

项目编码		030408006001		项目名称		电力电缆头		计量单位	个	工程量	1
清单综合单价组成明细											
定额编号	定额项目名称	定额单位	数量	单价/元				合价/元			
				人工费	材料费	机械费	管理费和利润	人工费	材料费	机械费	管理费和利润
C4-799	5 心干包终端头 1kV 以下(铜心截面 35mm² 以下)	个	1	71.98	97.68	0	23.33	71.98	97.68	0	23.33
人工单价		小计						71.98	97.68	0	23.33

（续）

定额编号	定额项目名称	定额单位	数量	单价/元				合价/元			
				人工费	材料费	机械费	管理费和利润	人工费	材料费	机械费	管理费和利润
高级技工138元/工日；技工92元/工日；普工60元/工日		未计价材料费						0			
清单项目综合单价								192.99			
材料费明细	主要材料名称、规格、型号				单位	数量		单价/元	合价/元	暂估单价/元	暂估合价/元
	其他材料费							—	97.68	—	0
	材料费小计							—	97.68	—	0

表2-24　分部分项工程量清单综合单价计算表(六)

项目编码	030409002002	项目名称	接地母线	计量单位	m	工程量	12.47

清单综合单价组成明细											
定额编号	定额项目名称	定额单位	数量	单价/元				合价/元			
				人工费	材料费	机械费	管理费和利润	人工费	材料费	机械费	管理费和利润
C4-911	户外接地母线敷设截面（$200mm^2$ 以内）	10m	0.1	203.39	1.84	2.78	66.82	20.34	0.18	0.28	6.68
人工单价		小计						20.34	0.18	0.28	6.68
技工92元/工日；普工60元/工日		未计价材料费						5.48			
清单项目综合单价								32.96			
材料费明细	主要材料名称、规格、型号				单位	数量		单价/元	合价/元	暂估单价/元	暂估合价/元
	接地母线－40×4				kg	1.26		4.35	5.48		
	其他材料费							—	0.18	—	0
	材料费小计							—	5.66	—	0

表 2-25　分部分项工程量清单综合单价计算表(七)

项目编码		030409008002	项目名称		等电位端子箱、测试板		计量单位		台	工程量	1
清单综合单价组成明细											
定额编号	定额项目名称	定额单位	数量	单价/元				合价/元			
				人工费	材料费	机械费	管理费和利润	人工费	材料费	机械费	管理费和利润
C4-968	卫生间等电位盒安装	10个	0.1	79.82	2.60	13.89	30.37	7.98	0.26	1.39	3.04
人工单价		小计						7.98	0.26	1.39	3.04
技工 92 元/工日；普工 60 元/工日		未计价材料费						35.70			
清单项目综合单价								48.37			
材料费明细	主要材料名称、规格、型号				单位	数量		单价/元	合价/元	暂估单价/元	暂估合价/元
	等电位盒				个	1.02		35	35.70		
	其他材料费							—	0.26	—	0
	材料费小计							—	35.96	—	0

表 2-26　分部分项工程量清单综合单价计算表(八)

项目编码		030411001002	项目名称		配管		计量单位		m	工程量	103.7
清单综合单价组成明细											
定额编号	定额项目名称	定额单位	数量	单价/元				合价/元			
				人工费	材料费	机械费	管理费和利润	人工费	材料费	机械费	管理费和利润
C4-1174	砖、混凝土结构暗敷 薄壁电气钢导管公称直径 20mm 以内	100m	0.01	258.64	71.05	0	83.82	2.59	0.71	0	0.84
人工单价		小计						2.59	0.71	0	0.84
技工 92 元/工日；普工 60 元/工日		未计价材料费						1.96			

（续）

定额编号	定额项目名称	定额单位	数量	单价/元				合价/元			
				人工费	材料费	机械费	管理费和利润	人工费	材料费	机械费	管理费和利润
清单项目综合单价								6.09			
材料费明细	主要材料名称、规格、型号		单位	数量		单价/元		合价/元		暂估单价/元	暂估合价/元
	扣压式薄壁电气钢导管　直径16mm		m	1.03		1.90		1.96			
	其他材料费					—		0.71		—	0
	材料费小计					—		2.67		—	0

表2-27　分部分项工程量清单综合单价计算表(九)

项目编码	030411004001	项目名称	配线	计量单位	m	工程量	884.8

清单综合单价组成明细											
定额编号	定额项目名称	定额单位	数量	单价/元				合价/元			
				人工费	材料费	机械费	管理费和利润	人工费	材料费	机械费	管理费和利润
C4-1287	管内穿线 照明线路(铜心)导线截面(2.5mm² 以内)铜心	100m单线	0.01	62.36	30.11	0	20.21	0.62	0.30	0	0.20
人工单价	小计							0.62	0.30	0	0.20
技工92元/工日；普工60元/工日	未计价材料费							2.38			
清单项目综合单价								3.50			
材料费明细	主要材料名称、规格、型号				单位	数量		单价/元	合价/元	暂估单价/元	暂估合价/元
	绝缘导线2.5mm² 以内				m	1.16		2.05	2.38		
	其他材料费							—	0.30	—	0
	材料费小计							—	2.68	—	0

表 2-28　分部分项工程量清单综合单价计算表(十)

项目编码		030411006002		项目名称			接线盒	计量单位	个	工程量	57
清单综合单价组成明细											
定额编号	定额项目名称	定额单位	数量	单价/元				合价/元			
				人工费	材料费	机械费	管理费和利润	人工费	材料费	机械费	管理费和利润
C4-1405	接线箱(盒)安装 暗装 开关盒	10个	0.1	31.33	5.03	0	10.15	3.13	0.50	0	1.02
人工单价		小计						3.13	0.50	0	1.02
技工92元/工日；普工60元/工日		未计价材料费						2.04			
清单项目综合单价								6.69			
材料费明细	主要材料名称、规格、型号				单位	数量		单价/元	合价/元	暂估单价/元	暂估合价/元
	接线盒				个	1.02		2	2.04		
	其他材料费							—	0.50	—	0
	材料费小计							—	2.54	—	0

表 2-29　分部分项工程量清单综合单价计算表(十一)

项目编码		030412001001		项目名称			普通灯具	计量单位	套	工程量	11
清单综合单价组成明细											
定额编号	定额项目名称	定额单位	数量	单价/元				合价/元			
				人工费	材料费	机械费	管理费和利润	人工费	材料费	机械费	管理费和利润
C4-1415	半圆球吸顶灯 灯罩直径(300mm以内)	10套	0.1	154.64	47.63	0	50.12	15.46	4.76	0	5.01
人工单价		小计						15.46	4.76	0	5.01
技工92元/工日；普工60元/工日		未计价材料费						139.38			

（续）

定额编号	定额项目名称	定额单位	数量	单价/元				合价/元			
				人工费	材料费	机械费	管理费和利润	人工费	材料费	机械费	管理费和利润
清单项目综合单价								164.62			

材料费明细	主要材料名称、规格、型号	单位	数量	单价/元	合价/元	暂估单价/元	暂估合价/元
	TCL吸顶灯	套	1.01	138	139.38		
	其他材料费			—	4.76	—	0
	材料费小计			—	144.14	—	0

表2-30　分部分项工程量清单综合单价计算表(十二)

项目编码	030412004002	项目名称	装饰灯	计量单位	套	工程量	1

清单综合单价组成明细

定额编号	定额项目名称	定额单位	数量	单价/元				合价/元			
				人工费	材料费	机械费	管理费和利润	人工费	材料费	机械费	管理费和利润
C4-1509	花灯安装 吊顶花灯15头	10套	0.1	2861.20	124.69	0	927.31	286.12	12.47	0	92.73
人工单价		小计						286.12	12.47	0	92.73
技工92元/工日；普工60元/工日		未计价材料费						543.38			
清单项目综合单价								934.7			

材料费明细	主要材料名称、规格、型号	单位	数量	单价/元	合价/元	暂估单价/元	暂估合价/元
	TCL15头花灯	套	1.01	538	543.38		
	其他材料费			—	12.47	—	0
	材料费小计			—	555.85	—	0

表 2－31　分部分项工程量清单综合单价计算表(十三)

项目编码		030414011001	项目名称	接地装置			计量单位	系统	工程量	1		
清单综合单价组成明细												
定额编号	定额项目名称	定额单位	数量	单价/元				合价/元				
				人工费	材料费	机械费	管理费和利润	人工费	材料费	机械费	管理费和利润	
C4－1909	接地网	系统	1	449.61	8.99	183.55	205.20	449.61	8.99	183.55	205.20	
人工单价		小计						449.61	8.99	183.55	205.20	
高级技工 138 元/工日；技工 92 元/工日；普工 60 元/工日		未计价材料费						0				
清单项目综合单价								847.35				
材料费明细	主要材料名称、规格、型号				单位	数量		单价/元	合价/元	暂估单价/元	暂估合价/元	
	其他材料费							—	8.99	—	0	
	材料费小计							—	8.99	—	0	

表 2－32　分部分项工程量清单综合单价计算表(十四)

项目编码		031301017001	项目名称	脚手架搭拆			计量单位		工程量	1		
清单综合单价组成明细												
定额编号	定额项目名称	定额单位	数量	单价/元				合价/元				
				人工费	材料费	机械费	管理费和利润	人工费	材料费	机械费	管理费和利润	
BM50	脚手架搭拆费(电气设备安装工程)	元	1	50.97	152.92	0	16.52	50.97	152.92	0	16.52	
人工单价		小计						50.97	152.92	0	16.52	
		未计价材料费										
清单项目综合单价								220.41				
材料费明细	主要材料名称、规格、型号				单位	数量		单价/元	合价/元	暂估单价/元	暂估合价/元	
	其他材料费							—	152.92	—	0	
	材料费小计							—	152.92	—	0	

3. 分部分项工程量清单与计价编制表

将分部分项工程量综合单价汇总，并填入分部分项工程量清单与计价表，并根据分部分项工程情况，填写具体工程特征。本例分部分项工程量清单与计价表见表 2-33。

表 2-33 分部分项工程和单价措施项目清单与计价表

序号	项目编码	项目名称	项目特征描述	计量单位	工程量	金额/元		
						综合单价	合价	其中：暂估价
1	030404017001	配电箱	1. 型号：成套配电箱 XRB-13 350mm×400mm×125mm 2. 接线端子材质、规格：$16mm^2$ 压铜接线端子 3. 端子板外部接线材质、规格：$2.5mm^2$ 及 $4mm^2$ 无端子外部接线	台	1	1326.16	1326.16	
2	030404033001	风扇	规格：轴流排气扇 300mm×300mm	台	4	193.83	775.32	
3	030404034001	照明开关	1. 名称：TCL 罗格朗 银韵 S 8.0 系列 2. 规格：暗装照明开关单联 10A/220V	个	8	37.09	296.72	
4	030404034002	照明开关	1. 名称：TCL 罗格朗 银韵 S 8.0 系列 2. 规格：暗装照明开关双联 10A/220V	个	6	53.07	318.42	
5	030404034003	照明开关	1. 名称：TCL 罗格朗 银韵 S 8.0 系列 2. 规格：暗装照明开关三联 10A/220V	个	2	65.90	131.80	
6	030404034004	照明开关	1. 名称：TCL 罗格朗 银韵 S 8.0 系列 2. 规格：暗装照明双控单联开关 10A/220V	个	4	44.44	177.76	
7	030404034005	照明开关	1. 名称：TCL 罗格朗 银韵 S 8.0 系列 2. 规格：暗装延时开关 10A/220V	个	2	65.18	130.36	
8	030404035001	插座	1. 名称：TCL 罗格朗 银韵 S 8.0 系列 2. 规格：带开关指示灯三极插座，10A/220V	个	1	53.53	53.53	

（续）

序号	项目编码	项目名称	项目特征描述	计量单位	工程量	金额/元		
						综合单价	合价	其中：暂估价
9	030404035002	插座	1. 名称：TCL 罗格朗银韵 S 8.0 系列 2. 规格：暗装单相 3 孔插座，10A/220V	个	10	66.01	660.10	
10	030404035003	插座	1. 名称：TCL 罗格朗银韵 S 8.0 系列 2. 规格：暗装单相 5 孔插座，10A/220	个	18	52.05	936.90	
11	030404035004	插座	1. 名称：TCL 罗格朗银韵 S 8.0 系列 2. 规格：暗装单相 3 孔插座，16A/220V	个	6	57.87	347.22	
12	030408001001	电力电缆	型号：YJV 0.6/15×16 敷设	m	17.58	68.56	1205.28	
13	030408003001	电缆保护管	1. 材质：镀锌钢管 2. 规格：RC40 3. 敷设方式：暗敷	m	7.15	34.38	245.82	
14	030408006001	电力电缆头	型号：5 心干包式电缆终端头	个	1	192.99	192.99	
15	030408006002	电力电缆头	型号：浇注式中间电缆头	个	1	319.08	319.08	
16	030409001001	接地极	1. 材质：角钢接地极 2. 规格：∟50×50×5 3. 土质：普通土	根	3	103.84	311.52	
17	030409002001	接地母线	1. 名称：接地母线 2. 材质：扁钢 3. 规格：−40×4 4. 安装部位：户内	m	5.35	20.42	109.25	
18	030409002002	接地母线	1. 名称：接地母线 2. 材质：扁钢 3. 规格：−40×4 4. 安装部位：户外	m	12.47	32.96	411.01	
19	030409004001	均压环	1. 名称：卫生间等电位均压环 2. 材质：圆钢 3. 规格：$\phi 8$ 4. 安装形式：暗敷	m	6.40	16.33	104.51	

（续）

序号	项目编码	项目名称	项目特征描述	计量单位	工程量	金额/元		
						综合单价	合价	其中：暂估价
20	030409008001	等电位端子箱、测试板	名称：等电位箱 TD28 大型 200mm×300mm×100mm	台	1	376.79	376.79	
21	030409008002	等电位端子箱、测试板	名称：等电位箱 TD28 小型 75mm×160mm×50mm	台	1	48.37	48.37	
22	030411001001	配管	1. 名称：扣压式薄壁电气钢导管 2. 材质：KBG20 3. 配置形式：砖、混凝土结构暗敷	m	160.40	6.50	1042.60	
23	030411001002	配管	1. 名称：扣压式薄壁电气钢导管 2. 材质：KBG16 3. 配置形式：砖、混凝土结构暗敷	m	103.70	6.09	631.53	
24	030411001003	配管	1. 名称：扣压式薄壁电气钢导管 2. 材质：KBG25 3. 配置形式：砖、混凝土结构暗敷	m	17.60	9.82	172.83	
25	030411001004	配管	1. 名称：扣压式薄壁电气钢导管 2. 材质：KBG16 3. 配置形式：吊顶暗配	m	59.50	11.74	698.53	
26	030411004001	配线	1. 配线形式：管内穿线 2. 型号：BV2.5	m	884.80	3.50	3096.80	
27	030411004002	配线	1. 配线形式：管内穿线 2. 型号：BV4	m	55.20	3.59	198.17	
28	030411006001	接线盒	1. 名称：接线盒 2. 安装形式：暗装	个	4	6.98	27.92	
29	030411006002	接线盒	1. 名称：开关盒、插座盒 2. 安装形式：暗装	个	57	6.69	381.33	
30	030412001001	普通灯具	1. 名称：TCL 半圆球吸顶灯 2. 规格：直径 300mm	套	11	164.62	1810.82	

（续）

序号	项目编码	项目名称	项目特征描述	计量单位	工程量	金额/元		
						综合单价	合价	其中：暂估价
31	030412001002	普通灯具	1. 名称：TCL 吸顶灯 2. 规格：羊皮吸顶灯房间灯 49×47	套	3	116.92	350.76	
32	030412001003	普通灯具	名称：TCL 室内壁灯	套	4	284.95	1139.80	
33	030412001004	普通灯具	名称：TCL 室外壁灯	套	3	111.23	333.69	
34	030412001005	普通灯具	名称：TCL 镜前灯	套	2	252.63	505.26	
35	030412004001	装饰灯	1. 名称：TCL9 头花灯 2. 安装形式：吊杆	套	3	259.52	778.56	
36	030412004002	装饰灯	1. 名称：TCL15 头花灯 2. 安装形式：吊杆	套	1	934.70	934.70	
37	030412004003	装饰灯	1. 名称：TCL　餐桌吊杆 2. 安装形式：吊杆	套	1	941.41	941.41	
38	030412004004	装饰灯	1. 名称：TCL　筒灯 ϕ150 2. 安装形式：嵌入式	套	18	51.62	929.16	
39	030414011001	接地装置	接地装置接地电阻值测试	系统	1	847.35	847.35	
		分部小计					23300.13	
		措施项目						
40	031301017001	脚手架搭拆费			1	220.41	220.41	
合　计							23520.54	

4. 总价措施项目清单与计价表

按照《湖北省建筑安装工程费用定额》(2013 版)的规定，总价措施清单项目以分部分项工程费和单价措施项目费中的人工费与机械费之和为计费基础，其中安全文明施工费费率按 9.05%计取，其他组织措施费费率按 0.65%计取。计算结果填入表 2－34 总价措施项目清单与计价表。

表 2－34　总价措施项目清单与计价表

序号	项目名称	计算基础	费率/(%)	金额/元
一	安全文明施工费	1＋2＋3		489.14
1	安全施工费	分部分项人工费＋机械费工程机械费	3.57	192.95

（续）

序号	项目名称	计算基础	费率/(%)	金额/元
2	文明施工费，环境保护费	安装工程人工费＋安装工程机械费	1.97	106.48
3	临时设施费	安装工程人工费＋安装工程机械费	3.51	189.71
二	其他总价措施费	4＋5＋6＋7		35.14
4	夜间施工增加费	安装工程人工费＋安装工程机械费	0.15	8.11
5	二次搬运			
6	冬雨季施工增加费	安装工程人工费＋安装工程机械费	0.37	20
7	工程定位复测费	安装工程人工费＋安装工程机械费	0.13	7.03
	合计			524.28

5. 规费和税金项目清单与计价表

计算规费和税金，将计算结果填入表 2－35 中。

表 2－35 规费和税金项目清单与计价表

序号	项目名称	计算基础	费率/(%)	金额/元
1	规费	安装工程人工费＋安装工程机械费	11.66	630.21
2	税金	不含税工程造价	3.5411	873.77

6. 单位工程投标报价汇总表

将结果汇总填入表 2－36 中。

表 2－36 单位工程投标报价汇总表

工程名称：××××小区 A 型别墅　　　　第 1 页 共 1 页

序号	汇总内容	金额/元	其中：暂估价
1	分部分项工程量清单计价合计	23300.13	0
2	措施项目清单计价合计	744.69	
3	规费	630.21	
4	税金	873.77	
	合计	25548.80	

7. 封面填写

封　面

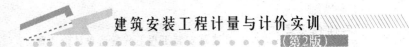

投 标 总 价
招标人：×××房地产开发公司 工程名称：××××小区 A 型别墅电气安装工程 投标总价(小写)：25548.8 元 　　　　(大写)：贰万伍仟伍佰肆拾捌元捌角 投标人：×××安装工程公司(盖章) 法定代表人 或其授权人：(签字或盖章) 编制人：(造价人员签字盖专用章) 编制时间：　　年　　月　　日

特 别 提 示

投标价应由投标人或受其委托具有相应资质的工程造价咨询人编制。除《建设工程工程量清单计价规范》(GB 50500—2013)强制性规定外，投标价由投标人自主确定，但不得低于成本。

2.3.3　给排水、采暖工程工程量清单编制实例

本例选用的工程为章节 1.3.2 所述工程实例，有关工程情况说明与图纸识读不再赘述。下面介绍该工程的工程量清单编制工作，通过工程量清单的编制实例，掌握给排水、采暖工程的工程量清单编制的基本方法。

1. 工程量清单编制的思路

1）编制分部分项工程量清单

(1) 根据工程施工图和《建设工程工程量清单计价规范》(GB 50500—2013)列出主项。

(2) 根据所列项目填写清单项目的编码和计量单位。

(3) 确定清单工程量项目的主项内容和包含的附项内容。

(4) 根据施工图、项目主项内容和计价规范中的工程量计算规则，计算主项工程量和附项工程量。

(5) 按《建设工程工程量清单计价规范》(GB 50500—2013)规定的项目编码排列顺序，形成工程量清单。

2）编制措施项目清单

措施项目清单的项目见《建设工程工程量清单计价规范》(GB 50500—2013)，如果是投标人，项目选取根据施工企业确定的施工组织设计决定。招标人一般不予考虑。

3）其他项目清单

编写其他项目清单依据两个内容，一是根据招标人提出的暂列金额和材料设备购置费等项目，二是承包商根据招标文件或承包工程的实际需要发生了分包工程，承包商要提出总承包服务费项目。

4）零星工作项目表

零星工作是指分部分项工程量以外的工作项目，实际工程发生这些费用时需要填写零星工作项目表，如果没有发生，则没有零星工作项目表。

5）总说明

总说明包含工程概况、工程总包和分包范围、工程量清单编制依据、工程质量、材料、施工等的特殊要求、招标人自行采购材料的名称、规格、型号、数量等、预留金、自行采购材料的金额数量等，根据实际工程情况编写总说明内容。

6）填写封面

封面必须按规定格式填写。

2. 分部分项工程量清单编制

根据 1.3.2 节所述工程施工设计图纸(附图 6～附图 11)，按照《建设工程工程量清单计价规范》(GB 50500—2013)所规定的项目设置以及清单工程量计算规则，计算清单工程量并编制工程量清单主要清单项目表(表 2－37)。

表 2－37　主要清单项目表

序号	项目编号	项目名称	单位	工程数量	计算式
1	031001002	钢管	m		略
2	031001006	塑料管	m		
3	031002001	管道支架制作安装	kg		
4	031003001	螺纹阀门	个		
5	031003003	焊接法兰阀门	个		
6	031003001	自动排气阀	个		
7	031003013	水表	个		
8	031004003	洗脸盆	组		
9	031004010	淋浴器	组		
10	031004006	大便器	套		
11	031004007	小便器	套		
12	031006015	水箱制作安装	套		
13	031004014	水龙头	个		
14	031004014	地漏	个		
15	031004014	地面扫除口	个		

（续）

序号	项目编号	项目名称	单位	工程数量	计算式
16	031006005	热水器(太阳能源)	台		
17	031005002	钢制柱式散热器	组		
18	031009001	采暖工程系统调整	系统		

在列项过程中，要注意有些工程项目名称与规范主项名称不同但内容相同，例如，塑料管，虽然有相同主项名称，但不同材质、规格、型号、连接方式等不同，应列为不同主项。依据施工图和材料表仔细分析哪些工程项目内容应该分列为不同主项，特别注意材料表中名称相同但规格不同、价格不同的材料。

列出主项后再计算工程量，工程量计算注意两个内容，一是要特别注意主项的单位，二是注意工程量的计算规则。完成后按项目编号排列次序，形成分部分项工程量清单。

本例分部分项工程量清单见表 2－38。

表 2－38　分部分项工程和单价措施项目工程量清单

序号	项目编码	项目名称	项目特征描述	计量单位	工程量
1	031001002001	钢管	1. 安装部位：室内 2. 介质：采暖热水 3. 材质：焊接钢管 4. 规格、压力等级：*DN*50 5. 连接形式：焊接 6. 压力试验及吹、洗设计要求：冲洗不含铁、铜等且水色不浑浊	m	48.60
2	031001002003	钢管	1. 安装部位：室内 2. 介质：采暖热水 3. 材质：焊接钢管 4. 规格、压力等级：*DN*32 5. 连接形式：螺纹连接 6. 压力试验及吹、洗设计要求：冲洗不含铁、铜等且水色不浑浊	m	27.40
3	031001002002	钢管	1. 安装部位：室内 2. 介质：采暖热水 3. 材质：焊接钢管 4. 规格、压力等级：*DN*40 5. 连接形式：焊接 6. 压力试验及吹、洗设计要求：冲洗不含铁、铜等且水色不浑浊	m	53.20
4	031001002004	钢管	1. 安装部位：室内 2. 介质：采暖热水 3. 材质：焊接钢管 4. 规格、压力等级：*DN*25 5. 连接形式：螺纹连接 6. 压力试验及吹、洗设计要求：冲洗不含铁、铜等且水色不浑浊	m	53.90

（续）

序号	项目编码	项目名称	项目特征描述	计量单位	工程量
5	031001002005	钢管	1. 安装部位：室内 2. 介质：采暖热水 3. 材质：焊接钢管 4. 规格、压力等级：*DN*20 5. 连接形式：螺纹连接 6. 压力试验及吹、洗设计要求：冲洗不含铁、铜等且水色不浑浊	m	274.80
6	031001006001	塑料管	1. 安装部位：室内 2. 介质：冷水 3. 材质、规格：聚丙烯塑料管 *De*20 4. 连接形式：热熔连接	m	53.30
7	031001006002	塑料管	1. 安装部位：室内 2. 介质：热水 3. 材质、规格：聚丙烯塑料管 *De*20 4. 连接形式：热熔连接	m	62.10
8	031001006003	塑料管	1. 安装部位：室内 2. 介质：冷水 3. 材质、规格：聚丙烯塑料管 *De*25 4. 连接形式：热熔连接	m	36.40
9	031001006004	塑料管	1. 安装部位：室内 2. 介质：热水 3. 材质、规格：聚丙烯塑料管 *De*25 4. 连接形式：热熔连接	m	40.50
10	031001006005	塑料管	1. 安装部位：室内 2. 介质：冷水 3. 材质、规格：聚丙烯塑料管 *De*32 4. 连接形式：热熔连接	m	15
11	031001006006	塑料管	1. 安装部位：室内 2. 介质：热水 3. 材质、规格：聚丙烯塑料管 *De*32 4. 连接形式：热熔连接	m	19.60
12	031001006007	塑料管	1. 安装部位：室内 2. 介质：冷水 3. 材质、规格：聚丙烯塑料管 *De*40 4. 连接形式：热熔连接	m	23.20

（续）

序号	项目编码	项目名称	项目特征描述	计量单位	工程量
13	031001006008	塑料管	1. 安装部位：室内 2. 介质：热水 3. 材质、规格：聚丙烯塑料管 *De*40 4. 连接形式：热熔连接	m	13.50
14	031001006009	塑料管	1. 安装部位：室内 2. 介质：冷水 3. 材质、规格：聚丙烯塑料管 *De*50 4. 连接形式：热熔连接	m	6.50
15	031001006010	塑料管	1. 安装部位：室内 2. 介质：冷水 3. 材质、规格：聚丙烯塑料管 *De*63 4. 连接形式：热熔连接	m	10.40
16	031001006011	塑料管	1. 安装部位：室内 2. 介质：冷水 3. 材质、规格：UPVC50 排水管 4. 连接形式：零件粘接	m	24.60
17	031001006012	塑料管	1. 安装部位：室内 2. 介质：冷水 3. 材质、规格：UPVC75 排水管 4. 连接形式：零件粘接	m	46
18	031001006013	塑料管	1. 安装部位：室内 2. 介质：冷水 3. 材质、规格：UPVC110 排水管 4. 连接形式：零件粘接	m	83.15
19	031001006014	塑料管	1. 安装部位：室内 2. 介质：冷水 3. 材质、规格：UPVC160 排水管 4. 连接形式：零件粘接	m	98.90
20	031002001001	管道支架		kg	200
21	031003001001	螺纹阀门	1. 类型：铜球调节阀 2. 规格、压力等级：*DN*25 3. 连接形式：螺纹连接	个	24
22	031003001002	阀门	1. 类型：PPR 专用截止阀 2. 规格、压力等级：*DN*20 3. 连接形式：热熔连接	个	34

（续）

序号	项目编码	项目名称	项目特征描述	计量单位	工程量
23	031003001003	螺纹阀门	1. 类型：PPR专用截止阀 2. 规格、压力等级：*DN*25 3. 连接形式：热熔连接	个	9
24	031003001004	螺纹阀门	1. 类型：PPR专用截止阀 2. 规格、压力等级：*DN*32 3. 连接形式：热熔连接	个	5
25	031003001005	螺纹阀门	1. 类型：PPR专用闸阀 2. 规格、压力等级：*DN*40 3. 连接形式：热熔连接	个	2
26	031003001006	螺纹阀门	1. 类型：PPR专用止回阀 2. 规格、压力等级：*DN*40 3. 连接形式：热熔连接	个	1
27	031003001007	螺纹阀门	1. 类型：PPR专用截止阀 2. 规格、压力等级：*DN*40 3. 连接形式：热熔连接	个	1
28	031003003001	焊接法兰阀门	1. 类型：闸阀 2. 规格、压力等级：*DN*50	个	3
29	31003001008	螺纹阀门	1. 类型：自动排气阀 2. 规格、压力等级：*DN*20 3. 连接形式：螺纹连接	个	4
30	031003001009	螺纹阀门	1. 类型：手动放风阀 2. 规格、压力等级：$\phi 8$ 3. 连接形式：螺纹	个	68
31	031003013001	水表	型号、规格：水表LXS－50 *DN*50	组	1
32	031004003001	洗脸盆	1. 材质：钢管 2. 组装形式：冷热水	组	16
33	031004010001	淋浴器	1. 材质、规格：钢管 2. 组装形式：冷热水	套	17
34	031004006001	大便器	组装形式：自闭冲洗阀坐便器	组	14
35	031004007001	小便器	组装形式：挂斗式小便器	组	1
36	031006015001	水箱	1. 材质、类型：矩形钢板水箱 2. 型号、规格：1.5m×1.5m×2m	台	1
37	031004014001	给、排水附(配)件	1. 材质：铜水嘴 2. 型号、规格：*DN*20	个	5
38	031004014002	给、排水附(配)件	1. 材质：塑料地漏 2. 型号、规格：*DN*50	个	29
39	031004014003	给、排水附(配)件	1. 材质：塑料地面清扫口 2. 型号、规格：*DN*100	个	5

（续）

序号	项目编码	项目名称	项目特征描述	计量单位	工程量
40	031006005001	太阳能集热装置	型号、规格：太阳能集热器	套	1
41	031005002001	钢制散热器	1. 结构形式：钢制柱式 2. 型号、规格：$L=1400$mm	组	7
42	031005002002	钢制散热器	1. 结构形式：钢制柱式 2. 型号、规格：$L=1200$mm	组	2
43	031005002003	钢制散热器	1. 结构形式：钢制柱式 2. 型号、规格：$L=2000$mm	组	4
44	031005002004	钢制散热器	1. 结构形式：钢制柱式 2. 型号、规格：$L=1800$mm	组	10
45	031005002005	钢制散热器	1. 结构形式：钢制柱式 2. 型号、规格：$L=1600$mm	组	11
46	031009001001	采暖工程系统调试		系统	1
47	031201001001	管道刷油	1. 除锈级别：轻锈 2. 油漆品种：防锈漆 3. 涂刷遍数、漆膜厚度：两遍	m^2	46.35
48	031208002001	管道绝热	1. 绝热材料品种：离心玻璃棉 2. 绝热厚度：57mm	m^3	1.60
49	031201003001	金属结构刷油	1. 除锈级别：轻锈 2. 油漆品种：红丹防锈底漆、银粉漆 3. 涂刷遍数、漆膜厚度：各两遍	kg	200
50	031301017001	脚手架搭拆			1

3. 总价措施项目工程量清单编制(表2-39)

表2-39 总价措施项目工程量清单表

工程名称：某招待所水暖工程

序号	项目名称	计算基础	费率/(%)	金额/元
1	安全文明施工费			
2	夜间施工增加费			
3	二次搬运费			
4	冬雨季施工增加费			
5	已完工程及设备保护			
合　计				

4. 其他项目清单与零星工作项目表(表3-40)

表2-40 其他项目清单与零星工作项目表

工程名称：　　　　　　　　　　　　　　　　　　　　　　第　页共　页

序号	项目名称	计量单位	金额/元	备注
1	暂列金额	项	5000	详见明细表(表2-41)
2	暂估价			
2.1	材料暂估价		6000	
2.2	专业工程暂估价			详见明细表
3	计日工			详见明细表
4	总承包服务费			详见明细表
5	索赔与现场签证			
合　计			5000	—

特别提示

材料暂估单价进入清单项目综合单价，此处不汇总。

表2-41 暂列金额明细表

工程名称：　　　　　　　　　　　　　　　　　　　　　　第1页　共1页

序号	项目名称	计量单位	暂定金额/元	备注
1	工程量清单中工程量偏差和设计变更	项	3000	
2	政策性调整和材料价格风险	项	1000	
3	其他	项	1000	
合　计			5000	—

5. 规费与税金清单

规费、税金项目清单见表2-42。

表2-42 规费、税金项目清单表

工程名称：

序号	项目名称	计算基础	费率/(%)	金额/元
1	规费			
1.1	社会保险费			
(1)	养老保险费			
(2)	失业保险费			
(3)	医疗保险费			
(4)	工伤保险费			

（续）

序号	项目名称	计算基础	费率/(%)	金额/元
(5)	生育保险费			
1.2	住房公积金			
1.3	工程排污费			
2	税金	分部分项工程费＋措施项目费＋其他项目费＋规费		
合　计				

6．总说明

总 说 明

工程名称：×××××房地产开发公司A型别墅　　　　第×页共×页

1．工程概况：

2．招标范围：

给排水、采暖工程。

3．编制依据：

本工程量清单依据《建设工程工程量清单计价规范》和施工图、标准图编制。

4．投标人应按《建设工程工程量清单计价规范》规定的统一格式，提供“分部分项工程量清单综合单价计算表”。

7．封面

封　　面

某招待所水暖 工程

工 程 量 清 单

工 程 造 价

招 标 人：×××　　　咨 询 人：×××

（单位盖章）　　　（单位资质专用章）

法定代表人　　　法定代表人

或其授权人：×××　　　或其授权人：×××

（签字或盖章）　　　（签字或盖章）

编 制 人：×××　　　复 核 人：×××

（造价人员签字盖专用章）　　　（造价工程师签字盖专用章）

编制时间：×年×月×日　　　复核时间：×年×月×日

2.3.4 给排水、采暖工程工程量清单招标控制价编制实例

工程量清单计价的依据主要有：清单工程量、施工图、消耗量定额、费用定额、施工

方案、工料机市场价格等。本工程实例以 2.3.3 节所述工程量清单、施工图文件、《湖北省建筑安装工程费用定额》(2013 版)、《湖北省通用安装工程消耗量定额及单位估价表》(2013 版)、《建设工程工程量清单计价规范》(GB 50500—2013)等为依据，介绍工程量清单计价(招标控制价)的编制过程。

知识链接

招标控制价是指在工程采用招标发包的过程中，由招标人根据国家或省级、行业建设主管部门发布的有关计价规定，按设计施工图纸计算的工程造价，其作用是招标人用于对招标工程发包的最高限价。有的省、市又称拦标价、预算控制价、最高报价值。

1. 计价工程量计算

清单计价工程量计算主要有两部分内容：一是核算分部分项工程量清单所提供的清单工程量是否准确；二是计算每一个清单主体项目还必须注意添加附属于主项的辅项的清单工程量，以便分析综合单价。

2. 计算分部分项工程综合单价

分部分项工程综合单价依据计价工程量和人、机、料的市场价格确定。

1）人、机、料的价格确定因素

(1)人工单价确定：确定人工单价可以有多种方法，其中最常用的方法就是按照定额站发布的最新人工单价与定额人工单价取价差。湖北省 2013 年定额编制期的发布价为：技工 92 元/工日；普工 60 元/工日。

(2) 材料单价的确定：材料单价要考虑材料在不同地点的采购价格、材料运费、材料损耗、材料保管等因素，综合测定材料的价格后最终确定综合单价中的材料价，本例假设未计价材料价格经过综合测算以后为表 1－16 未计价材料表所示的材料价格。

(3) 机械台班费的确定：机械费要考虑折旧费、大修费、经常修理费、安拆运输费、燃料动力费以及人工费。本例没有大型机械设备的使用。

2) 分部分项工程综合单价的计算

将工程量清单主体项目及其组合的辅助项目汇总，填入分部分项供货量清单综合单价计算表。如采用消耗量定额分析综合单价的，则应按照定额的计量单位，选套相应定额，计算出各项的管理费和利润，以及未计价主材费最后汇总为球队项目费合价，分析出综合单价。

本例为招标控制价编制，综合单价依据《湖北省通用安装工程消耗量定额及单位估价表》(2013 版)、《湖北省建筑安装工程费用定额》(2013 版)以及《湖北省建设工程计价管理办法》的有关规定计算。

特别提示

在编制工程量清单综合单价分析表(表 2－43～表 2－52)时，需要对清单项目逐项进行分析，即每一个清单项目都要形成一个综合单价分析表，因而表格数量较多，在此仅列出几个有代表性的清单项目，以供实训时参考。

表 2-43　分部分项工程量清单综合单价计算表(一)

<table>
<tr><td colspan="2">项目编码</td><td colspan="2">031001002001</td><td colspan="2">项目名称</td><td colspan="2">钢管</td><td>计量单位</td><td>m</td><td>工程量</td><td>48.6</td></tr>
<tr><td colspan="12">清单综合单价组成明细</td></tr>
<tr><td rowspan="2">定额编号</td><td rowspan="2">定额项目名称</td><td rowspan="2">定额单位</td><td rowspan="2">数量</td><td colspan="4">单价/元</td><td colspan="4">合价/元</td></tr>
<tr><td>人工费</td><td>材料费</td><td>机械费</td><td>管理费和利润</td><td>人工费</td><td>材料费</td><td>机械费</td><td>管理费和利润</td></tr>
<tr><td>C10-197</td><td>室内管道安装 钢管(焊接)公称直径 50mm 以内</td><td>10m</td><td>0.1</td><td>140.65</td><td>12.87</td><td>17.86</td><td>51.37</td><td>14.07</td><td>1.29</td><td>1.79</td><td>5.14</td></tr>
<tr><td>C10-538</td><td>管道消毒冲洗公称直径 50mm 以内</td><td>100m</td><td>0.01</td><td>35.98</td><td>15.83</td><td>0</td><td>11.66</td><td>0.36</td><td>0.16</td><td>0</td><td>0.12</td></tr>
<tr><td colspan="2">人工单价</td><td colspan="6">小计</td><td>14.42</td><td>1.45</td><td>1.79</td><td>5.25</td></tr>
<tr><td colspan="2">技工 92 元/工日；
普工 60 元/工日</td><td colspan="6">未计价材料费</td><td colspan="4">23.39</td></tr>
<tr><td colspan="8">清单项目综合单价</td><td colspan="4">46.30</td></tr>
<tr><td rowspan="4">材料费明细</td><td colspan="5">主要材料名称、规格、型号</td><td>单位</td><td>数量</td><td>单价/元</td><td>合价/元</td><td>暂估单价/元</td><td>暂估合价/元</td></tr>
<tr><td colspan="5">焊接钢管 DN50</td><td>m</td><td>1.02</td><td>22.93</td><td>23.39</td><td></td><td></td></tr>
<tr><td colspan="7">其他材料费</td><td>—</td><td>1.45</td><td>—</td><td>0</td></tr>
<tr><td colspan="7">材料费小计</td><td>—</td><td>24.83</td><td>—</td><td>0</td></tr>
</table>

表 2-44　分部分项工程量清单综合单价计算表(二)

<table>
<tr><td colspan="2">项目编码</td><td colspan="2">031001006001</td><td colspan="2">项目名称</td><td colspan="2">塑料管</td><td>计量单位</td><td>m</td><td>工程量</td><td>53.3</td></tr>
<tr><td colspan="12">清单综合单价组成明细</td></tr>
<tr><td rowspan="2">定额编号</td><td rowspan="2">定额项目名称</td><td rowspan="2">定额单位</td><td rowspan="2">数量</td><td colspan="4">单价/元</td><td colspan="4">合价/元</td></tr>
<tr><td>人工费</td><td>材料费</td><td>机械费</td><td>管理费和利润</td><td>人工费</td><td>材料费</td><td>机械费</td><td>管理费和利润</td></tr>
<tr><td>C10-341</td><td>室内管道安装 聚丙烯塑料给水管(热、电容)公称直径 20mm 以内</td><td>10m</td><td>0.1</td><td>79.61</td><td>26.82</td><td>1.64</td><td>26.33</td><td>7.96</td><td>2.68</td><td>0.16</td><td>2.63</td></tr>
</table>

(续)

定额编号	定额项目名称	定额单位	数量	单价/元				合价/元			
				人工费	材料费	机械费	管理费和利润	人工费	材料费	机械费	管理费和利润
C10-538	管道消毒冲洗 公称直径50mm以内	100m	0.01	35.98	15.83	0	11.66	0.36	0.16	0	0.12
人工单价		小计						8.32	2.84	0.16	2.75
技工92元/工日；普工60元/工日		未计价材料费						17.56			
清单项目综合单价								31.63			
材料费明细	主要材料名称、规格、型号				单位	数量		单价/元	合价/元	暂估单价/元	暂估合价/元
	给水聚丙烯塑料管 *De*20				m	1.02		13.30	13.57		
	聚丙烯塑料给水管接头零件 *De*20				个	1.637		2.44	3.99		
	其他材料费							—	2.84	—	0
	材料费小计							—	20.40	—	0

表2-45 分部分项工程量清单综合单价计算表(三)

项目编码	031001006011	项目名称	塑料管	计量单位	m	工程量	24.6

清单综合单价组成明细											
定额编号	定额项目名称	定额单位	数量	单价/元				合价/元			
				人工费	材料费	机械费	管理费和利润	人工费	材料费	机械费	管理费和利润
C10-359	室内管道安装 承插塑料排水管（零件粘接）公称直径50mm以内	10m	0.1	105.96	20.39	0.10	34.37	10.60	2.04	0.01	3.44
人工单价		小计						10.60	2.04	0.01	3.44
技工92元/工日；普工60元/工日		未计价材料费						16.88			

（续）

定额编号	定额项目名称	定额单位	数量	单价/元				合价/元			
				人工费	材料费	机械费	管理费和利润	人工费	材料费	机械费	管理费和利润
清单项目综合单价								32.96			

材料费明细	主要材料名称、规格、型号	单位	数量	单价/元	合价/元	暂估单价/元	暂估合价/元
	承插塑料排水管 UPVC50	m	0.967	15.30	14.80		
	承插塑料排水管件 UPVC50	个	0.902	2.31	2.08		
	其他材料费			—	2.04	—	0
	材料费小计			—	18.92	—	0

表 2－46　分部分项工程量清单综合单价计算表(四)

项目编码	031002001001	项目名称	管道支架	计量单位	kg	工程量	200

清单综合单价组成明细

定额编号	定额项目名称	定额单位	数量	单价/元				合价/元			
				人工费	材料费	机械费	管理费和利润	人工费	材料费	机械费	管理费和利润
C10－571	管道支架 一般管架	100kg	0.01	648.36	204.07	143.51	256.65	6.48	2.04	1.44	2.57
人工单价		小计						6.48	2.04	1.44	2.57
技工 92 元/工日；普工 60 元/工日		未计价材料费						4.45			
清单项目综合单价								16.98			

材料费明细	主要材料名称、规格、型号	单位	数量	单价/元	合价/元	暂估单价/元	暂估合价/元
	型钢	kg	1.06	4.20	4.45		
	其他材料费			—	2.04	—	0
	材料费小计			—	6.49	—	0

表 2-47　分部分项工程量清单综合单价计算表(五)

项目编码		031003001001	项目名称	螺纹阀门			计量单位	个	工程量	24
清单综合单价组成明细										
定额编号	定额项目名称	定额单位	数量	单价/元				合价/元		
				人工费	材料费	机械费	管理费和利润	人工费	材料费	机械费	管理费和利润
C10-629	阀门安装 螺纹阀 公称直径25mm以内	个	1	6.66	11.49	0	2.16	6.66	11.49	0	2.16
人工单价		小计						6.66	11.49	0	2.16
技工 92 元/工日；普工 60 元/工日		未计价材料费						99.99			
清单项目综合单价								120.30			
材料费明细	主要材料名称、规格、型号				单位	数量		单价/元	合价/元	暂估单价/元	暂估合价/元
	螺纹阀门 DN25				个	1.01		99	99.99		
	其他材料费							—	11.49	—	0
	材料费小计							—	111.48	—	0

表 2-48　分部分项工程量清单综合单价计算表(六)

项目编码		031003001002	项目名称	阀门			计量单位	个	工程量	34	
清单综合单价组成明细											
定额编号	定额项目名称	定额单位	数量	单价/元				合价/元			
				人工费	材料费	机械费	管理费和利润	人工费	材料费	机械费	管理费和利润
C10-716	阀门安装 PP-R管专用(热熔连接)公称直径 20mm以内	个	1	4.42	4.33	0.04	1.44	4.42	4.33	0.04	1.44
人工单价		小计						4.42	4.33	0.04	1.44
技工 92 元/工日；普工 60 元/工日		未计价材料费						106.05			

（续）

定额编号	定额项目名称	定额单位	数量	单价/元				合价/元			
				人工费	材料费	机械费	管理费和利润	人工费	材料费	机械费	管理费和利润
清单项目综合单价								116.28			

材料费明细	主要材料名称、规格、型号	单位	数量	单价/元	合价/元	暂估单价/元	暂估合价/元
	PP－R专用阀门	个	1.01	105	106.05		
	其他材料费			—	4.33	—	0
	材料费小计			—	110.38	—	0

表2－49　分部分项工程量清单综合单价计算表(七)

项目编码	031004003001	项目名称	洗脸盆	计量单位	组	工程量	16

清单综合单价组成明细

定额编号	定额项目名称	定额单位	数量	单价/元				合价/元			
				人工费	材料费	机械费	管理费和利润	人工费	材料费	机械费	管理费和利润
C10－918	洗脸盆 钢管组成 冷热水	10组	0.1	416.28	1444.42	0	134.92	41.63	144.44	0	13.49
人工单价		小计						41.63	144.44	0	13.49
技工92元/工日；普工60元/工日		未计价材料费						323.20			
清单项目综合单价								522.76			

材料费明细	主要材料名称、规格、型号	单位	数量	单价/元	合价/元	暂估单价/元	暂估合价/元
	洗脸盆	个	1.01	320	323.20		
	其他材料费			—	144.44	—	0
	材料费小计			—	467.64	—	0

表 2-50 分部分项工程量清单综合单价计算表(八)

项目编码		031006015001		项目名称		水箱		计量单位		台	工程量	1
清单综合单价组成明细												
定额编号	定额项目名称	定额单位	数量	单价/元				合价/元				
				人工费	材料费	机械费	管理费和利润	人工费	材料费	机械费	管理费和利润	
C10-1194	矩形钢板水箱安装 总容量 6.0m³	个	1	220.6	2.85	75.93	96.10	220.60	2.85	75.93	96.10	
C10-1221	水箱(水池)消毒、冲洗 水箱或水池容量 20.0m³	m³	4.5	7.67	9.76	0	2.48	34.52	43.92	0	11.16	
人工单价		小计						255.12	46.77	75.93	107.26	
技工 92 元/工日;普工 60 元/工日		未计价材料费						6000				
清单项目综合单价								6485.08				
材料费明细	主要材料名称、规格、型号				单位	数量		单价/元	合价/元	暂估单价/元	暂估合价/元	
	矩形水箱 6.0m³				个	1				6000	6000	
	其他材料费							—	46.76	—	0	
	材料费小计							—	46.76	—	6000	

表 2-51 分部分项工程量清单综合单价计算表(九)

项目编码		031005002001		项目名称		钢制散热器		计量单位		组	工程量	7
清单综合单价组成明细												
定额编号	定额项目名称	定额单位	数量	单价/元				合价/元				
				人工费	材料费	机械费	管理费和利润	人工费	材料费	机械费	管理费和利润	
C10-1095	钢制柱式散热器 片数 6～8 片	组	1	13.91	23.69	0	4.50	13.91	23.69	0	4.50	

（续）

定额编号	定额项目名称	定额单位	数量	单价/元				合价/元			
				人工费	材料费	机械费	管理费和利润	人工费	材料费	机械费	管理费和利润
人工单价		小计						13.91	23.69	0	4.50
技工 92 元/工日；普工 60 元/工日		未计价材料费						300			
清单项目综合单价								342.10			
材料费明细	主要材料名称、规格、型号				单位	数量		单价/元	合价/元	暂估单价/元	暂估合价/元
	钢制柱式散热器 $L=1400$mm				组	1		300	300		
	其他材料费							—	23.69	—	0
	材料费小计							—	323.69	—	0

表 2-52　分部分项工程量清单综合单价计算表(十)

项目编码	031201001001	项目名称	管道刷油	计量单位	m²	工程量	46.35

清单综合单价组成明细

定额编号	定额项目名称	定额单位	数量	单价/元				合价/元			
				人工费	材料费	机械费	管理费和利润	人工费	材料费	机械费	管理费和利润
C12-1	手工除锈 管道 轻锈	$10m^2$	0.1	23.48	2.63	0	7.61	2.35	0.26	0	0.76
C12-55	管道刷油 防锈漆 第一遍	$10m^2$	0.1	18.64	22.23	0	6.04	1.86	2.22	0	0.60
C12-56	管道刷油 防锈漆 第二遍	$10m^2$	0.1	18.64	19.38	0	6.04	1.86	1.94	0	0.60
人工单价		小计						6.08	4.42	0	1.97
技工 92 元/工日；普工 60 元/工日		未计价材料费						0			
清单项目综合单价								12.47			
材料费明细	主要材料名称、规格、型号				单位	数量		单价/元	合价/元	暂估单价/元	暂估合价/元
	其他材料费							—	4.42	—	0
	材料费小计							—	4.42	—	0

3. 分部分项工程量清单与计价表编制

将分部分项工程量综合单价汇总，并填入分部分项工程量清单与计价表，并根据分部分项工程情况，填写具体项目特征。本例分部分项工程量清单与计价表见表2-53。

表2-53 分部分项工程量清单与计价表

工程名称：招待所给排水采暖工程　　标段：　　第1页 共1页

序号	项目编码	项目名称	项目特征描述	计量单位	工程量	金额/元		
						综合单价	合价	其中：暂估价
1	031001002001	钢管	1. 安装部位：室内 2. 介质：采暖热水 3. 材质：焊接钢管 4. 规格、压力等级：*DN*50 5. 连接形式：焊接 6. 压力试验及吹、洗设计要求：冲洗不含铁、铜等且水色不浑浊	m	48.60	46.30	2250.18	
2	031001002003	钢管	1. 安装部位：室内 2. 介质：采暖热水 3. 材质：焊接钢管 4. 规格、压力等级：*DN*32 5. 连接形式：螺纹连接 6. 压力试验及吹、洗设计要求：冲洗不含铁、铜等且水色不浑浊	m	27.40	44.72	1225.33	
3	031001002002	钢管	1. 安装部位：室内 2. 介质：采暖热水 3. 材质：焊接钢管 4. 规格、压力等级：*DN*40 5. 连接形式：焊接 6. 压力试验及吹、洗设计要求：冲洗不含铁、铜等且水色不浑浊	m	53.20	38.90	2069.48	
4	031001002004	钢管	1. 安装部位：室内 2. 介质：采暖热水 3. 材质：焊接钢管 4. 规格、压力等级：*DN*25 5. 连接形式：螺纹连接 6. 压力试验及吹、洗设计要求：冲洗不含铁、铜等且水色不浑浊	m	53.90	39.84	2147.38	

（续）

序号	项目编码	项目名称	项目特征描述	计量单位	工程量	金额/元		
						综合单价	合价	其中：暂估价
5	031001002005	钢管	1. 安装部位：室内 2. 介质：采暖热水 3. 材质：焊接钢管 4. 规格、压力等级：*DN*20 5. 连接形式：螺纹连接 6. 压力试验及吹、洗设计要求：冲洗不含铁、铜等且水色不浑浊	m	274.80	30.16	8287.97	
6	031001006001	塑料管	1. 安装部位：室内 2. 介质：冷水 3. 材质、规格：聚丙烯塑料管 *De*20 4. 连接形式：热熔连接	m	53.30	31.63	1685.88	
7	031001006002	塑料管	1. 安装部位：室内 2. 介质：热水 3. 材质、规格：聚丙烯塑料管 *De*20 4. 连接形式：热熔连接	m	62.10	37.70	2341.17	
8	031001006003	塑料管	1. 安装部位：室内 2. 介质：冷水 3. 材质、规格：聚丙烯塑料管 *De*25 4. 连接形式：热熔连接	m	36.40	35.52	1292.93	
9	031001006004	塑料管	1. 安装部位：室 2. 介质：热水 3. 材质、规格：聚丙烯塑料管 *De*25 4. 连接形式：热熔连接	m	40.50	49.65	2010.83	
10	031001006005	塑料管	1. 安装部位：室内 2. 介质：冷水 3. 材质、规格：聚丙烯塑料管 *De*32 4. 连接形式：热熔连接	m	15	46.52	697.80	
11	031001006006	塑料管	1. 安装部位：室内 2. 介质：热水 3. 材质、规格：聚丙烯塑料管 *De*32 4. 连接形式：热熔连接	m	19.60	64.86	1271.26	

（续）

序号	项目编码	项目名称	项目特征描述	计量单位	工程量	金额/元		
						综合单价	合价	其中：暂估价
12	031001006007	塑料管	1. 安装部位：室内 2. 介质：冷水 3. 材质、规格：聚丙烯塑料管 *De*40 4. 连接形式：热熔连接	m	23.20	62.05	1439.56	
13	031001006008	塑料管	1. 安装部位：室内 2. 介质：热水 3. 材质、规格：聚丙烯塑料管 *De*40 4. 连接形式：热熔连接	m	13.50	95.20	1285.20	
14	031001006009	塑料管	1. 安装部位：室内 2. 介质：冷水 3. 材质、规格：聚丙烯塑料管 *De*50 4. 连接形式：热熔连接	m	6.50	87.06	565.89	
15	031001006010	塑料管	1. 安装部位：室内 2. 介质：冷水 3. 材质、规格：聚丙烯塑料管 *De*63 4. 连接形式：热熔连接	m	10.40	127.30	1323.92	
16	031001006011	塑料管	1. 安装部位：室内 2. 介质：冷水 3. 材质、规格：UPVC50排水管 4. 连接形式：零件粘接	m	24.60	32.96	810.82	
17	031001006012	塑料管	1. 安装部位：室内 2. 介质：冷水 3. 材质、规格：UPVC75排水管 4. 连接形式：零件粘接	m	46	45.32	2084.72	
18	031001006013	塑料管	1. 安装部位：室内 2. 介质：冷水 3. 材质、规格：UPVC110排水管 4. 连接形式：零件粘接	m	83.15	59.28	4929.13	
19	031001006014	塑料管	1. 安装部位：室内 2. 介质：冷水 3. 材质、规格：UPVC160排水管 4. 连接形式：零件粘接	m	98.90	94.27	9323.30	
20	031002001001	管道支架		kg	200	16.98	3396	

（续）

序号	项目编码	项目名称	项目特征描述	计量单位	工程量	金额/元		
						综合单价	合价	其中：暂估价
21	031003001001	螺纹阀门	1. 类型：铜球调节阀 2. 规格、压力等级：*DN*25 3. 连接形式：螺纹连接	个	24	120.30	2887.20	
22	031003001002	阀门	1. 类型：PPR专用截止阀 2. 规格、压力等级：*DN*20 3. 连接形式：热熔连接	个	34	116.28	3953.52	
23	031003001003	螺纹阀门	1. 类型：PPR专用截止阀 2. 规格、压力等级：*DN*25 3. 连接形式：热熔连接	个	9	162.58	1463.22	
24	031003001004	螺纹阀门	1. 类型：PPR专用截止阀 2. 规格、压力等级：*DN*32 3. 连接形式：热熔连接	个	5	248.10	1240.50	
25	031003001005	螺纹阀门	1. 类型：PPR专用闸阀 2. 规格、压力等级：*DN*40 3. 连接形式：热熔连接	个	2	347.03	694.06	
26	031003001006	螺纹阀门	1. 类型：PPR专用止回阀 2. 规格、压力等级：*DN*40 3. 连接形式：热熔连接	个	1	453.08	453.08	
27	031003001007	螺纹阀门	1. 类型：PPR专用截止阀 2. 规格、压力等级：*DN*40 3. 连接形式：热熔连接	个	1	402.58	402.58	
28	031003003001	焊接法兰阀门	1. 类型：闸阀 2. 规格、压力等级：*DN*50	个	3	463.13	1389.39	
29	031003001008	螺纹阀门	1. 类型：自动排气阀 2. 规格、压力等级：*DN*20 3. 连接形式：螺纹连接	个	4	88.13	352.52	
30	031003001009	螺纹阀门	1. 类型：手动放风阀 2. 规格、压力等级：ϕ8 3. 连接形式：螺纹	个	68	33.41	2271.88	
31	031003013001	水表	型号、规格：水表LXS－50 *DN*50	组	1	338.73	338.73	
32	031004003001	洗脸盆	1. 材质：钢管 2. 组装形式：冷热水	组	16	522.76	8364.16	
33	031004010001	淋浴器	1. 材质、规格：钢管 2. 组装形式：冷热水	套	17	145.68	2476.56	

（续）

序号	项目编码	项目名称	项目特征描述	计量单位	工程量	金额/元		
						综合单价	合价	其中：暂估价
34	031004006001	大便器	组装形式：自闭冲洗阀坐便器	组	14	449.80	6297.20	
35	031004007001	小便器	组装形式：挂斗式小便器	组	1	248.58	248.58	
36	031006015001	水箱	1. 材质、类型：矩形钢板水箱 2. 型号、规格：1.5m×1.5m×2m	台	1	6485.08	6485.08	6000
37	031004014001	给、排水附(配)件	1. 材质：铜水嘴 2. 型号、规格：*DN*20	个	5	10.53	52.65	
38	031004014002	给、排水附(配)件	1. 材质：塑料地漏 2. 型号、规格：*DN*50	个	29	26.78	776.62	
39	031004014003	给、排水附(配)件	1. 材质：塑料地面清扫口 2. 型号、规格：*DN*100	个	5	24.44	122.20	
40	031006005001	太阳能集热装置	型号、规格：太阳能集热器	套	1	18672.90	18672.90	
41	031005002001	钢制散热器	1. 结构形式：钢制柱式 2. 型号、规格：L=1400mm	组	7	342.10	2394.70	
42	031005002002	钢制散热器	1. 结构形式：钢制柱式 2. 型号、规格：L=1200mm	组	2	242.10	484.20	
43	031005002003	钢制散热器	1. 结构形式：钢制柱式 2. 型号、规格：L=2000mm	组	4	649.97	2599.88	
44	031005002004	钢制散热器	1. 结构形式：钢制柱式 2. 型号、规格：L=1800mm	组	10	549.97	5499.70	
45	031005002005	钢制散热器	1. 结构形式：钢制柱式 2. 型号、规格：L=1600mm	组	11	449.97	4949.67	
46	031009001001	采暖工程系统调试		系统	1	1093.49	1093.49	
47	031201001001	管道刷油	1. 除锈级别：轻锈 2. 油漆品种：防锈漆 3. 涂刷遍数、漆膜厚度：两遍	m^2	46.35	12.47	577.98	

（续）

序号	项目编码	项目名称	项目特征描述	计量单位	工程量	金额/元		
						综合单价	合价	其中：暂估价
48	031208002001	管道绝热	1. 绝热材料品种：离心玻璃棉 2. 绝热厚度：57mm	m^3	1.60	1129.51	1807.22	
49	031201003001	金属结构刷油	1. 除锈级别：轻锈 2. 油漆品种：红丹防锈底漆、银粉漆 3. 涂刷遍数、漆膜厚度：各两遍	kg	200	1.55	310	
		分部小计					129098.22	
		措施项目						
50	031301017001	脚手架搭拆			1	1165.93	1165.93	
		分部小计					1165.93	

4. 措施项目清单与计价表

按《湖北省建筑安装工程费用定额》（2013 版）规定，将计算结果填入表 2－54 中。

表 2－54　总价措施项目清单计价表

项目编码	项目名称	计算基础	费率/（%）	金额/元	调整费率/（%）
B	通用安装工程			2023.87	
031302001001	安全文明施工费			1888.25	
1	安全施工费	安装工程人工费＋安装工程机械费	3.57	744.87	
2	文明施工费、环境保护费	安装工程人工费＋安装工程机械费	1.97	411.03	
3	临时设施费	安装工程人工费＋安装工程机械费	3.51	732.35	
031302002001	夜间施工增加费			31.30	
1	夜间施工增加费	安装工程人工费＋安装工程机械费	0.15	31.30	
031302004001	二次搬运				
031302005001	冬雨季施工增加费			77.20	
1	冬雨季施工增加费	安装工程人工费＋安装工程机械费	0.37	77.20	

（续）

项目编码	项目名称	计算基础	费率/(%)	金额/元	调整费率/(%)
03B999	工程定位复测费			27.12	
1	工程定位复测费	安装工程人工费+安装工程机械费	0.13	27.12	
合计				2023.87	

5. 其他项目费计价表(表2-55)

表2-55 其他项目费计价表

工程名称：招待所给排水采暖工程　　　　标段：　　　　第1页　共1页

序号	项目名称	计量单位	金额/元	备注	
1	暂列金额	项	5000	明细详见暂列金额表	
2	暂估价		6000		
2.1	材料暂估价		—		
2.2	专业工程暂估价				
3	计日工				
4	总承包服务费				
合　计			5000	—	

注：材料暂估单价进入清单项目综合单价，此处不汇总。

6. 规费、税金项目清单与计价表

依据《湖北省建筑安装工程费用定额》(2013版)计算规费、税金见表2-56。

表2-56 规费、税金计价表

序号	项目名称	计算基础	计算基数	计算费率/(%)	金额/元
1	规费	社会保险费+住房公积金+工程排污费	2432.82		2432.82
1.1	社会保险费	养老保险金+失业保险金+医疗保险金+工伤保险金+生育保险金	1817.31		1817.31
1.1.1	养老保险金	房屋建筑工程+装饰工程+通用安装工程+土石方工程	1168.42		1168.42
1.1.1.3	通用安装工程	安装工程人工费+安装工程机械费	20864.70	5.6	1168.42

（续）

序号	项目名称	计算基础	计算基数	计算费率/（%）	金额/元
1.1.2	失业保险金	房屋建筑工程＋装饰工程＋通用安装工程＋土石方工程	116.84		116.84
1.1.2.3	通用安装工程	安装工程人工费＋安装工程机械费	20864.70	0.56	116.84
1.1.3	医疗保险金	房屋建筑工程＋装饰工程＋通用安装工程＋土石方工程	342.18		342.18
1.1.3.3	通用安装工程	安装工程人工费＋安装工程机械费	20864.70	1.64	342.18
1.1.4	工伤保险金	房屋建筑工程＋装饰工程＋通用安装工程＋土石方工程	135.62		135.62
1.1.4.3	通用安装工程	安装工程人工费＋安装工程机械费	20864.70	0.65	135.62
1.1.5	生育保险金	房屋建筑工程＋装饰工程＋通用安装工程＋土石方工程	54.25		54.25
1.1.5.3	通用安装工程	安装工程人工费＋安装工程机械费	20864.70	0.26	54.25
1.2	住房公积金	房屋建筑工程＋装饰工程＋通用安装工程＋土石方工程	459.02		459.02
1.2.3	通用安装工程	安装工程人工费＋安装工程机械费	20864.70	2.2	459.02
1.3	工程排污费	房屋建筑工程＋装饰工程＋通用安装工程＋土石方工程	156.49		156.49
1.3.3	通用安装工程	安装工程人工费＋安装工程机械费	20864.70	0.75	156.49
2	税金	分部分项工程费＋措施项目合计＋其他项目费＋规费＋税前包干项目	139720.84	3.5411	4947.65
合计					7380.47

注：根据原建设部、财政部发布的《建筑安装工程费用项目组成》（建标［2003］206号）的规定，“计算基础”可为“直接费”“人工费”或“人工费＋机械费”。

特别提示

表2－56中的“计算基础”和“计算费率”以国家、省(市)发布的最新通知为准。

7. 编写单位工程投标报价汇总表

将结果汇总填入到单位工程投标报价汇总表中，见表2－57。

表 2-57　单位工程投标报价汇总表

工程名称：招待所给排水采暖工程　　　　标段：　　　　第 1 页　共 1 页

序号	汇总内容	金额/元	其中：暂估价/元
一	分部分项工程费	129098.22	6000
1.1	其中：人工费	19558.85	
1.2	其中：施工机具使用费	947.05	
二	措施项目合计	3189.80	
2.1	单价措施项目费	1165.93	
2.1.1	其中：人工费	358.80	
2.1.2	其中：施工机具使用费		
2.2	总价措施项目费	2023.87	
三	其他项目费	5000	—
3.1	其中：人工费		
3.2	其中：施工机具使用费		
四	规费	2432.82	—
五	税前包干项目		
六	税金	4947.65	—
七	税后包干项目		
八	设备费		
九	含税工程造价	144668.49	
招标控制价合计		144668.49	6000

注：本表适用于单位工程招标控制价或投标报价的汇总，如无单位工程划分，单项工程也可用本表汇总。

8. 编制总说明

总说明

工程名称：某别墅水暖工程　　　　第 1 页　共 1 页

1. 工程概况
2. 招标控制价包括范围
3. 招标控制价编制依据

(1)《建设工程工程量清单计价规范》(GB 50500—2013)。
(2) 国家或省级、行业建设主管部门颁发的计价定额和计价办法。
(3) 建设工程设计文件及相关资料。
(4) 招标文件中的工程量清单及其有关要求。
(5) 与建设项目相关的标准、规范、技术资料。
(6) 工程造价管理机构发布的工程造价信息。
(7) 其他的相关资料。

9. 填写封面

封　面

<u>某别墅水暖</u>工程

招标控制价

招标控制总价(小写)：<u>144668 元</u>
(大写)：<u>壹拾肆万肆仟陆佰陆拾捌元整</u>

招　标　人：＿＿＿＿＿＿＿＿ (单位盖章)	咨询人：＿＿＿＿＿＿＿＿ (单位资质专用章)
法定代表人 或其授权人：＿＿＿＿＿＿＿＿ (签字或盖章)	法定代表人 或其授权人：＿＿＿＿＿＿＿＿ (签字或盖章)
编　制　人：＿＿＿＿＿＿＿＿ (造价人员签字盖专用章) 编制时间：　年　月　日	审核人：＿＿＿＿＿＿＿＿ (造价人员签字盖专用章) 复核时间：　年　月　日

2.4 建筑安装工程工程量清单计价实训选题

以 1.4 节所述课程实训选题文件资料，进行建筑安装工程工程量清单计价实训，完成下列实训任务：①编制出该工程的工程量清单；②编制出该工程的工程量清单报价文件。

(1) 电气安装工程工程量清单计价实训选题(见 1.4.1 节)。

(2) 工业管道工程工程量清单计价实训选题(见 1.4.2 节)。

(3) 给排水、采暖工程工程量清单计价实训选题(见 1.4.3 节)。

(4) 消防工程工程量清单计价实训选题(见 1.4.4 节)。

(5) 通风空调工程工程量清单计价实训选题(见 1.4.5 节)。

工作任务3

工程造价软件应用实训

教学目标

通过本章的学习，继续强化对手工算量的基本流程的理解，并了解软件算量工作的基本操作方法；掌握软件的基本导图方法和计算原理；掌握软件的算量操作流程，能用软件对小规模的工程进行算量和计价，逐步提高学生的动手能力和软件操作能力，为适应信息化社会的发展打好坚实的基础。

教学要求

能力目标	知识要点	相关知识	权重
掌握安装工程算量软件基本操作方法，通过练习达到熟练运用软件的目的	以广联达 BIM 安装算量软件 GQI2015 为例介绍安装工程软件算量的流程和基础操作	安装工程识图与算量规则，CAD 软件应用等	0.7
掌握计价软件基本操作方法，通过练习达到熟练运用软件的目的	以广联达计价软件 GBQ4.0 为例介绍软件操作流程和基础操作	安装工程工程量清单计算规范、安装工程定额等计价知识	0.3

3.1 建筑安装工程造价软件应用实训任务书

3.1.1 实训目的和要求

1. 实训目的

在社会竞争日益加剧的今天，传统的手工算量无论在时间上还是在准确度上都存在很多问题，而算量软件利用先进的信息技术可以完全解决这些问题。本实训工作任务旨在希望读者通过对算量软件的学习，继续提高读图、识图能力和强化对手工算量的基本流程的理解，掌握软件的基本画图方法和计价原理，能够更快、更准地计算出工程量。

2. 实训要求

目前各省、市工程造价算量计价软件很多，例如广联达工程计价软件、青山计价软件、神机妙算计价软件、鲁班计价软件等，在此不一一列举。这些计价软件各有优点，但有一个共同点就是安装简单、操作方便，既减轻了计算工作量、提高了准确度，又加快了预算编制的速度。这就要求学生应至少掌握一种计价软件的操作方法，通过反复操作，强化训练，至少完成两套不同结构类型图纸的算量计价。在实训过程中，要求学生应提高读图识图的能力，加深对计算规则的理解，严格按照相关计价规定编制；养成科学严谨的工作态度，严禁抄袭复制他人的实训成果；能够独立完成实训课程设计，以提高自己的软件操作能力；要求学生要树立十足的信心，并时刻牢记：软件是为造价人员服务的，造价人员要学会驾驭软件，而不是被软件驾驭。

3.1.2 实训内容

以广联达安装算量 GQI2015 软件的使用操作为例，系统地讲述如何应用造价软件编制建筑安装工程预算文件，主要包含以下几个方面的内容。

1. 安装算量 GQI2015 软件操作

(1) 新建工程。
(2) 工程设置。
(3) 绘图输入。
(4) 单构件输入。
(5) 报表汇总。

2. 安装计价软件操作

(1) 新建工程。
(2) 输入数据。
(3) 报表文件。

3.1.3 实训时间安排

实训时间安排见表 3-1。

表 3-1 实训时间安排表

序号	内 容	时间/天
1	实训准备工作及熟悉图纸、消耗量定额、清单计价规范，了解工程概况，进行项目划分	0.5
2	算量软件操作	1.5
3	计价软件操作	2
4	报表汇总	0.5
5	打印、整理装订成册	0.5
6	合计	5

3.2 建筑安装工程造价软件应用实训指导书

3.2.1 编制依据

(1) 国家和省(市)颁布的最新行业标准、规范、规程、定额、计价规范及有关造价的政策及文件规定。

(2)《建设工程工程量清单计价规范》(GB 50500—2013)、《湖北省通用安装工程消耗量定额及单位估价表》(2013 版)、《湖北省建筑安装工程费用定额》(2013 版)、《湖北省建设工程造价管理办法》及施工图设计文件等。

3.2.2 编制步骤和方法

BIM 安装算量 GQI2015 软件的简要介绍及操作流程如下。

(1) 软件简介：GQI2015 是广联达股份有限公司自主开发的图形化安装算量操作平台，可以与广联达图形、钢筋、造价软件实现无缝接口，旨在帮助安装工程造价人员快速、准确地完成各种类型安装工程量的计算。

(2) 软件操作流程简介：启动软件→新建工程→工程设置(楼层管理)→绘图输入→单构件输入→报表汇总。

特别提示

(1) 安装算量软件第一步：导入 CAD 图纸。

(2) 通过导入 CAD 图纸，识别 CAD 图纸，生成构件，汇总计算来完成每个构件的工程量计算。

3.3 工程造价软件应用实例

3.3.1 广联达安装算量软件应用实例

案例软件采用广联达 BIM 安装工程算量 GQI2015，现以电气工程为例，介绍广联达 BIM 安装工程算量软件 GQI2015 的基本操作方法。

1. 新建工程

图 3.1 软件图标

首先启动软件，双击【广联达 BIM 安装算量 GQI2015】图标即可启动软件，如图 3.1 所示。

然后根据向导新建工程，操作步骤如下。在如图 3.2 所示的界面单击【新建向导】按钮，将弹出【新建工程】对话框（图 3.3），根据图纸要求填写工程名称，并选择“清单库”和“定额库”。

单击【新建工程】对话框中的【下一步】按钮，输入相关工程信息和编制信息。

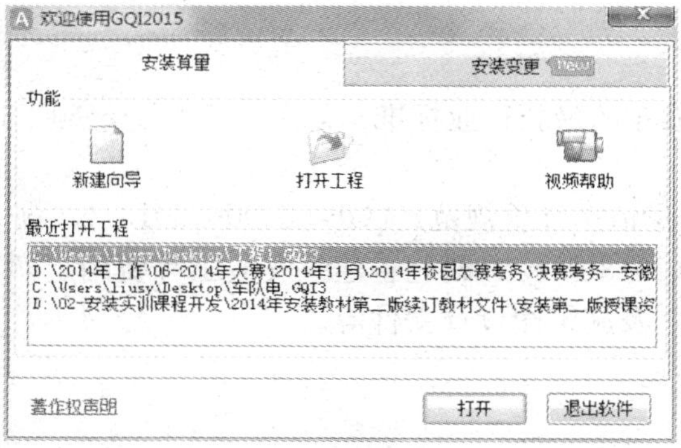

图 3.2 新建向导

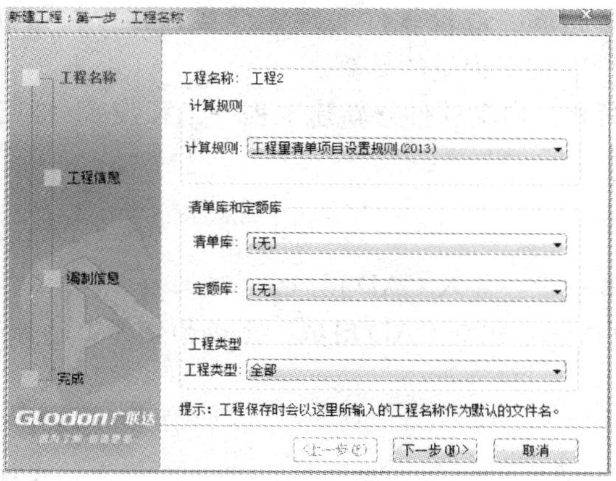

图 3.3 【新建工程】对话框

特 别 提 示

工程信息和编制信息与工程量计算没有关系，只是起到标识的作用，该部分内容可以不填写，如图 3.4、图 3.5 所示。

2. 工程设置

单击图 3.4 和图 3.5 中的【下一步】按钮，查看输入的信息是否正确，如果不正确，可单击【上一步】按钮进行修改。确认信息无误后，单击【完成】按钮，软件自动进入【工程设置】窗口。在此窗口内，选择导航栏中的【楼层设置】选项，可以单击【插入楼层】、【删除楼层】按钮进行相关操作，输入或修改楼层高度等信息，快速根据图纸建立建筑物立面数据，如图 3.6 所示。

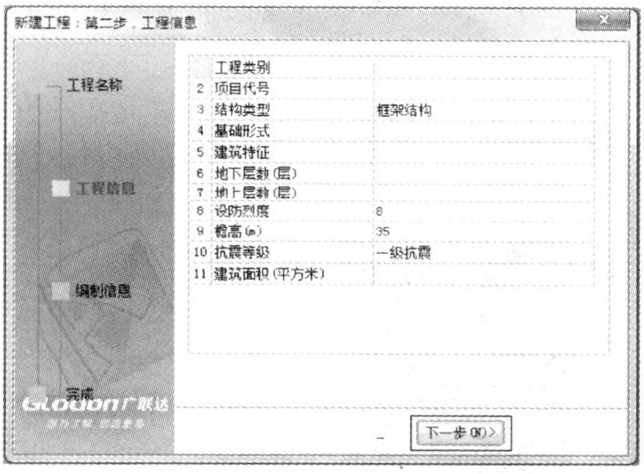

图 3.4 工程信息

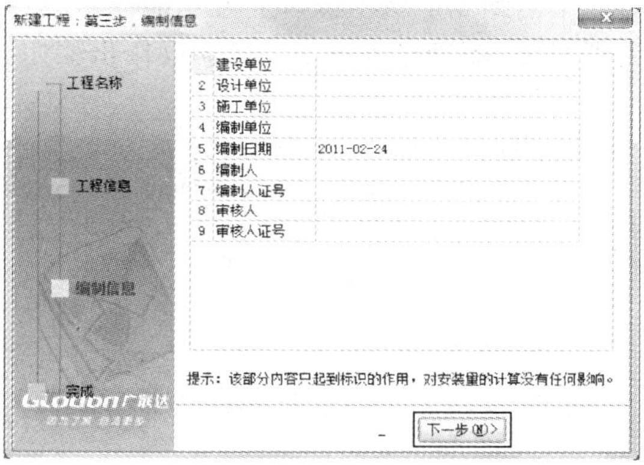

图 3.5 编制信息

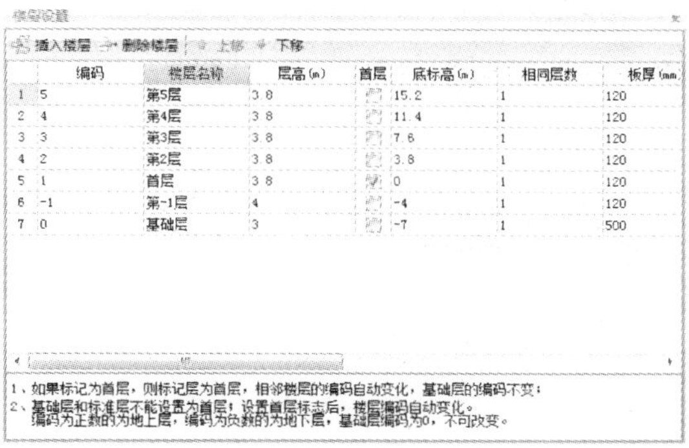

图 3.6 楼层设置

特 别 提 示

(1) 选中首层，插入楼层时插入的是地上部分；选中基础层，插入楼层时插入的是地下部分。

(2) 存在标准层时，在相同层数里面输入。比如：第 4～8 层是标准层，则在第 4 层后面的相同层数里面输入 5。

(3) 板厚、建筑面积、备注与工程量计算没有关系，只是起到标识的作用，该部分内容可以不填写。

3. 绘图输入

BIM安装算量软件根据定额专业分为给排水、采暖燃气、电气、消防、通风空调、智控弱电六大专业。其中给排水、采暖燃气、消防需要出的工程量一样，所以处理思路在软件中也是一样的；而电气、消防电、智控弱电的处理思路也一样。所有的专业需要计算的工程量有两个：设备个数、管线长度(面积)。识别设备包括图例识别、标识识别；识别管线包括选择识别，选择识别立管。现在以电气专业为例，介绍BIM安装算量GQI2015软件的基础操作方法。

1) 导入CAD图纸

单击图3.7所示窗口上方功能栏内的【图纸管理】选项，再单击【添加图纸】选项，先把CAD图纸导入进来。具体操作步骤如下。

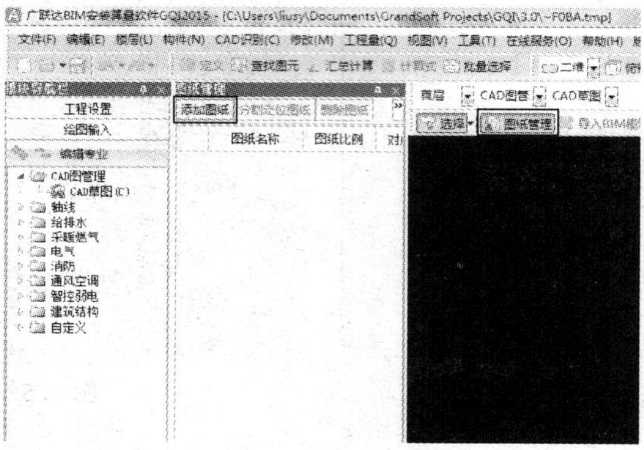

图3.7 添加图纸，导入CAD图形

(1) 单击工具栏中的【添加图纸】按钮，弹出【批量添加CAD图纸文件】对话框，如图3.8所示。

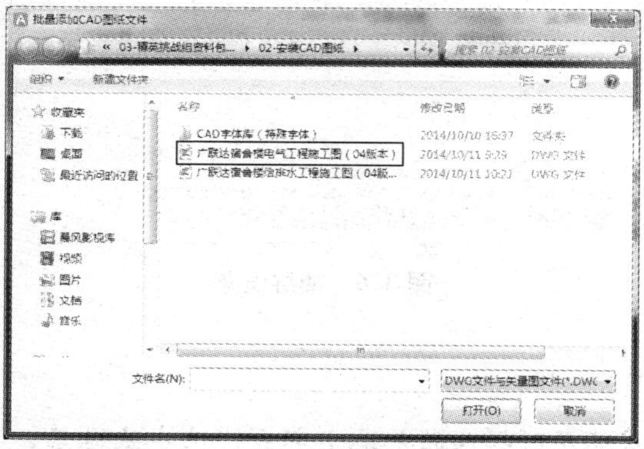

图3.8 【批量添加CAD图纸文件】对话框

(2) 在图3.7所示窗口中选择需要导入的CAD图纸，单击【打开】按钮，弹出【正在打开CAD文件】界面，如图3.9所示。

图3.9 正在打开CAD文件

特别提示

比例按1∶1导入即可，如果要导入大样图，按照实际比例输入。

2）识别CAD图纸

单击如图3.6所示窗口左侧导航栏内的【电气】选项。识别电气设备的操作如下。

特别提示

电气专业的识别顺序：先识别照明灯具、开关插座、配电箱柜，再识别管线。

(1) 识别设备。选择如图3.6所示窗口左边导航栏内【电气】选项下的【照明灯具】选项，单击工具栏中的【图例识别】按钮，如图3.10所示。

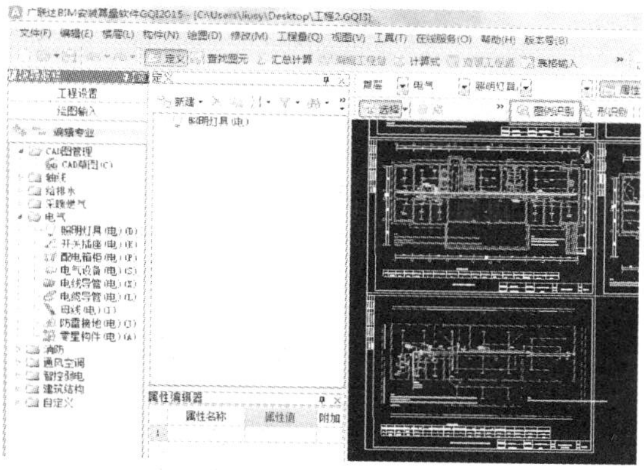

图3.10 图例识别

框选其中一个灯具，变成蓝色后单击鼠标右键，弹出【选择要识别的构件】对话框，如图3.11所示。

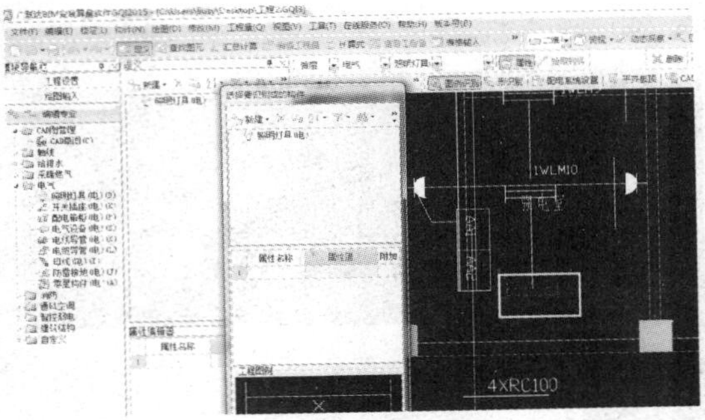

图 3.11　【选择要识别的构件】对话框

选择【新建】按钮中的【新建灯具】选项，在属性编辑框里面输入名称、类型、规格型号、标高等对应的内容，如图 3.12 所示。

单击【确认】按钮，弹出【识别的设备数量是：84】对话框，单击【确定】按钮，双管荧光灯的个数就识别出来，如图 3.13 所示。

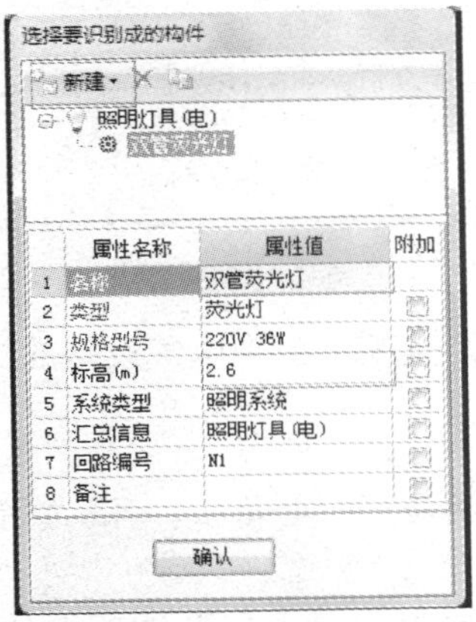

图 3.12　灯具属性的填写

图 3.13　识别的设备数量

特别提示

(1) 识别过后的构件颜色会显示为蓝色。

(2) 开关插座、配电箱柜与照明灯具的识别方法一样。

(3) 设备识别遵循两个原则：第一个原则是先标识识别，后图例识别(图 3.14)；第二个原则是先复杂图例识别，后简单图例识别(以开关为例，如图 3.15 所示)。

图 3.14　标识识别

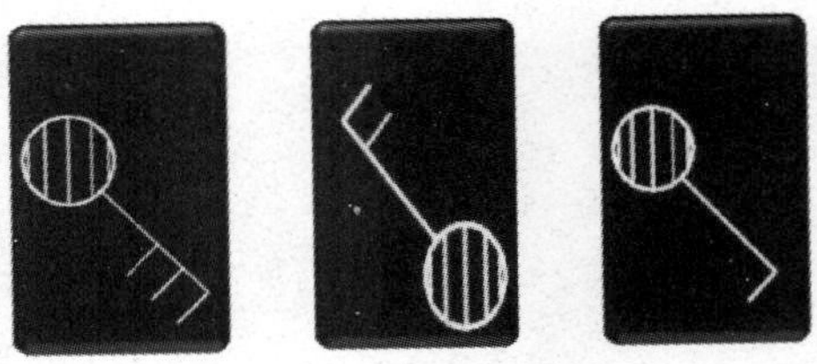

图 3.15　识别图例的顺序

根据以上两条原则：先识别带蓄电池的荧光灯，再识别普通荧光灯；先识别三联开关，再识别双联开关，最后识别单联开关。

（2）识别管线。单击如图 3.6 所示窗口左边导航栏内【电气】选项下的【电线导管】选项，单击工具栏中的【回路识别】按钮，如图 3.16 所示。

单击回路上任意一根线，单击右键表示确定，软件会自动判断出整个回路，并且回路的线变成蓝色，如图 3.17 所示。

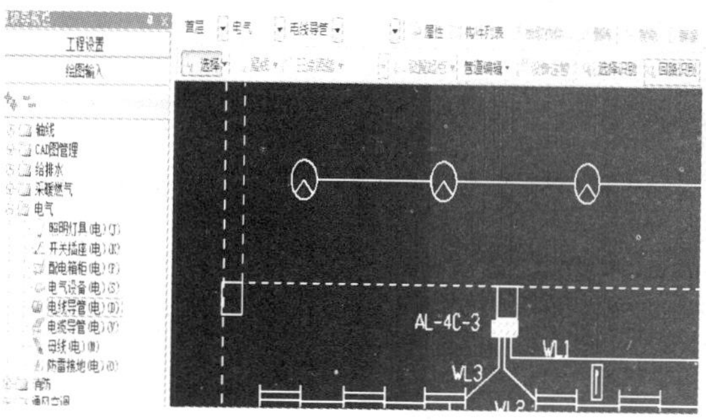

图 3.16　回路识别

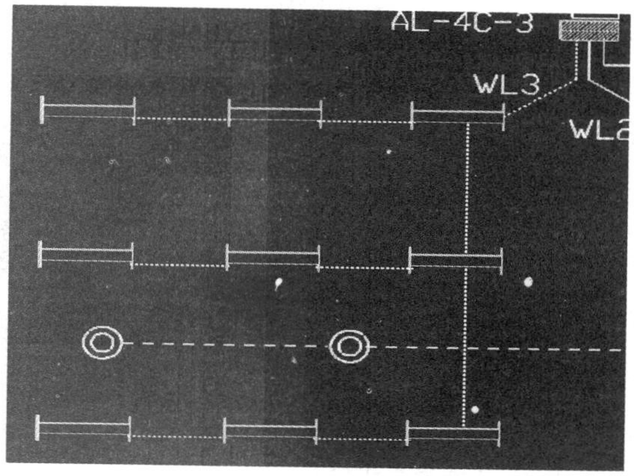

图 3.17　自动判断回路

再次单击右键，弹出【选择要识别的构件】对话框。选择【新建】按钮中的【新建导管】选项。在属性编辑框里面输入导管的名称、材质、管径、导线规格型号等对应的内容，如图 3.18 所示。

图 3.18　【选择要识别的构件】对话框

单击【确定】按钮，管线就识别完毕。单击【动态观察】按钮，按住鼠标左键向上拖动可以查看三维效果，如图 3.19 所示。

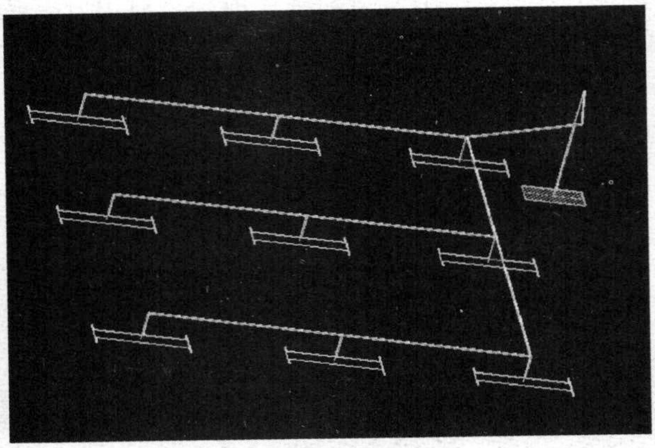

图 3.19　三维效果

特别提示

管线与设备之间的立管自动生成。

照明项目做完之后就是电力项目。电力项目的难点是管线需要不停地重复记取，而软件可以自动汇总计算重复的部分。

电力项目的顺序：选择识别桥架—选择识别管线—设置起点。

首先选中【CAD 草图】进入 CAD 草图窗口，单击工具栏上的【清除 CAD 图】按钮，如图 3.20 所示。

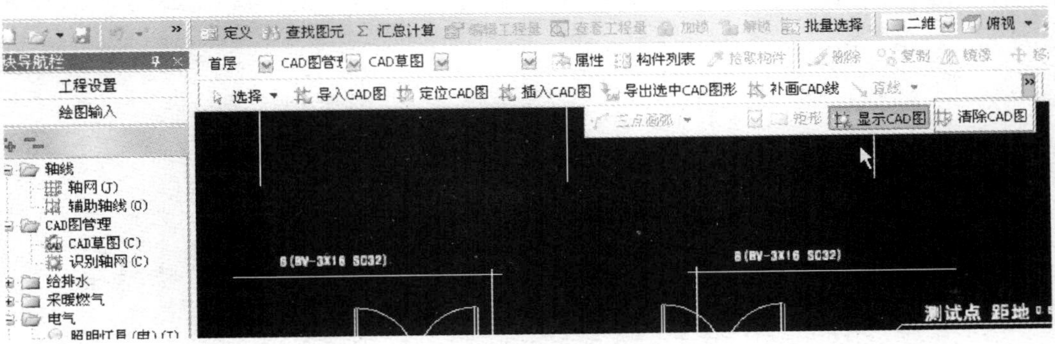

图 3.20　清除 CAD 图

清除原有的 CAD 图以后重新导入电力平面图。先用图例识别将配电箱识别出来。在左边导航栏选中【电气】选项下的【电缆导管】选项。单击工具栏上的【选择识别】按钮，选择需要识别的管线，单击右键将弹出【选择要识别成的构件】对话框，如图 3.21 所示。

选择【新建】按钮中的【新建桥架】，在属性编辑框里面输入桥架的名称、宽度、高度等对应的内容，然后单击【确定】按钮即可，如图 3.22 所示。

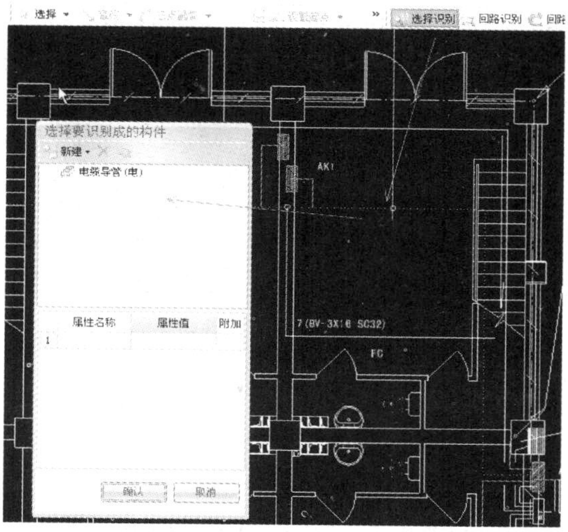

图 3.21 【选择要识别成的构件】对话框

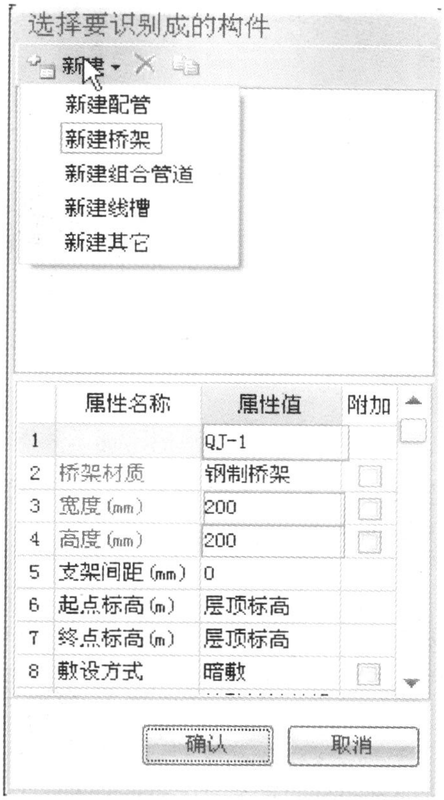

图 3.22 新建桥架

单击【选择识别】按钮，选择与 AK1～AK8 配电箱相连的管线并单击右键，弹出【选择要识别成的构件】对话框。选择【新建】按钮中的【新建配管】选项，输入电缆的名称及电缆的规格型号，然后单击【确定】按钮即可。单击工具栏上的【动态观察】按钮可查看三维效果，如图 3.23 所示。

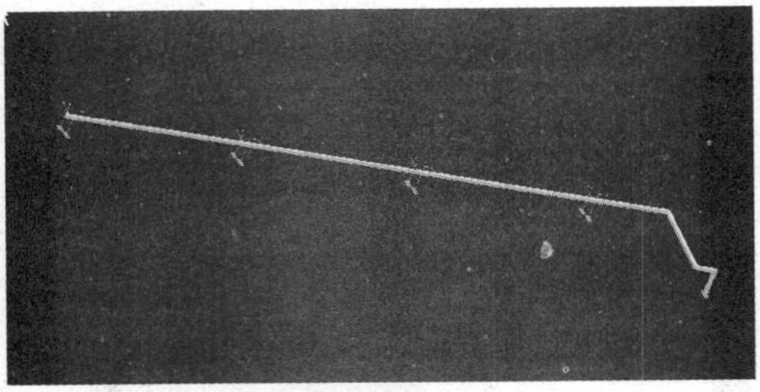

图 3.23　桥架三维效果

现在剩下桥架的最后一步——设置起点。单击工具栏上的【设置起点】按钮，单击入户配电箱处，弹出【设置起点位置】对话框，如图 3.24 所示。

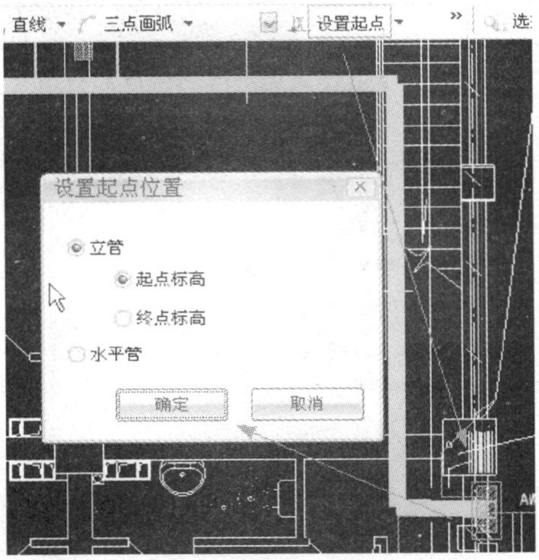

图 3.24　【设置起点位置】对话框

单击【确定】按钮，即有一个黄色的起点标记出现，如图 3.25 所示。

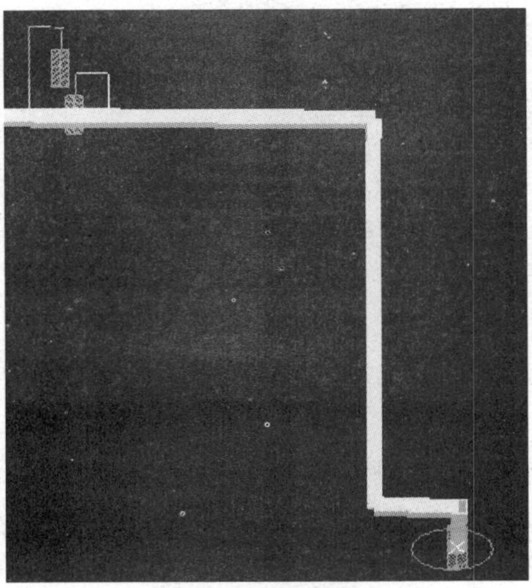

图 3.25　起点标记

至此电气部分的工程量就全部完成。想要检查电缆是否重复记取，只需查看每段与桥架相连的管线是否顺着桥架回到起点即可。选择一根管线并单击右键，在弹出的快捷菜单中选择【检查线缆计算路径】选项，如图 3.26 所示。

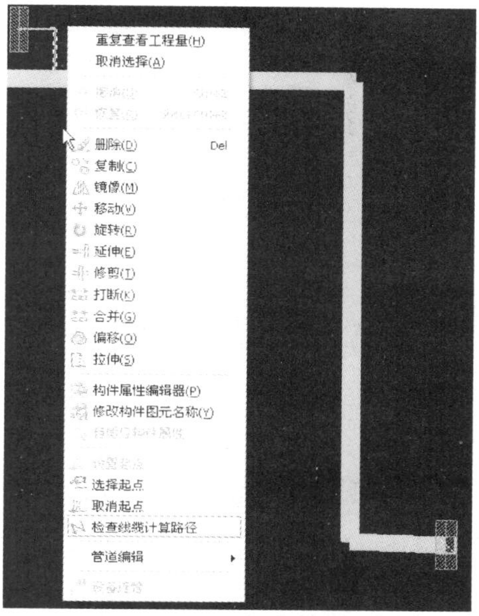

图 3.26　检查线缆计算路径

线缆的路径会变成绿色，如图 3.27 所示。

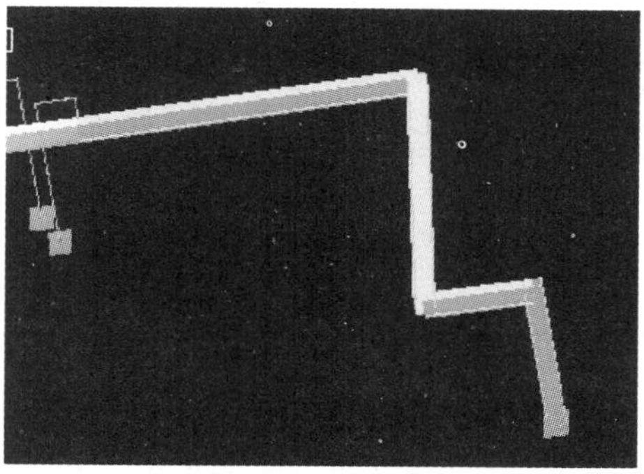

图 3.27　线缆路径

3）汇总输出报表

单击图 3.7 所示窗口工具栏上的【汇总计算】按钮，弹出【计算汇总】对话框，单击【全选】按钮，再单击【计算】按钮即可，如图 3.28 所示。

提示工程量计算完成之后，可查看工程量。单击工具栏上【查看工程量】按钮，选择一段跟桥架相连的管线，弹出【查看工程量】对话框，如图 3.29 所示。

可以看到管的长度是 0.59m，单击【电气线缆工程量】选项卡可以看到线缆的长度，如图 3.30 所示。

电气线缆的工程量是 12.72m。自动记取了桥架那一部分的长度，并自动计算了进出配电箱的预留长度。

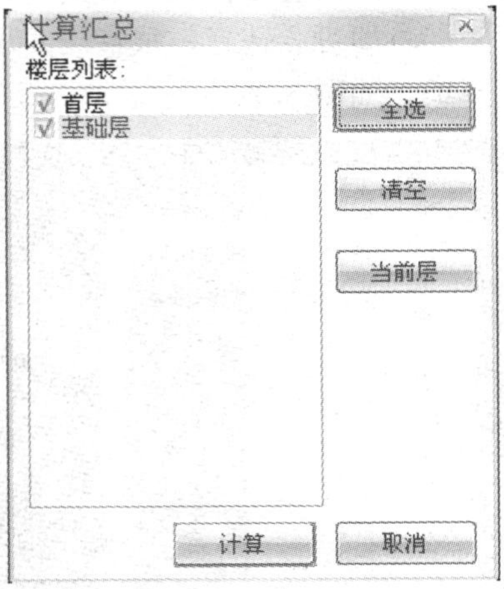

图 3.28　计算汇总

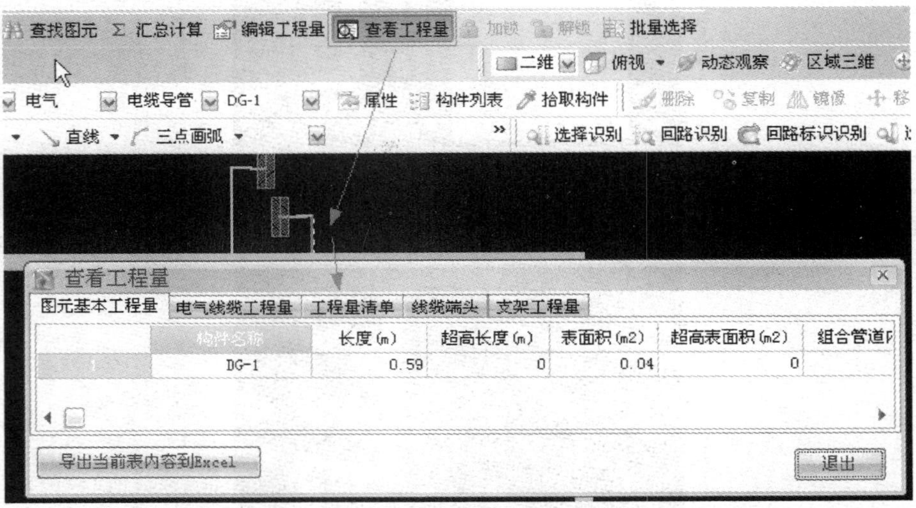

图 3.29　查看工程量

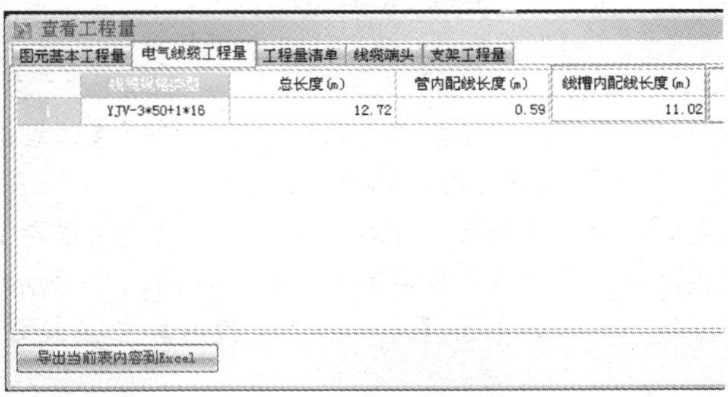

图 3.30　电气线缆工程量

如需查看总量，可选中导航栏的【报表预览】，选择对应的【电气】选项，如图 3.31 所示。

软件报表种类繁多，有 75 张之多，可适应各个阶段各个专业以及各种要求的工程量，如图 3.32 所示。

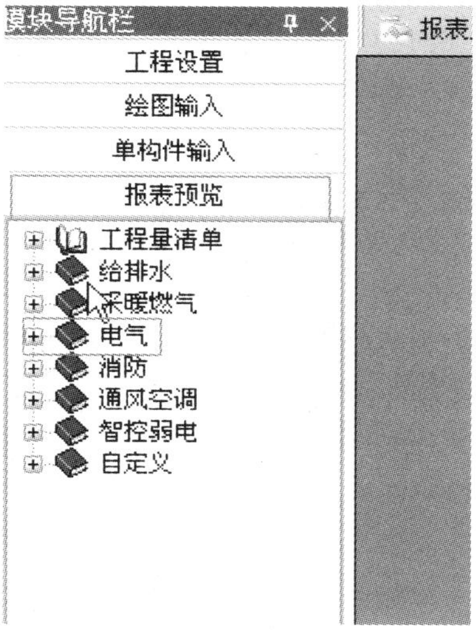

图 3.31　报表预览

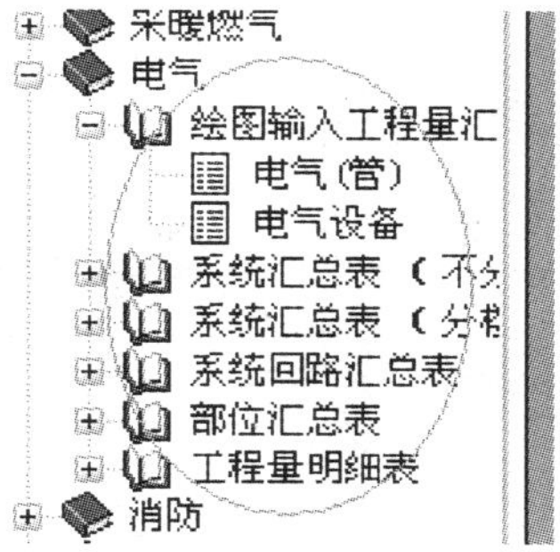

图 3.32　报表种类

选择【电气】选项下的【系统汇总表】选项，然后选择【电气(管)(系统)】选项，窗口右边即可看到导管的工程量，如图 3.33 所示。

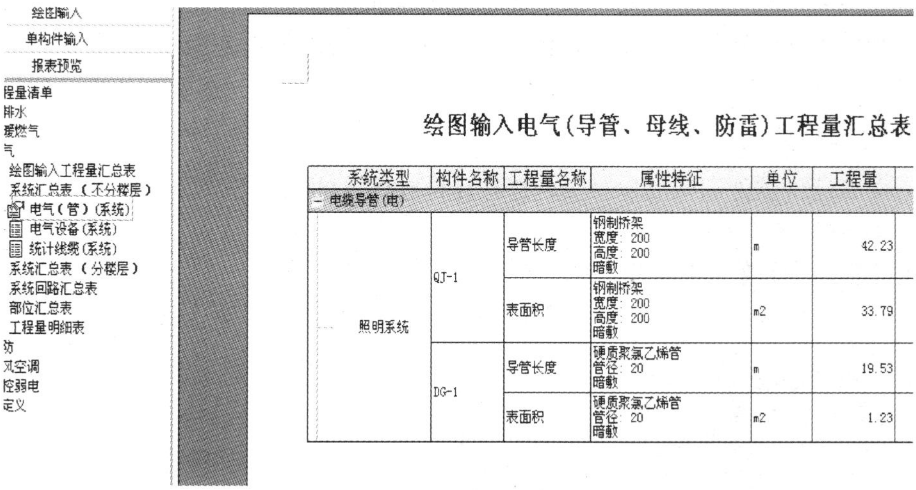

图 3.33　导管的工程量

选择【电气设备(系统)】选项，窗口右边可以看到电气设备的工程量，如图 3.34 所示。

选择【统计线缆(系统)】选项，窗口右边可以看到线缆的工程量，如图 3.35 所示。

最后保存工程。单击工具栏上的【保存】按钮，选择保存路径，再单击【保存】按钮即可。

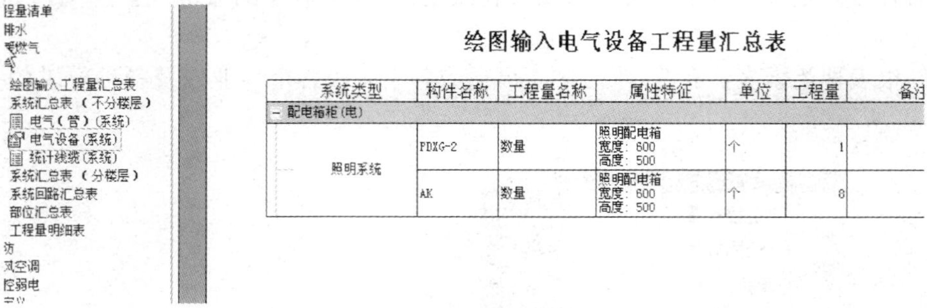

图 3.34　电气设备的工程量

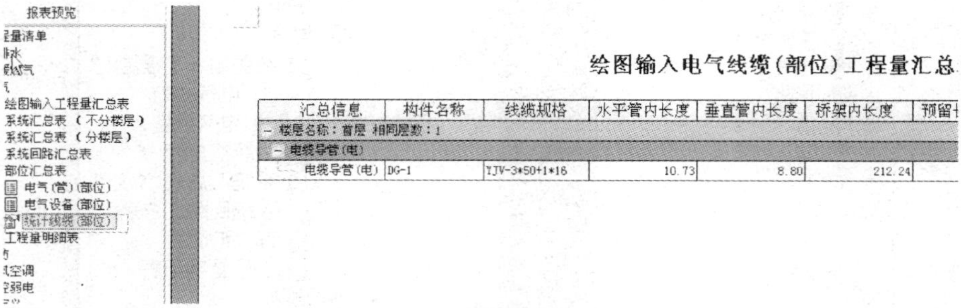

图 3.35　线缆的工程量

3.3.2　广联达安装计价软件应用实例

本节案例采用 1.3.2 节所述给排水、采暖工程实例，有关工程情况说明与图纸识读不再赘述。所采用计价软件为广联达计价软件 GBQ4.0，用来编制招标控制价文件。软件具体操作方法如下。

1. 新建工程

双击桌面计价软件图标 GBQ4.0，打开计价软件，如图 3.36 所示。

1）新建项目

单击【新建项目】按钮，如图 3.37 所示。

图 3.36　计价软件图标

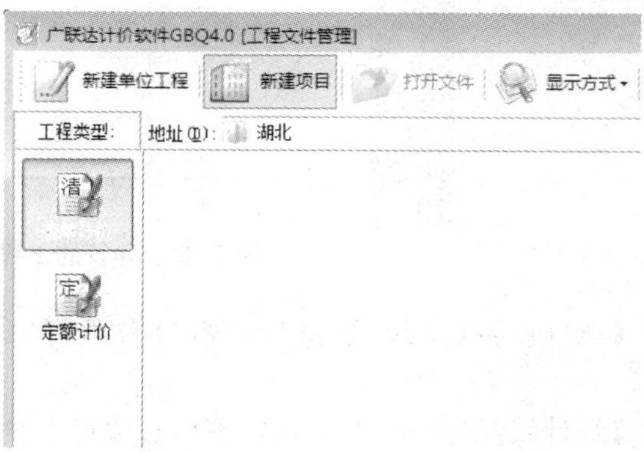

图 3.37　新建项目

进入【新建标段工程】对话框，如图 3.38 所示，输入项目名称“某招待所安装工程项目”。

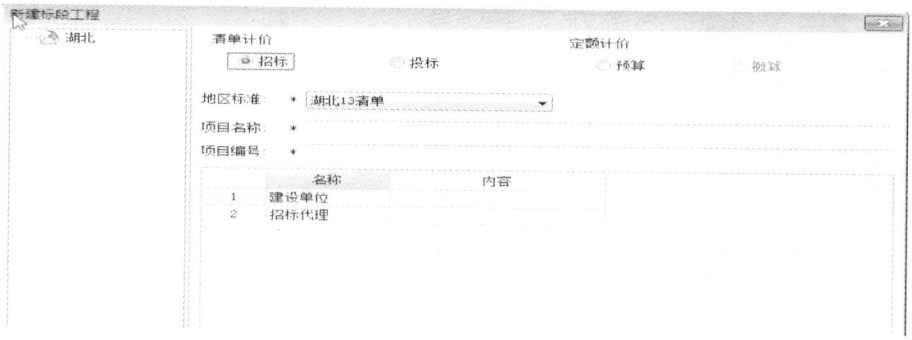

图 3.38 【新建标段工程】对话框

2）新建单项工程

在【某招待所安装工程项目】处单击鼠标右键，选择【新建单项工程】，如图 3.39 所示。

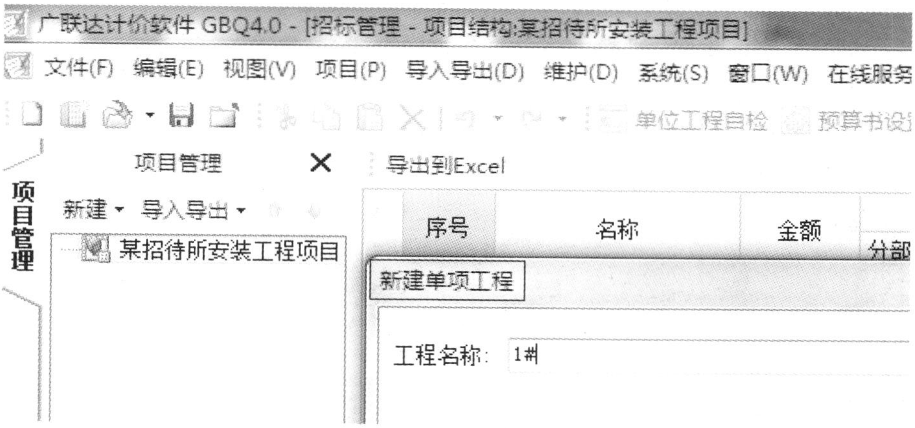

图 3.39 新建单项工程

注：在建设项目下可以新建单项工程；在单项工程下可以新建单位工程。

3）新建单位工程

在【某招待所安装工程 1＃】处单击鼠标右键，选择【新建单位工程】，如图 3.40所示。

按上述介绍的操作步骤，完成新建某招待所项目结构，如图 3.41 所示。

2. 导入图形算量工程文件

(1) 进入单位工程界面，单击【导入导出】选项，选择【导入广联达安装算量工程文件】，如图 3.42 所示，选择相应的安装算量文件。

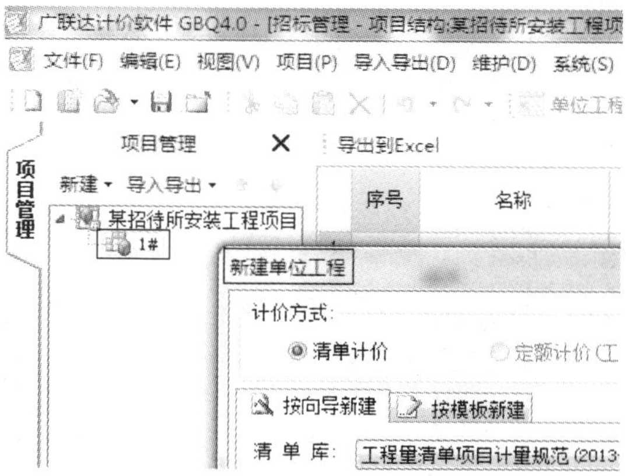

图 3.40 新建单位工程

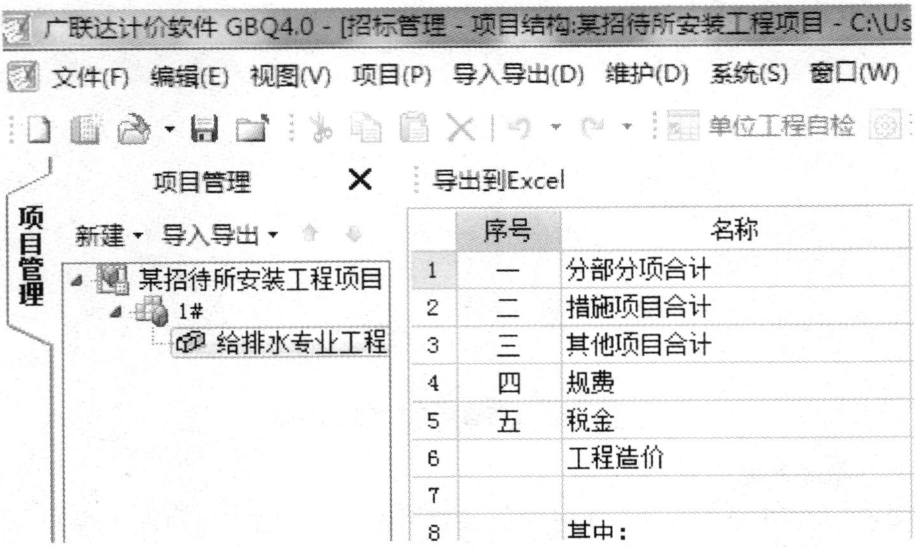

图 3.41　完成项目结构

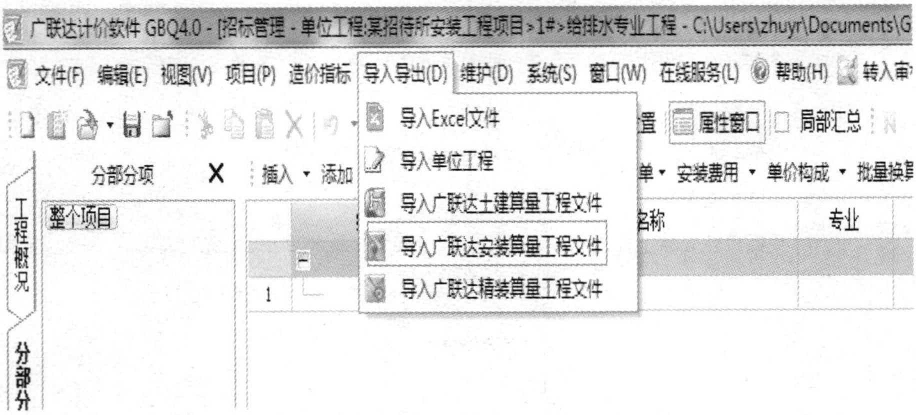

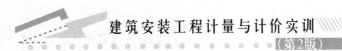

图 3.42　选择导入安装算量文件

选择安装算量文件所在位置，然后检查各列是否对应，无误后单击导入，如图 3.43 所示。

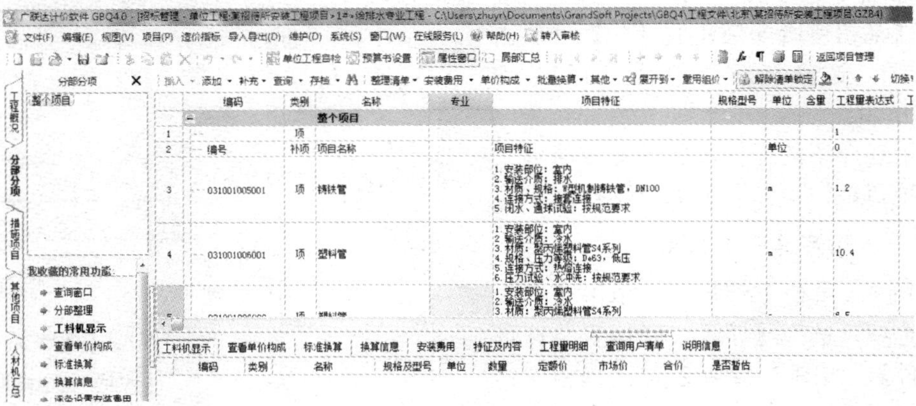

图 3.43　导入算量文件

(2) 在分部分项界面进行分部分项整理清单项。

① 单击【整理清单】按钮，选择【分部整理】，如图 3.44 所示。

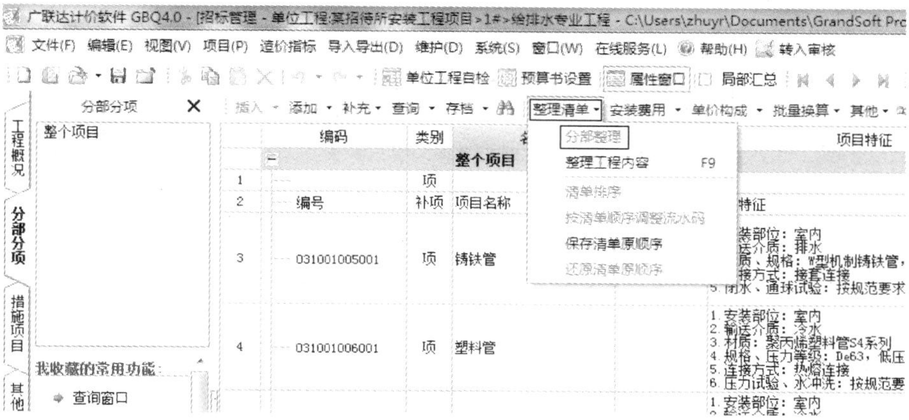

图 3.44　选择【分部整理】功能

② 选择按专业、章、节整理，如图 3.45 所示。

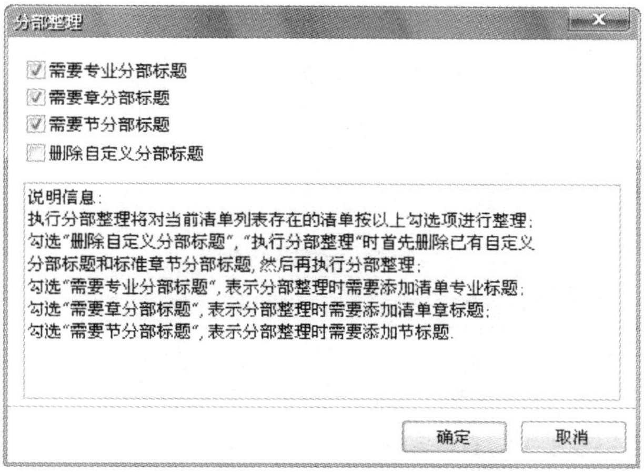

图 3.45　【分部整理】界面

③ 清单项整理完成如图 3.46 所示。

备注：项目特征主要有以下三种标识方法。

a. 安装算量文件中已包含项目特征描述的，可以在【特征及内容】选项卡下选择【应用规则到全部清单项】即可，如图 3.47 所示。

b. 选择清单项，在【特征及内容】选项中可以进行添加或修改，如图 3.48 所示。

c. 完善分部分项清单，将项目特征补充完整。

方法一：单击【添加】选择【添加清单项】和【添加子目】，如图 3.49 所示。

方法二：单击右键选择【插入清单项】和【插入子目】，如图 3.50 所示。

(3) 计价中的换算。

① 根据清单项目特征描述校核套用定额的一致性，如果套用子目不合适，可单击【查询】选择相应子目进行【替换】，如图 3.51 所示。

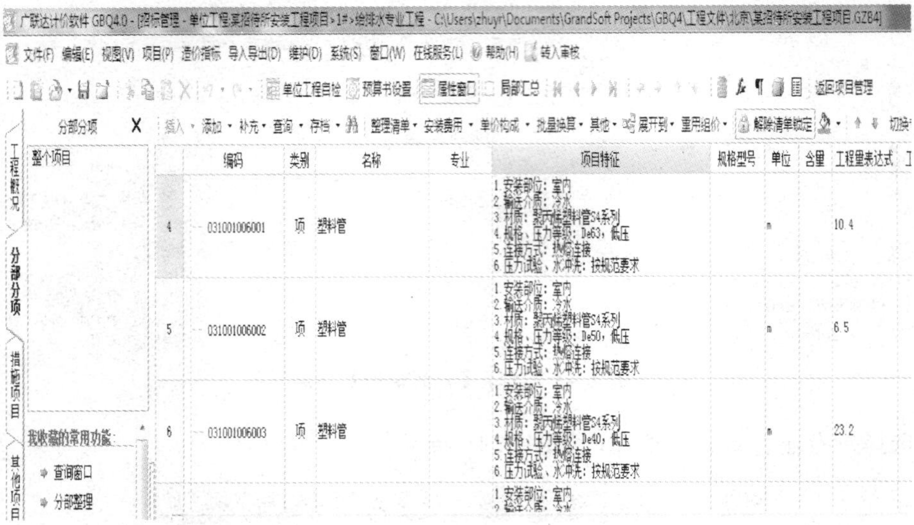

图 3.46 完成分部整理

图 3.47 选择“应用规则到全部清单项”

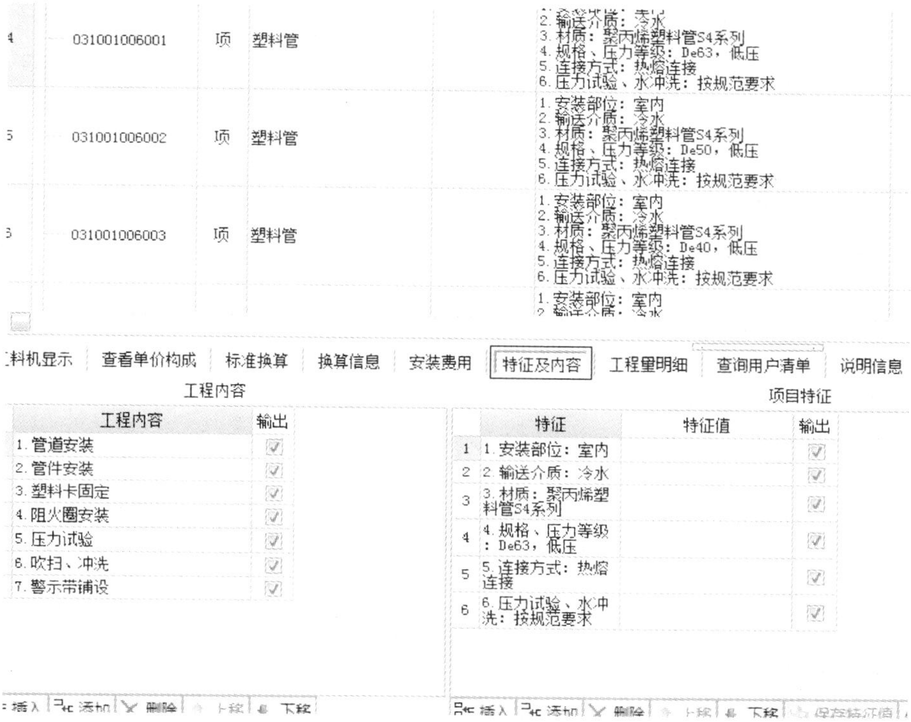

图 3.48　完善项目特征

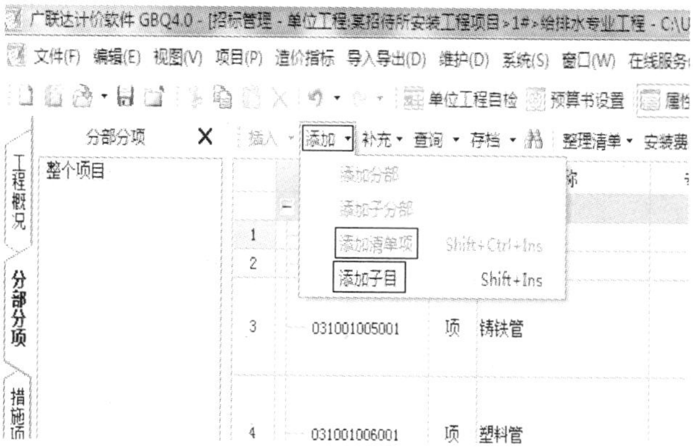

图 3.49　添加清单项及子目（1）

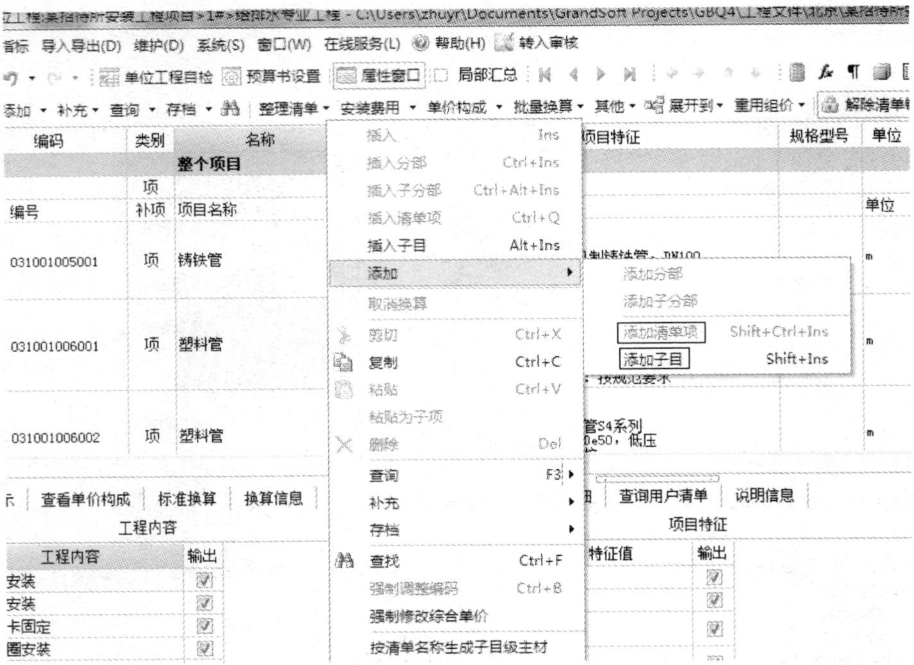

图 3.50　添加清单项及子目（2）

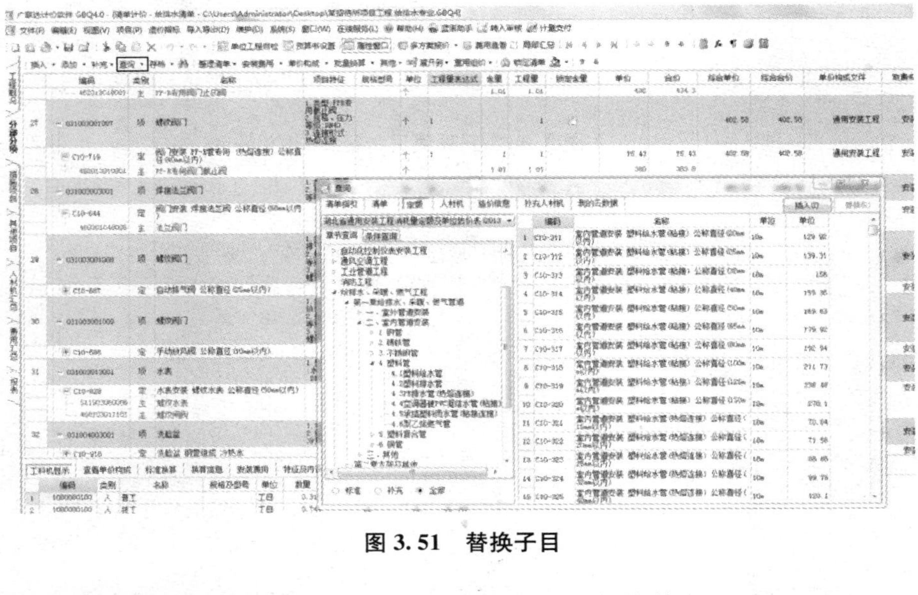

图 3.51　替换子目

② 按清单描述进行子目批量换算时，主要包括以下的换算。

a. 人材机批量换算。对于项目特征要求管道管径材质相同的，选中所有要求管道相同的清单或子目，运用【批量换算】对话框中的“替换人材机”进行换算，如图 3.52 所示。

b. 批量系数换算。若清单中的材料进行换算的系数相同时，可选中所有换算内容相同的清单项，单击常用功能中的【批量系数换算】对材料进行换算，如图 3.53 所示。

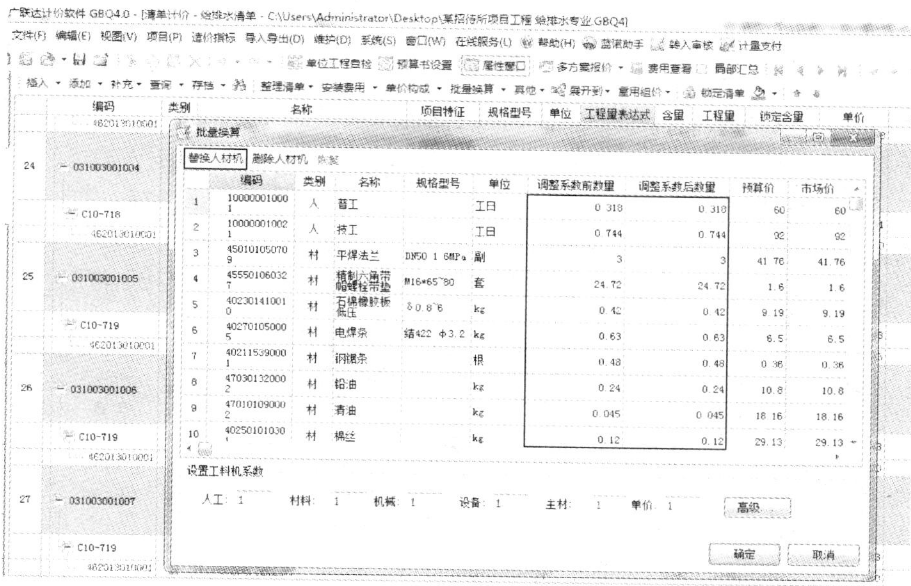

图 3.52 替换人材机

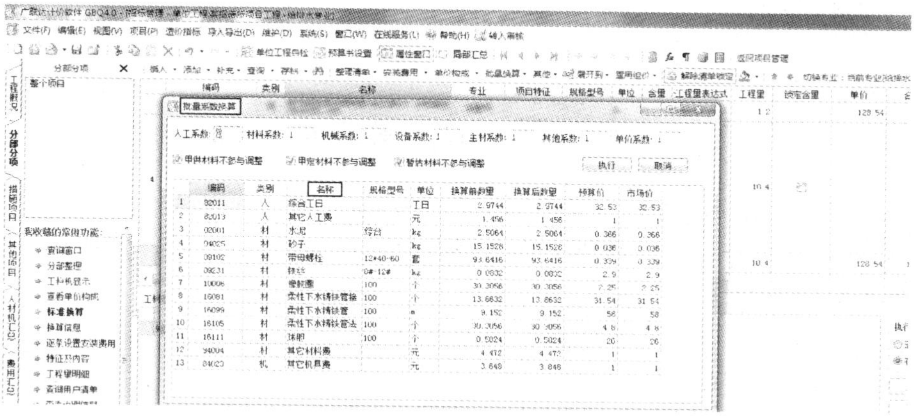

图 3.53 批量系数换算

备注：修改材料名称时，当项目特征中要求材料与子目相对应人材机材料不相符时，需要对材料名称进行修改。

(4) 锁定清单。

在所有清单补充完整之后，可运用【锁定清单】对所有清单项进行锁定(图 3.54)。锁定之后的清单项将不能再进行添加和删除等操作；若要进行修改，可先对清单项进行解锁。

3. 其他项目清单

(1) 添加暂列金额，若按招标文件要求暂列金额为 5000 元，在名称中输入“暂列金额”，在金额中输入“5000”，如图 3.55 所示。

(2)添加专业工程暂估价，可输入相应工程名称、工程内容、金额等内容，如图 3.56 所示。

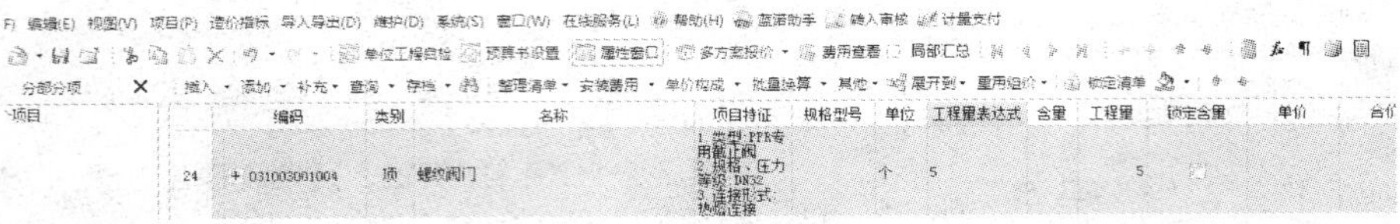

图 3.54　锁定清单

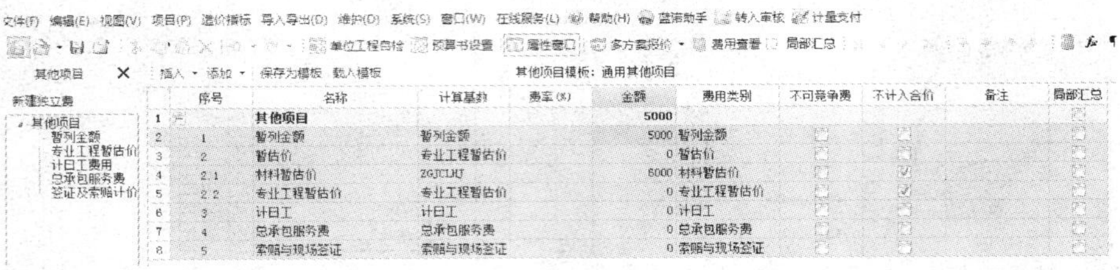

图 3.55　添加暂列金额

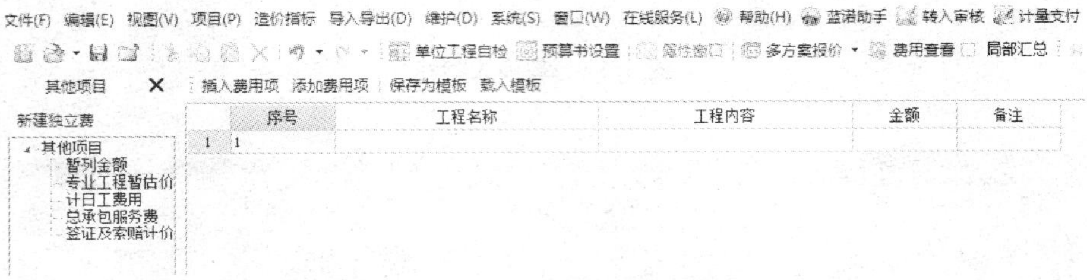

图 3.56　添加专业工程暂估价

（3）添加计日工。按招标文件要求，本项目有计日工费用，需要添加计日工，人工为62元/工日，如图3.57所示。添加材料时，如需增加费用行可在操作界面上单击右键，选择【插入费用行】进行添加，如图3.58所示。

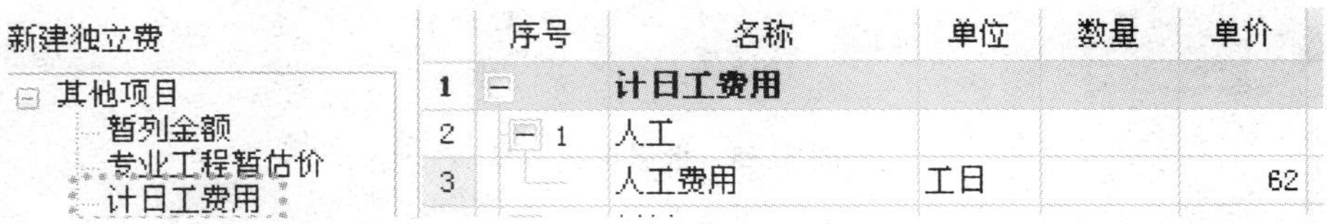

图 3.57　添加计日工

（4）总承包服务费。在工程建设施工阶段实行施工总承包时，当招标人在法律、法规允许的范围内对工程进行分包和自行采购供应部分设备、材料时，要求总承包人提供相关服务(如分包人使用总包人脚手架等)和施工现场管理等所需的费用。

4. 编制措施项目

本工程安全文明施工费足额计取，按软件默认即可，一般不用修改，如图3.59所示。

5. 调整人材机

（1）在【人材机汇总】界面下，参照招标文件要求的武汉市2015年第一季度信息价对材料“市场价”进行调整，如图3.60所示。

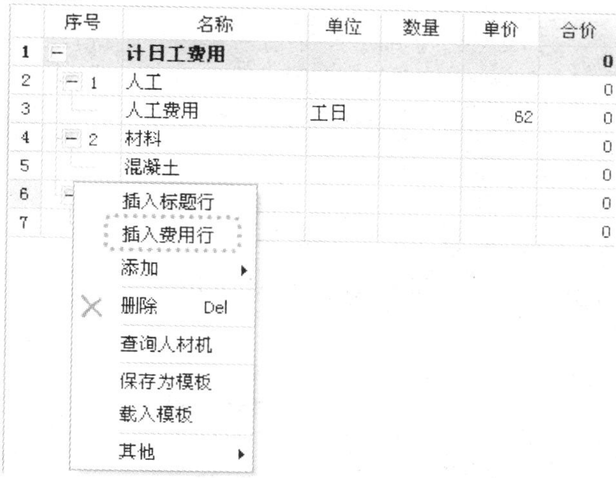

图 3.58　插入费用行

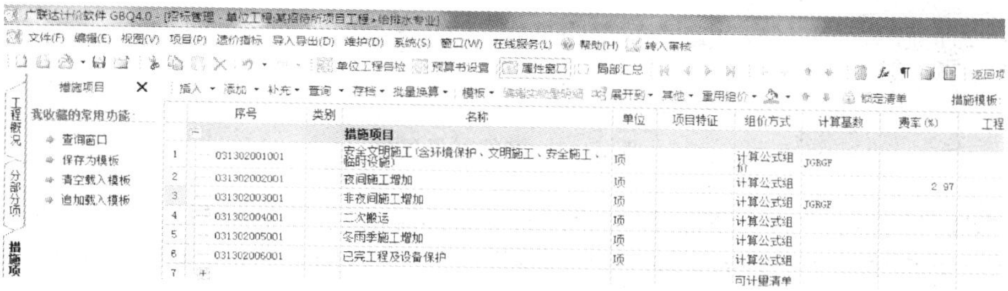

图 3.59　编制措施项目

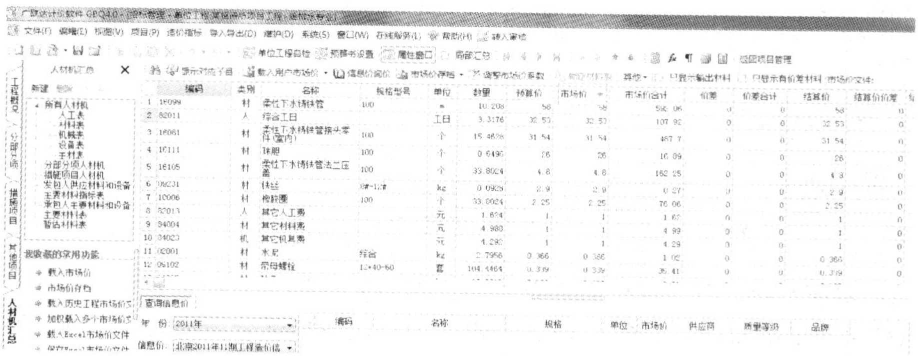

图 3.60　调整市场价

（2）按照招标文件的要求，对于甲供材料可以在供货方式处选择“完全甲供”，如图 3.61所示。

（3）按照招标文件要求，对于暂估材料表中要求的暂估材料，可以在人材机汇总中将暂估材料选中，如图 3.62 所示。

（4）材料市场价。

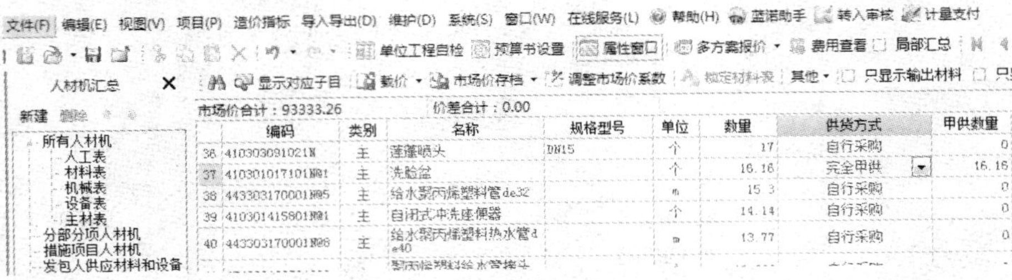

图 3.61　选择供货方式

图 3.62　选择是否暂估

① 市场价锁定。对于招标文件要求的如甲供材料表、暂估材料表中涉及的材料价格是不能进行调整的，为避免在调整其他材料价格时出现操作失误，可勾选【市场价锁定】对修改后的材料价格进行锁定，如图 3.63 所示。

图 3.63　锁定市场价

② 显示对应子目。对于人材机汇总中出现材料名称异常或数量异常的情况，可直接选中相应材料并单击右键，然后选择显示相应子目，在分部分项中对材料进行修改，如图 3.64所示。

③ 市场价存档。对于同一个项目的多个标段，发包方会要求所有标段的材料价保持一致，在调整好一个标段的材料价后可利用【市场价存档】将此材料价运用到其他标段，如图 3.65 所示。在其他标段的人材机汇总中使用该市场价文件时，可运用【载入用户市场价】，如图 3.66 所示。在导入 Excel 市场价文件时按图 3.67 提示的顺序进行操作，导入 Excel 市场价文件之后，需要先识别材料号、名称、规格、单位、单价等信息，如图 3.68 所示。识别完所需要的信息之后，需要选择匹配选项，然后导入即可，如图 3.69 所示。

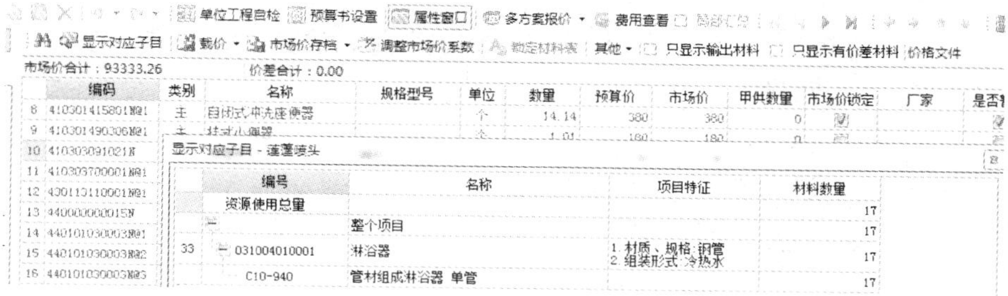

图 3.64　显示对应子目

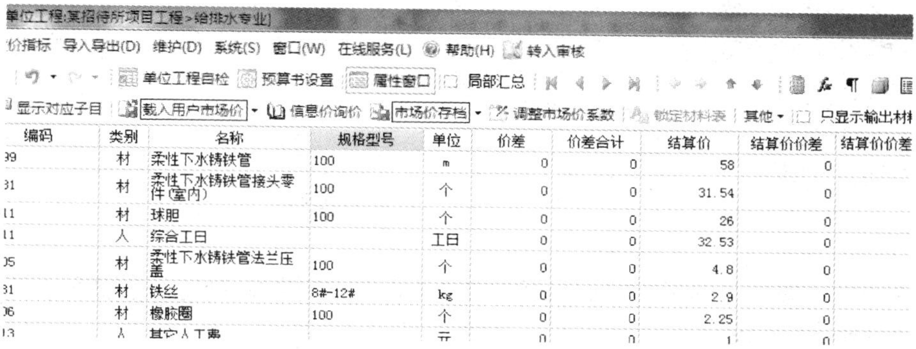

图 3.65　市场存档价

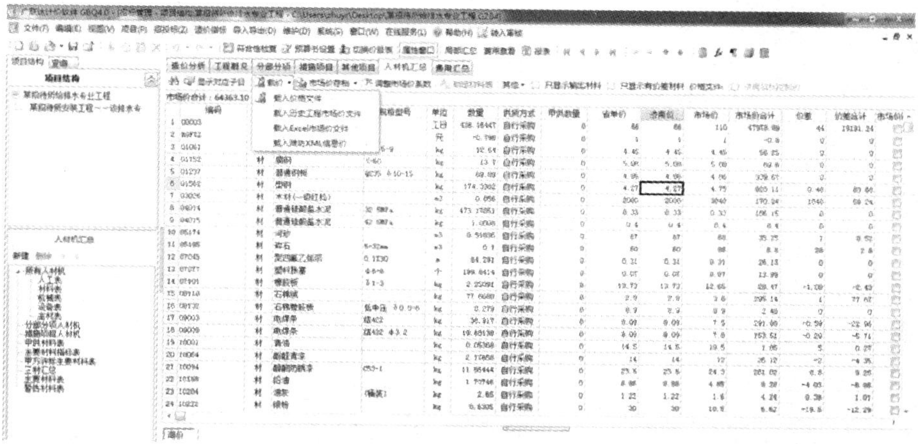

图 3.66　载入市场价文件

图 3.67　导入 Excel 市场价文件

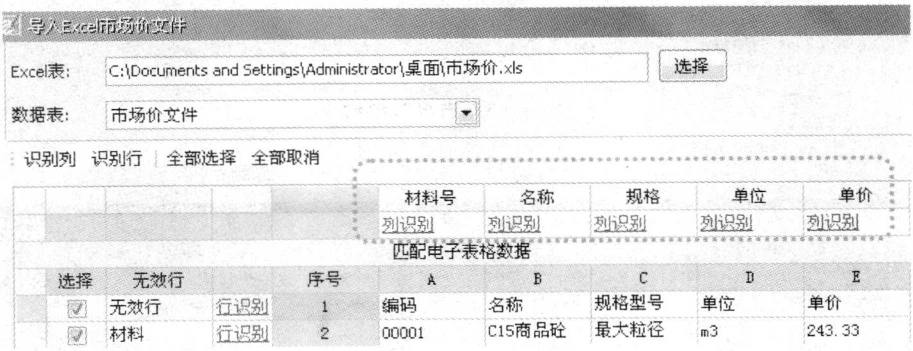

图 3.68　识别材料价

④ 批量修改人材机属性。在修改材料供货方式、市场价锁定、主要材料类别等材料属性时，可同时选中多个需要修改的内容，单击鼠标右键进行修改，如图 3.70 所示。

选择需要修改的人材机属性内容进行修改，如图 3.71 所示。

6. 计取规费和税金

(1) 在费用汇总界面，根据招标文件中的项目施工地点，选择正确的模板进行载入，如图 3.72 所示。

(2) 进入报表界面，选择招标控制价，单击需要输出的报表，单击右键选择报表设计，如图 3.73 所示。或直接单击报表设计器，进入【报表设计器】界面，调整列宽及行距，如图 3.74 所示。如需修改，关闭预览，重新调整。

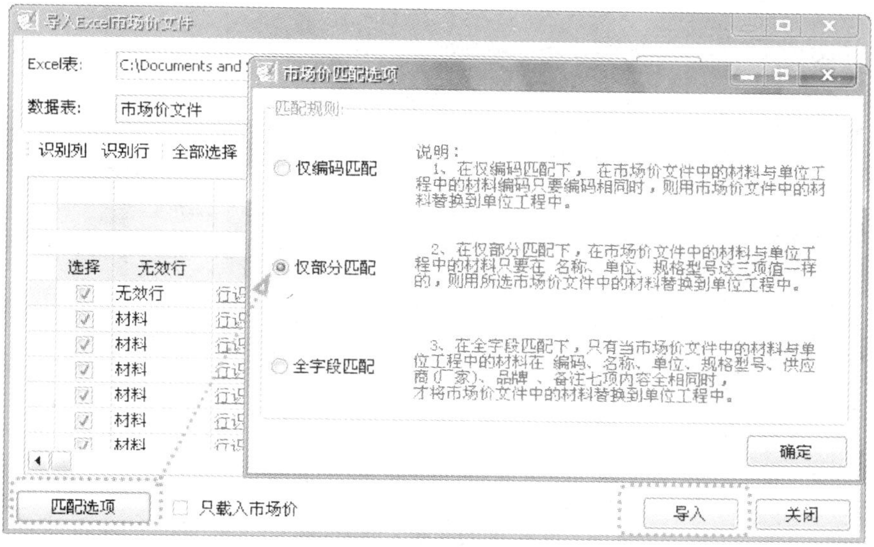

图 3.69　选择匹配选项

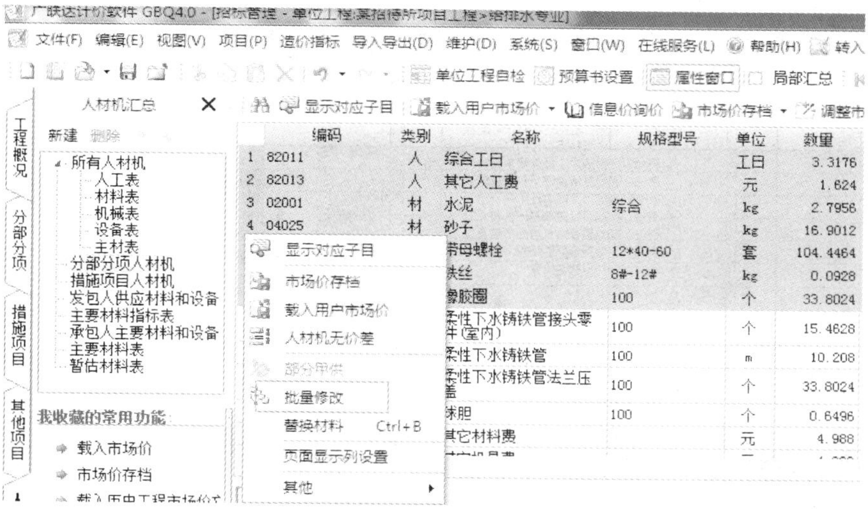

图 3.70　批量修改

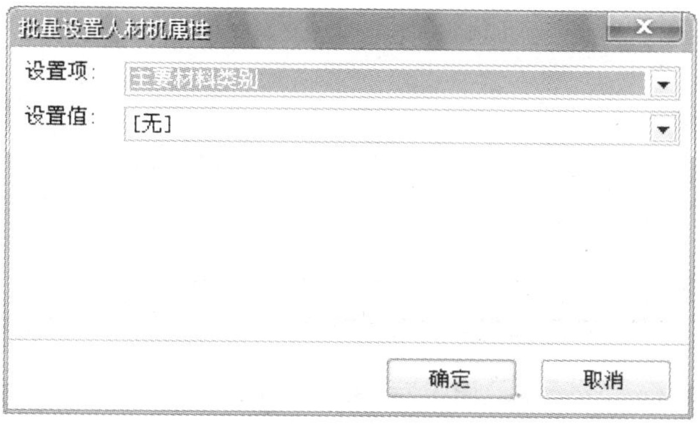

图 3.71　【批量设置人材机属性】对话框

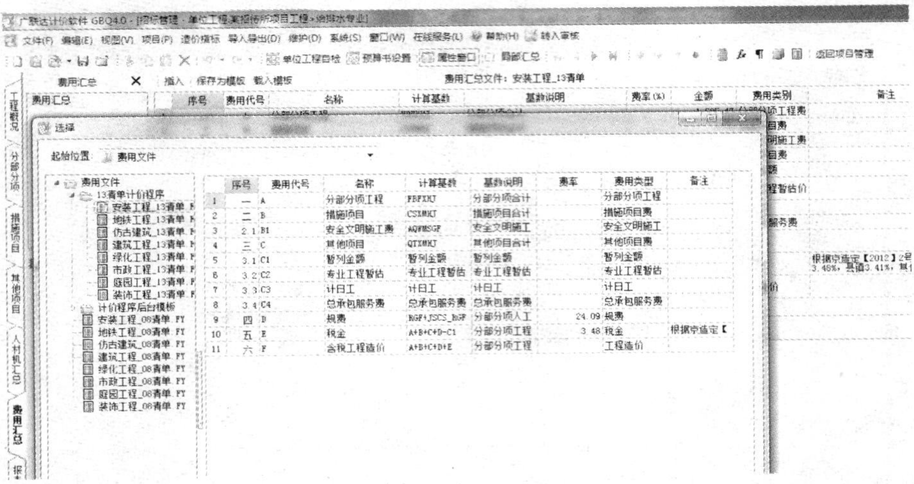

图 3.72　载入模板

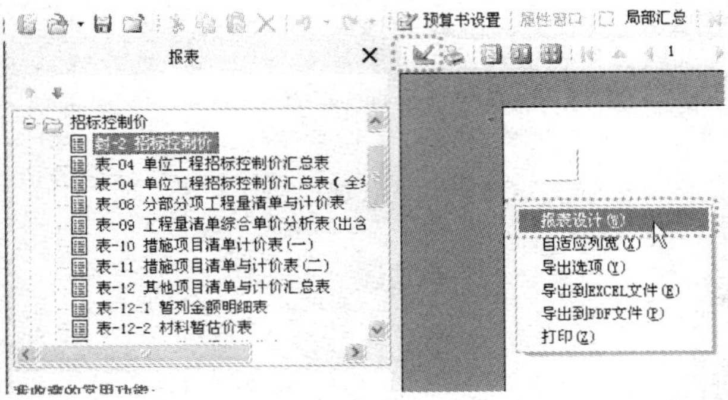

图 3.73　报表设计

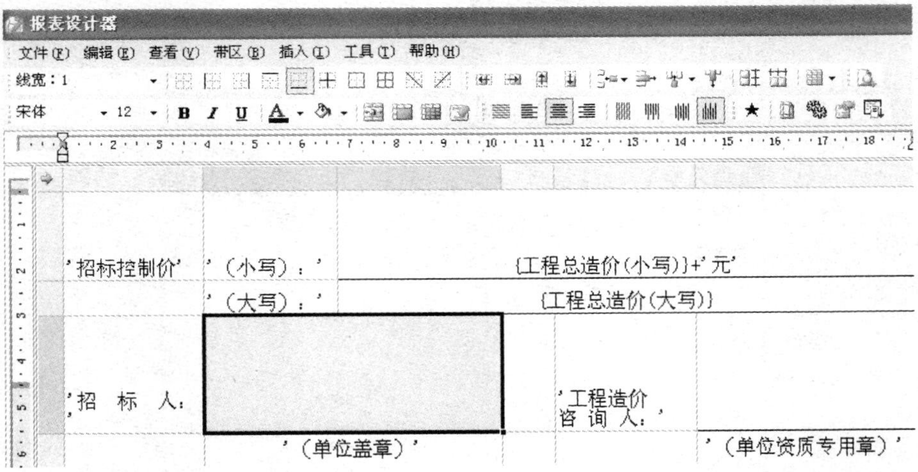

图 3.74　报表设计器

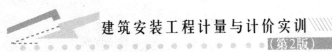

（3）知识拓展。

① 调整规费。如果招标文件对规费有特别要求的，可在规费费率表一栏中进行调整，如图 3.75 所示。本项目没有特别要求，按软件默认设置即可。

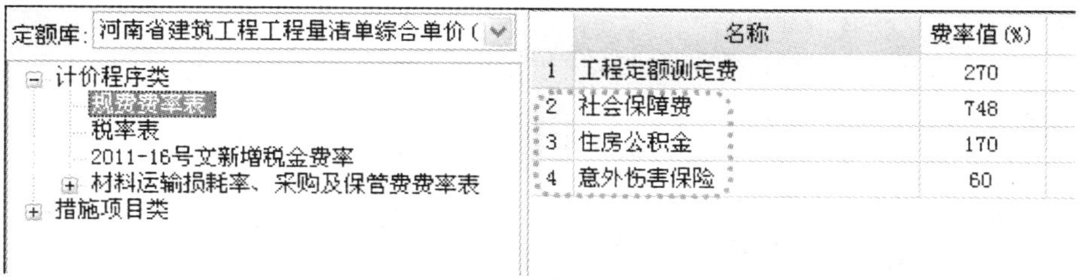

图 3.75　调整规费率

② 统一调整人材机及输出格式。在项目管理界面，在某招待所项目工程数据中，假设在甲方要求下需调整塑料管道的市场价格，则可运用常用功能中的【统一调整人材机】进行调整，如图 3.76 所示。其中人材机的调整方法及功能可参照上面的操作方法，此处不再重复讲解。

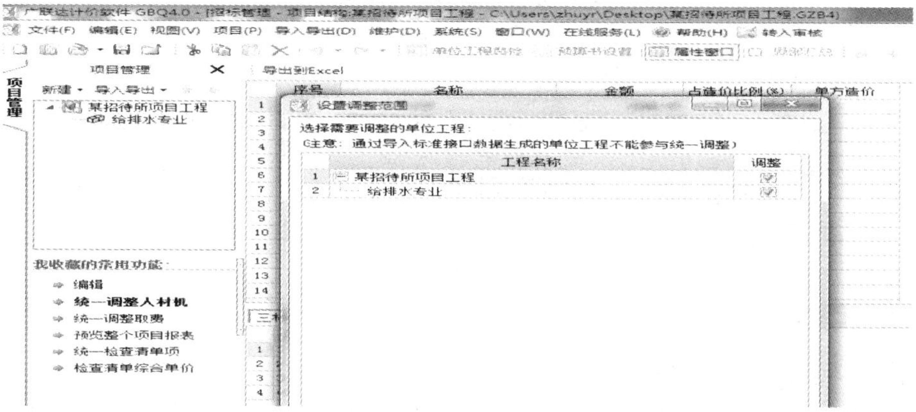

图 3.76　统一调整人材机

③ 统一调整取费。根据招标文件要求可同时调整两个标段的取费，在项目管理界面下运用常用功能中的【统一调整取费】进行调整。

④ 检查项目编码。所有标段的数据整理完毕之后，可运用【检查项目编码】对项目编码进行校核，如图 3.77 所示。如果检查结果中提示有重复的项目编码，可选择【统一调整项目清单编码】。

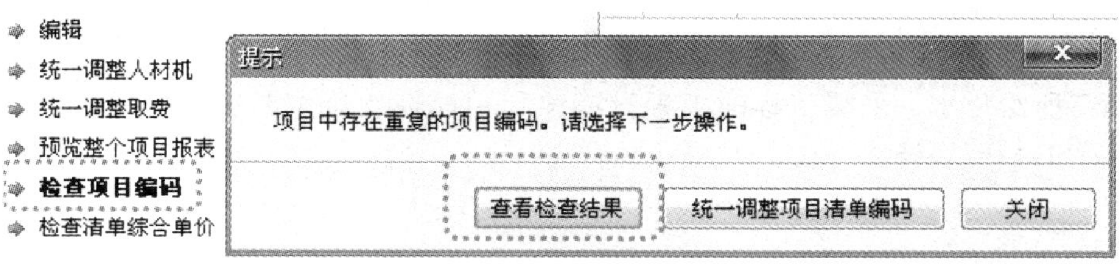

图 3.77　检查项目编码

⑤ 检查清单综合单价。调整好所有的人材机信息之后，可运用常用功能中的【检查清单综合单价】对清单综合单价进行检查，如图 3.78 所示。

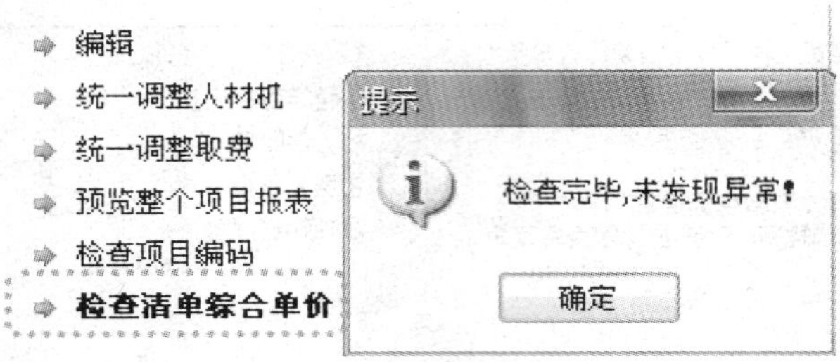

图 3.78　检查清单综合单价

7. 生成电子招标文件

(1) 在项目结构管理界面进入“发布招标书”，选择【招标书自检】，如图 3.79 所示。

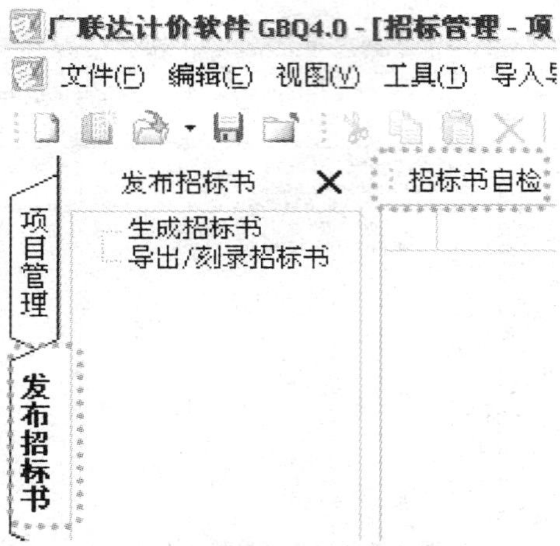

图 3.79　招标书自检

(2) 在【设置检查项】界面选择需要检查的项目名称，如图 3.80 所示。

备注：根据生成的“标书检查报告”对单位工程中的内容进行修改。

在生成招标书之后，若需要单独备份此份标书时，可运用【导出招标书】对标书进行单独备份；有时会需要电子版标书，可导出后运用【刻录招标书】生成电子版的进行备份，如图 3.81 所示。

8. 给排水、采暖专业案例工程量清单和招标控制价文件成果

某招待所给排水、采暖工程的工程量清单和招标控制价主要成果表见第 2.3.3 节和第 2.3.4 节的相应表格。

图 3.80 【设置检查项】界面

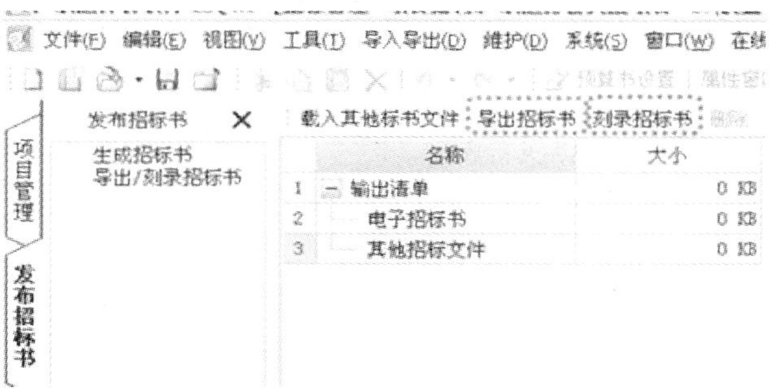

图 3.81 导出/刻录招标书

参考文献

[1] 中华人民共和国住房和城乡建设部. 建设工程工程量清单计价规范(GB 50500—2013) [S]. 北京：中国计划出版社，2013.

[2] 中华人民共和国住房和城乡建设部. 通用安装工程工程量计算规范（GB 50586—2013）[S]. 北京：中国计划出版社，2013.

[3] 建设部标准定额研究所. 建设工程计量计价规范辅导教材 [M]. 北京：中国计划出版社，2013.

[4] 湖北省建设工程造价管理总站. 湖北省安装工程消耗量定额及单位估价表 [S]. 武汉：武汉理工大学出版社，2013.

[5] 湖北省建设工程造价管理总站. 湖北省建筑安装工程费用定额 [S]. 武汉：长江出版社，2013.

[6] 湖北省建设工程造价管理总站. 安装工程计量与计价 [M]. 武汉：长江出版社，2010.

[7] 全国造价工程师执业资格考试教材. 建设工程技术与计量(安装工程部分) [M]. 北京：中国计划出版社，2013.

[8] 褚振文. 建筑电气识图与造价 [M]. 北京：中国建筑工业出版社，2007.

[9] 褚振文. 建筑水暖识图与造价 [M]. 北京：中国建筑工业出版社，2007.

[10] 冯钢. 安装工程计量与计价 [M]. 北京：北京大学出版社，2008.

[11] 肖明和. 建筑工程计量与计价实训教材 [M]. 北京：北京大学出版社，2009.

[12] 危道军. 预算员专业管理实务 [M]. 北京：中国建筑工业出版社，2010.

北京大学出版社高职高专土建系列规划教材

序号	书名	书号	编著者	定价	出版时间	印次	配套情况
			基 础 课 程				
1	工程建设法律与制度	978-7-301-14158-8	唐茂华	26.00	2012.7	6	ppt/pdf
2	建设法规及相关知识	978-7-301-22748-0	唐茂华等	34.00	2014.9	2	ppt/pdf
3	建设工程法规(第 2 版)	978-7-301-24493-7	皇甫婧琪	40.00	2014.12	2	ppt/pdf/答案/素材
4	建筑工程法规实务	978-7-301-19321-1	杨陈慧等	43.00	2012.1	4	ppt/pdf
5	建筑法规	978-7-301-19371-6	董伟等	39.00	2013.1	4	ppt/pdf
6	建设工程法规	978-7-301-20912-7	王先恕	32.00	2012.7	3	ppt/ pdf
7	AutoCAD 建筑制图教程(第 2 版)	978-7-301-21095-6	郭　慧	38.00	2014.12	6	ppt/pdf/素材
8	AutoCAD 建筑绘图教程(第 2 版)	978-7-301-24540-8	唐英敏等	44.00	2014.7	1	ppt/pdf
9	建筑 CAD 项目教程(2010 版)	978-7-301-20979-0	郭　慧	38.00	2012.9	2	pdf/素材
10	建筑工程专业英语	978-7-301-15376-5	吴承霞	20.00	2013.8	8	ppt/pdf
11	建筑工程专业英语	978-7-301-20003-2	韩薇等	24.00	2014.7	2	ppt/ pdf
12	★建筑工程应用文写作(第 2 版)	978-7-301-24480-7	赵立等	50.00	2014.7	1	ppt/pdf
13	建筑识图与构造(第 2 版)	978-7-301-23774-8	郑贵超	40.00	2014.12	2	ppt/pdf/答案
14	建筑构造	978-7-301-21267-7	肖　芳	34.00	2014.12	4	ppt/ pdf
15	房屋建筑构造	978-7-301-19883-4	李少红	26.00	2012.1	4	ppt/pdf
16	建筑识图	978-7-301-21893-8	邓志勇等	35.00	2013.1	2	ppt/ pdf
17	建筑识图与房屋构造	978-7-301-22860-9	贠禄等	54.00	2015.1	2	ppt/pdf /答案
18	建筑构造与设计	978-7-301-23506-5	陈玉萍	38.00	2014.1	1	ppt/pdf /答案
19	房屋建筑构造	978-7-301-23588-1	李元玲等	45.00	2014.1	2	ppt/pdf
20	建筑构造与施工图识读	978-7-301-24470-8	南学平	52.00	2014.8	1	ppt/pdf
21	建筑工程制图与识图(第 2 版)	978-7-301-24408-1	白丽红	29.00	2014.7	1	ppt/pdf
22	建筑制图习题集(第 2 版)	978-7-301-24571-2	白丽红	25.00	2014.8	1	pdf
23	建筑制图(第 2 版)	978-7-301-21146-5	高丽荣	32.00	2015.4	5	ppt/pdf
24	建筑制图习题集(第 2 版)	978-7-301-21288-2	高丽荣	28.00	2014.12	5	pdf
25	建筑工程制图(第 2 版)(附习题册)	978-7-301-21120-5	肖明和	48.00	2012.8	3	ppt/pdf
26	建筑制图与识图	978-7-301-18806-2	曹雪梅	36.00	2014.9	1	ppt/pdf
27	建筑制图与识图习题册	978-7-301-18652-7	曹雪梅等	30.00	2012.4	4	pdf
28	建筑制图与识图	978-7-301-20070-4	李元玲	28.00	2012.8	5	ppt/pdf
29	建筑制图与识图习题集	978-7-301-20425-2	李元玲	24.00	2012.3	4	ppt/pdf
30	新编建筑工程制图	978-7-301-21140-3	方筱松	30.00	2014.8	2	ppt/ pdf
31	新编建筑工程制图习题集	978-7-301-16834-9	方筱松	22.00	2014.1	2	pdf
			建 筑 施 工 类				
1	建筑工程测量	978-7-301-16727-4	赵景利	30.00	2010.2	12	ppt/pdf /答案
2	建筑工程测量(第 2 版)	978-7-301-22002-3	张敬伟	37.00	2015.4	6	ppt/pdf /答案
3	建筑工程测量实验与实训指导(第 2 版)	978-7-301-23166-1	张敬伟	27.00	2013.9	2	pdf/答案
4	建筑工程测量	978-7-301-19992-3	潘益民	38.00	2012.2	2	ppt/ pdf
5	建筑工程测量	978-7-301-13578-5	王金玲等	26.00	2011.8	3	pdf
6	建筑工程测量实训（第 2 版）	978-7-301-24833-1	杨凤华	34.00	2015.1	1	pdf/答案
7	建筑工程测量(含实验指导手册)	978-7-301-19364-8	石　东等	43.00	2012.6	3	ppt/pdf/答案
8	建筑工程测量	978-7-301-22485-4	景　铎等	34.00	2013.6	1	ppt/pdf
9	建筑施工技术	978-7-301-21209-7	陈雄辉	39.00	2013.2	4	ppt/pdf
10	建筑施工技术	978-7-301-12336-2	朱永祥等	38.00	2012.4	7	ppt/pdf
11	建筑施工技术	978-7-301-16726-7	叶　雯等	44.00	2013.5	6	ppt/pdf /素材
12	建筑施工技术	978-7-301-19499-7	董伟等	42.00	2011.9	2	ppt/pdf
13	建筑施工技术	978-7-301-19997-8	苏小梅	38.00	2013.5	3	ppt/pdf
14	建筑工程施工技术(第 2 版)	978-7-301-21093-2	钟汉华等	48.00	2013.8	5	ppt/pdf
15	数字测图技术	978-7-301-22656-8	赵　红	36.00	2013.6	1	ppt/pdf
16	数字测图技术实训指导	978-7-301-22679-7	赵　红	27.00	2013.6	1	ppt/pdf
17	基础工程施工	978-7-301-20917-2	董伟等	35.00	2012.7	2	ppt/pdf
18	建筑施工技术实训(第 2 版)	978-7-301-24368-8	周晓龙	30.00	2014.12	2	pdf
19	建筑力学(第 2 版)	978-7-301-21695-8	石立安	46.00	2014.12	5	ppt/pdf

序号	书名	书号	编著者	定价	出版时间	印次	配套情况
20	★土木工程实用力学(第 2 版)	978-7-301-24681-8	马景善	47.00	2015.7	1	pdf/ppt/答案
21	土木工程力学	978-7-301-16864-6	吴明军	38.00	2011.11	2	ppt/pdf
22	PKPM 软件的应用(第 2 版)	978-7-301-22625-4	王　娜等	34.00	2013.6	2	Pdf
23	建筑结构(第 2 版)(上册)	978-7-301-21106-9	徐锡权	41.00	2013.4	2	ppt/pdf/答案
24	建筑结构(第 2 版)(下册)	978-7-301-22584-4	徐锡权	42.00	2013.6	2	ppt/pdf/答案
25	建筑结构	978-7-301-19171-2	唐春平等	41.00	2012.6	4	ppt/pdf
26	建筑结构基础	978-7-301-21125-0	王中发	36.00	2012.8	2	ppt/pdf
27	建筑结构原理及应用	978-7-301-18732-6	史美东	45.00	2012.8	1	ppt/pdf
28	建筑力学与结构(第 2 版)	978-7-301-22148-8	吴承霞等	49.00	2014.12	5	ppt/pdf/答案
29	建筑力学与结构(少学时版)	978-7-301-21730-6	吴承霞	34.00	2013.2	4	ppt/pdf/答案
30	建筑力学与结构	978-7-301-20988-2	陈水广	32.00	2012.8	1	pdf/ppt
31	建筑力学与结构	978-7-301-23348-1	杨丽君等	44.00	2014.1	1	ppt/pdf
32	建筑结构与施工图	978-7-301-22188-4	朱希文等	35.00	2013.3	2	ppt/pdf
33	生态建筑材料	978-7-301-19588-2	陈剑峰等	38.00	2013.7	2	ppt/pdf
34	建筑材料(第 2 版)	978-7-301-24633-7	林祖宏	35.00	2014.8	1	ppt/pdf
35	建筑材料与检测	978-7-301-16728-1	梅　杨等	26.00	2012.11	9	ppt/pdf/答案
36	建筑材料检测试验指导	978-7-301-16729-8	王美芬等	18.00	2014.12	7	pdf
37	建筑材料与检测	978-7-301-19261-0	王　辉	35.00	2012.6	5	ppt/pdf
38	建筑材料与检测试验指导	978-7-301-20045-2	王　辉	20.00	2013.1	3	ppt/pdf
39	建筑材料选择与应用	978-7-301-21948-5	申淑荣等	39.00	2013.3	2	ppt/pdf
40	建筑材料检测实训	978-7-301-22317-8	申淑荣等	24.00	2013.4	1	pdf
41	建筑材料	978-7-301-24208-7	任晓菲	40.00	2014.7	1	ppt/pdf /答案
42	建设工程监理概论(第 2 版)	978-7-301-20854-0	徐锡权等	43.00	2014.12	5	ppt/pdf /答案
43	★建设工程监理(第 2 版)	978-7-301-24490-6	斯　庆	35.00	2014.9	1	ppt/pdf /答案
44	建设工程监理概论	978-7-301-15518-9	曾庆军等	24.00	2012.12	5	ppt/pdf
45	工程建设监理案例分析教程	978-7-301-18984-9	刘志麟等	38.00	2013.2	2	ppt/pdf
46	地基与基础(第 2 版)	978-7-301-23304-7	肖明和等	42.00	2014.12	2	ppt/pdf/答案
47	地基与基础	978-7-301-16130-2	孙平平等	26.00	2013.2	3	ppt/pdf
48	地基与基础实训	978-7-301-23174-6	肖明和等	25.00	2013.10	1	ppt/pdf
49	土力学与地基基础	978-7-301-23675-8	叶火炎等	35.00	2014.1	1	ppt/pdf
50	土力学与基础工程	978-7-301-23590-4	宁培淋等	32.00	2014.1	1	ppt/pdf
51	建筑工程质量事故分析(第 2 版)	978-7-301-22467-0	郑文新	32.00	2014.12	3	ppt/pdf
52	建筑工程施工组织设计	978-7-301-18512-4	李源清	26.00	2014.12	7	ppt/pdf
53	建筑工程施工组织实训	978-7-301-18961-0	李源清	40.00	2014.12	4	ppt/pdf
54	建筑施工组织与进度控制	978-7-301-21223-3	张廷瑞	36.00	2012.9	3	ppt/pdf
55	建筑施工组织项目式教程	978-7-301-19901-5	杨红玉	44.00	2012.1	2	ppt/pdf/答案
56	钢筋混凝土工程施工与组织	978-7-301-19587-1	高　雁	32.00	2012.5	2	ppt/pdf
57	钢筋混凝土工程施工与组织实训指导(学生工作页)	978-7-301-21208-0	高　雁	20.00	2012.9	1	ppt
58	建筑材料检测试验指导	978-7-301-24782-2	陈东佐等	20.00	2014.9	1	ppt
59	★建筑节能工程与施工	978-7-301-24274-2	吴明军等	35.00	2014.11	1	ppt/pdf
60	建筑施工工艺	978-7-301-24687-0	李源清等	49.50	2015.1	1	pdf/ppt/答案
61	建筑材料与检测(第 2 版)	978-7-301-25347-2	梅　杨等	33.00	2015.2	1	pdf/ppt/答案
62	土力学与地基基础	978-7-301-25525-4	陈东佐	45.00	2015.2	1	ppt/ pdf/答案
	工程管理类						
1	建筑工程经济(第 2 版)	978-7-301-22736-7	张宁宁等	30.00	2014.12	6	ppt/pdf/答案
2	★建筑工程经济(第 2 版)	978-7-301-24492-0	胡六星等	41.00	2014.9	2	ppt/pdf/答案
3	建筑工程经济	978-7-301-24346-6	刘晓丽等	38.00	2014.7	1	ppt/pdf/答案
4	施工企业会计(第 2 版)	978-7-301-24434-0	辛艳红等	36.00	2014.7	1	ppt/pdf/答案
5	建筑工程项目管理	978-7-301-12335-5	范红岩等	30.00	2012. 4	9	ppt/pdf
6	建设工程项目管理(第 2 版)	978-7-301-24683-2	王　辉	36.00	2014.9	1	ppt/pdf/答案
7	建设工程项目管理	978-7-301-19335-8	冯松山等	38.00	2013.11	3	pdf/ppt
8	★建设工程招投标与合同管理(第 3 版)	978-7-301-24483-8	宋春岩	40.00	2014.12	2	ppt/pdf/答案/试题/教案
9	建筑工程招投标与合同管理	978-7-301-16802-8	程超胜	30.00	2012.9	2	pdf/ppt

序号	书名	书号	编著者	定价	出版时间	印次	配套情况
10	工程招投标与合同管理实务(第2版)	978-7-301-25769-2	杨甲奇等	48.00	2015.7	1	ppt/pdf/答案
11	工程招投标与合同管理实务	978-7-301-19290-0	郑文新等	43.00	2012.4	2	ppt/pdf
12	建设工程招投标与合同管理实务	978-7-301-20404-7	杨云会等	42.00	2012.4	2	ppt/pdf/答案/习题库
13	工程招投标与合同管理	978-7-301-17455-5	文新平	37.00	2012.9	1	ppt/pdf
14	工程项目招投标与合同管理(第2版)	978-7-301-24554-5	李洪军等	42.00	2014.12	2	ppt/pdf/答案
15	工程项目招投标与合同管理(第2版)	978-7-301-22462-5	周艳冬	35.00	2014.12	3	ppt/pdf
16	建筑工程商务标编制实训	978-7-301-20804-5	钟振宇	35.00	2012.7	1	ppt
17	建筑工程安全管理	978-7-301-19455-3	宋　健等	36.00	2013.5	4	ppt/pdf
18	建筑工程质量与安全管理	978-7-301-16070-1	周连起	35.00	2014.12	8	ppt/pdf/答案
19	施工项目质量与安全管理	978-7-301-21275-2	钟汉华	45.00	2012.10	2	ppt/pdf/答案
20	工程造价控制(第2版)	978-7-301-24594-1	斯　庆	32.00	2014.8	1	ppt/pdf/答案
21	工程造价管理	978-7-301-20655-3	徐锡权等	33.00	2013.8	3	ppt/pdf
22	工程造价控制与管理	978-7-301-19366-2	胡新萍等	30.00	2014.12	4	ppt/pdf
23	建筑工程造价管理	978-7-301-20360-6	柴　琦等	27.00	2014.12	4	ppt/pdf
24	建筑工程造价管理	978-7-301-15517-2	李茂英等	24.00	2012.1	4	pdf
25	工程造价案例分析	978-7-301-22985-9	甄　凤	30.00	2013.8	2	pdf/ppt
26	建设工程造价控制与管理	978-7-301-24273-5	胡芳珍等	38.00	2014.6	1	ppt/pdf/答案
27	建筑工程造价	978-7-301-21892-1	孙咏梅	40.00	2013.2	1	ppt/pdf
28	★建筑工程计量与计价(第3版)	978-7-301-25344-1	肖明和等	65.00	2015.7	1	pdf/ppt
29	★建筑工程计量与计价实训(第3版)	978-7-301-25345-8	肖明和等	29.00	2015.7	1	pdf
30	建筑工程计量与计价综合实训	978-7-301-23568-3	龚小兰	28.00	2014.1	2	pdf
31	建筑工程估价	978-7-301-22802-9	张　英	43.00	2013.8	1	ppt/pdf
32	建筑工程计量与计价——透过案例学造价(第2版)	978-7-301-23852-3	张　强	59.00	2014.12	3	ppt/pdf
33	安装工程计量与计价(第3版)	978-7-301-24539-2	冯　钢等	54.00	2014.8	3	pdf/ppt
34	安装工程计量与计价综合实训	978-7-301-23294-1	成春燕	49.00	2014.12	3	pdf/素材
35	安装工程计量与计价实训	978-7-301-19336-5	景巧玲等	36.00	2013.5	4	pdf/素材
36	建筑水电安装工程计量与计价	978-7-301-21198-4	陈连姝	36.00	2013.8	3	ppt/pdf
37	建筑与装饰工程工程量清单(第2版)	978-7-301-25753-1	翟丽旻等	36.00	2015.5	1	ppt
38	建筑工程清单编制	978-7-301-19387-7	叶晓容	24.00	2011.8	2	ppt/pdf
39	建设项目评估	978-7-301-20068-1	高志云等	32.00	2013.6	2	ppt/pdf
40	钢筋工程清单编制	978-7-301-20114-5	贾莲英	36.00	2012.2	2	ppt/pdf
41	混凝土工程清单编制	978-7-301-20384-2	顾　娟	28.00	2012.5	1	ppt/pdf
42	建筑装饰工程预算(第2版)	978-7-301-25801-9	范菊雨	44.00	2015.7	1	pdf/ppt
43	建设工程安全监理	978-7-301-20802-1	沈万岳	28.00	2012.7	1	pdf/ppt
44	建筑工程安全技术与管理实务	978-7-301-21187-8	沈万岳	48.00	2012.9	2	pdf/ppt
45	建筑工程资料管理	978-7-301-17456-2	孙　刚等	36.00	2014.12	5	pdf/ppt
46	建筑施工组织与管理(第2版)	978-7-301-22149-5	翟丽旻等	43.00	2014.12	3	ppt/pdf/答案
47	建设工程合同管理	978-7-301-22612-4	刘庭江	46.00	2013.6	1	ppt/pdf/答案
48	★工程造价概论	978-7-301-24696-2	周艳冬	31.00	2015.1	1	ppt/pdf/答案
49	建筑安装工程计量与计价实训(第2版)	978-7-301-25683-1	景巧玲等	36.00	2015.7	1	pdf
	建筑设计类						
1	中外建筑史(第2版)	978-7-301-23779-3	袁新华等	38.00	2014.2	2	ppt/pdf
2	建筑室内空间历程	978-7-301-19338-9	张伟孝	53.00	2011.8	1	pdf
3	建筑装饰CAD项目教程	978-7-301-20950-9	郭　慧	35.00	2013.1	2	ppt/素材
4	室内设计基础	978-7-301-15613-1	李书青	32.00	2013.5	3	ppt/pdf
5	建筑装饰构造	978-7-301-15687-2	赵志文等	27.00	2012.11	6	ppt/pdf/答案
6	建筑装饰材料(第2版)	978-7-301-22356-7	焦　涛等	34.00	2013.5	2	ppt/pdf
7	★建筑装饰施工技术(第2版)	978-7-301-24482-1	王　军	37.00	2014.7	2	ppt/pdf
8	设计构成	978-7-301-15504-2	戴碧锋	30.00	2012.10	2	ppt/pdf
9	基础色彩	978-7-301-16072-5	张　军	42.00	2011.9	2	pdf
10	设计色彩	978-7-301-21211-0	龙黎黎	46.00	2012.9	1	ppt
11	设计素描	978-7-301-22391-8	司马金桃	29.00	2013.4	2	ppt
12	建筑素描表现与创意	978-7-301-15541-7	于修国	25.00	2012.11	3	Pdf
13	3ds Max 效果图制作	978-7-301-22870-8	刘　晗等	45.00	2013.7	1	ppt

序号	书名	书号	编著者	定价	出版时间	印次	配套情况
14	3ds max 室内设计表现方法	978-7-301-17762-4	徐海军	32.00	2010.9	1	pdf
15	Photoshop 效果图后期制作	978-7-301-16073-2	脱忠伟等	52.00	2011.1	2	素材/pdf
16	建筑表现技法	978-7-301-19216-0	张　峰	32.00	2013.1	2	ppt/pdf
17	建筑速写	978-7-301-20441-2	张　峰	30.00	2012.4	1	pdf
18	建筑装饰设计	978-7-301-20022-3	杨丽君	36.00	2012.2	1	ppt/素材
19	装饰施工读图与识图	978-7-301-19991-6	杨丽君	33.00	2012.5	1	ppt
20	建筑装饰工程计量与计价	978-7-301-20055-1	李茂英	42.00	2013.7	3	ppt/pdf
21	3ds Max & V-Ray 建筑设计表现案例教程	978-7-301-25093-8	郑恩峰	40.00	2014.12	1	ppt/pdf
	规划园林类						
1	城市规划原理与设计	978-7-301-21505-0	谭婧婧等	35.00	2013.1	2	ppt/pdf
2	居住区景观设计	978-7-301-20587-7	张群成	47.00	2012.5	1	ppt
3	居住区规划设计	978-7-301-21031-4	张　燕	48.00	2012.8	2	ppt
4	园林植物识别与应用	978-7-301-17485-2	潘利等	34.00	2012.9	1	ppt
5	园林工程施工组织管理	978-7-301-22364-2	潘利等	35.00	2013.4	1	ppt/pdf
6	园林景观计算机辅助设计	978-7-301-24500-2	于化强等	48.00	2014.8	1	ppt/pdf
7	建筑・园林・装饰设计初步	978-7-301-24575-0	王金贵	38.00	2014.10	1	ppt/pdf
	房地产类						
1	房地产开发与经营(第 2 版)	978-7-301-23084-8	张建中等	33.00	2014.8	2	ppt/pdf/答案
2	房地产估价(第 2 版)	978-7-301-22945-3	张　勇等	35.00	2014.12	2	ppt/pdf/答案
3	房地产估价理论与实务	978-7-301-19327-3	褚菁晶	35.00	2011.8	2	ppt/pdf/答案
4	物业管理理论与实务	978-7-301-19354-9	裴艳慧	52.00	2011.9	2	ppt/pdf
5	房地产测绘	978-7-301-22747-3	唐春平	29.00	2013.7	1	ppt/pdf
6	房地产营销与策划	978-7-301-18731-9	应佐萍	42.00	2012.8	2	ppt/pdf
7	房地产投资分析与实务	978-7-301-24832-4	高志云	35.00	2014.9	1	ppt/pdf
	市政与路桥类						
1	市政工程计量与计价(第 2 版)	978-7-301-20564-8	郭良娟等	42.00	2015.1	6	pdf/ppt
2	市政工程计价	978-7-301-22117-4	彭以舟等	39.00	2015.2	1	ppt/pdf
3	市政桥梁工程	978-7-301-16688-8	刘　江等	42.00	2012.10	2	ppt/pdf/素材
4	市政工程材料	978-7-301-22452-6	郑晓国	37.00	2013.5	1	ppt/pdf
5	道桥工程材料	978-7-301-21170-0	刘水林等	43.00	2012.9	1	ppt/pdf
6	路基路面工程	978-7-301-19299-3	偶昌宝等	34.00	2011.8	1	ppt/pdf/素材
7	道路工程技术	978-7-301-19363-1	刘　雨等	33.00	2011.12	1	ppt/pdf
8	城市道路设计与施工	978-7-301-21947-8	吴颖峰	39.00	2013.1	1	ppt/pdf
9	建筑给排水工程技术	978-7-301-25224-6	刘　芳等	46.00	2014.12	1	ppt/pdf
10	建筑给水排水工程	978-7-301-20047-6	叶巧云	38.00	2012.2	1	ppt/pdf
11	市政工程测量(含技能训练手册)	978-7-301-20474-0	刘宗波等	41.00	2012.5	1	ppt/pdf
12	公路工程任务承揽与合同管理	978-7-301-21133-5	邱　兰等	30.00	2012.9	1	ppt/pdf/答案
13	★工程地质与土力学(第 2 版)	978-7-301-24479-1	杨仲元	41.00	2014.7	1	ppt/pdf
14	数字测图技术应用教程	978-7-301-20334-7	刘宗波	36.00	2012.8	1	ppt
15	水泵与水泵站技术	978-7-301-22510-3	刘振华	40.00	2013.5	1	ppt/pdf
16	道路工程测量(含技能训练手册)	978-7-301-21967-6	田树涛等	45.00	2013.2	1	ppt/pdf
17	桥梁施工与维护	978-7-301-23834-9	梁　斌	50.00	2014.2	1	ppt/pdf
18	铁路轨道施工与维护	978-7-301-23524-9	梁　斌	36.00	2014.1	1	ppt/pdf
19	铁路轨道构造	978-7-301-23153-1	梁　斌	32.00	2013.10	1	ppt/pdf
	建筑设备类						
1	建筑设备基础知识与识图(第 2 版)	978-7-301-24586-6	靳慧征等	47.00	2014.12	2	ppt/pdf/答案
2	建筑设备识图与施工工艺	978-7-301-19377-8	周业梅	38.00	2011.8	4	ppt/pdf
3	建筑施工机械	978-7-301-19365-5	吴志强	30.00	2014.12	5	pdf/ppt
4	智能建筑环境设备自动化	978-7-301-21090-1	余志强	40.00	2012.8	1	pdf/ppt
5	流体力学及泵与风机	978-7-301-25279-6	王　宁等	35.00	2015.1	1	pdf/ppt/答案

附录　建筑安装工程实训施工图

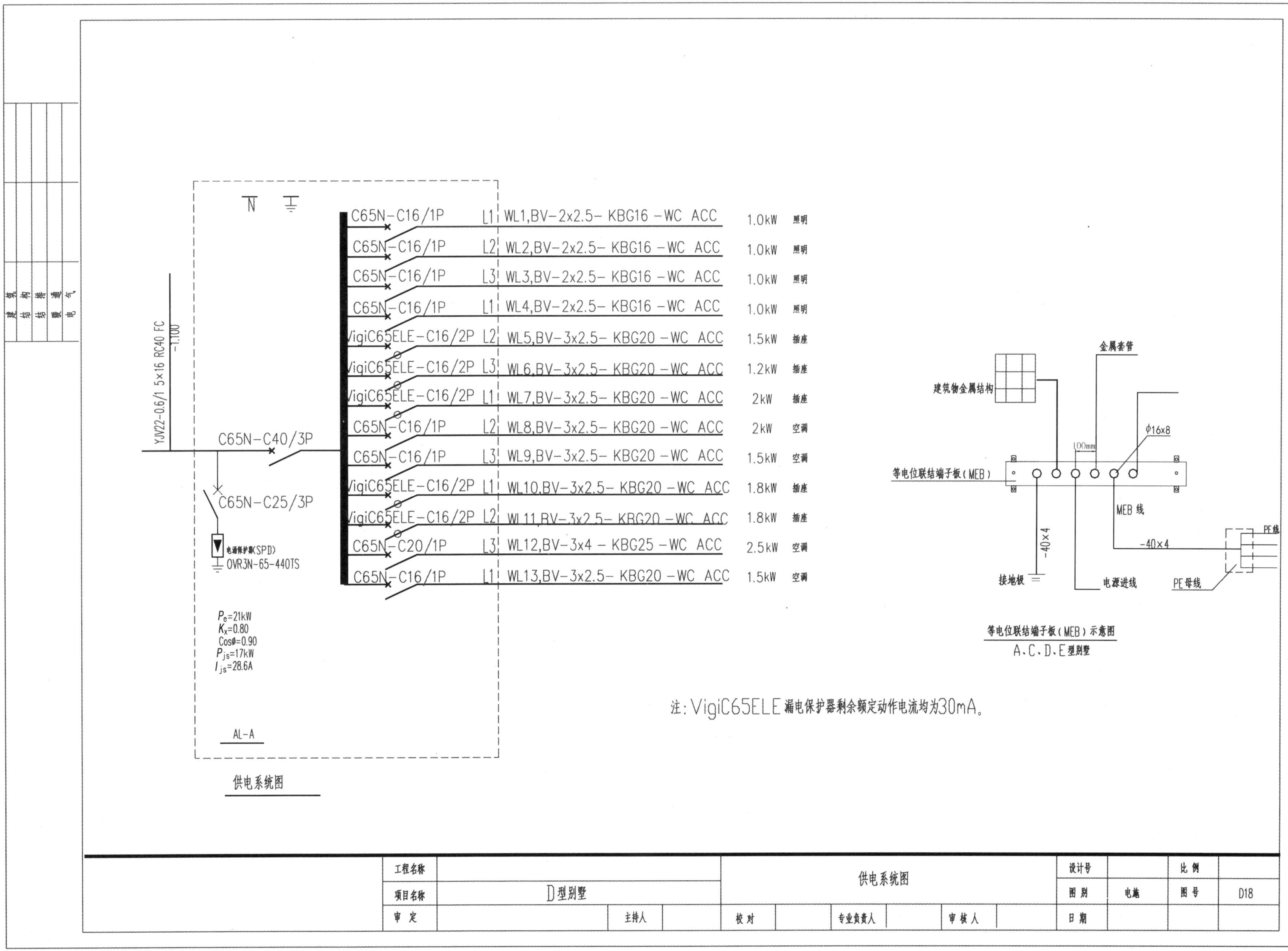

附图 1　D 型别墅供电系统图

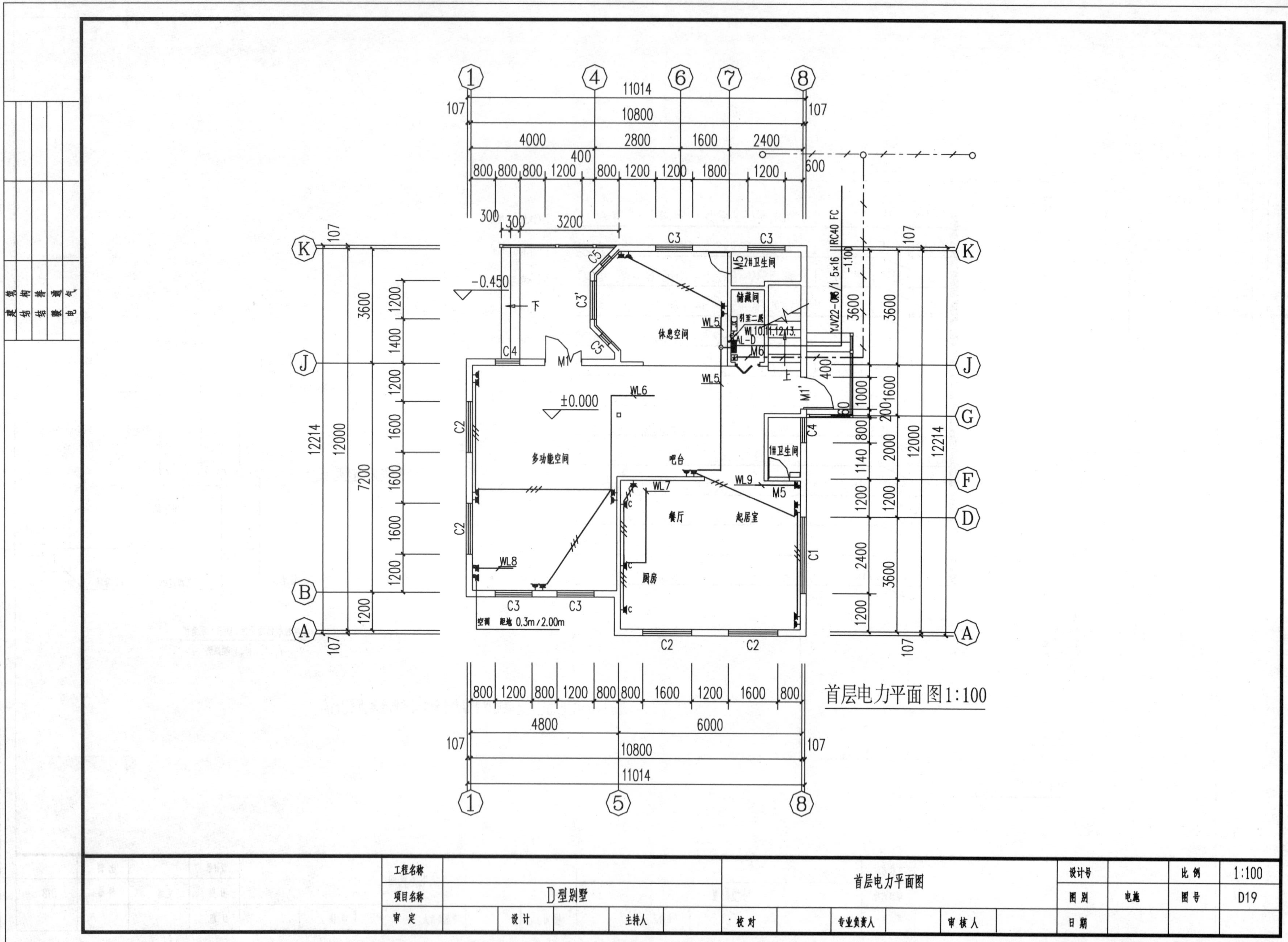

附图 2 D型别墅首层电力平面图

建筑	结构	给排水	暖通	电气

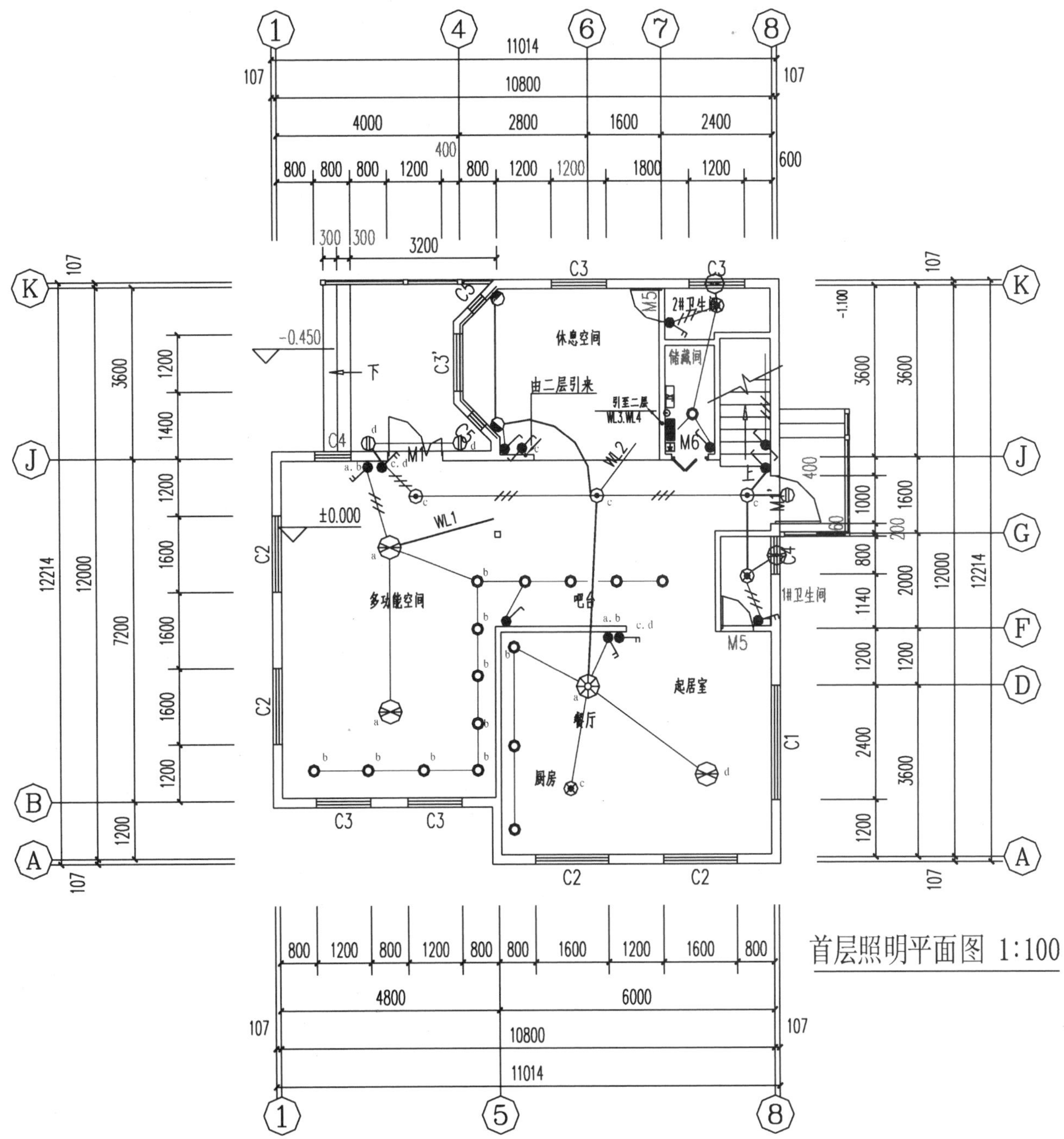

工程名称						首层照明平面图				设计号		比例	1:100
项目名称	D型别墅									图别	电施	图号	D20
审定		设计		主持人		校对		专业负责人		审核人		日期	

附图3 D型别墅首层照明平面图

建筑		
结构		
结排		
暖通		
电气		

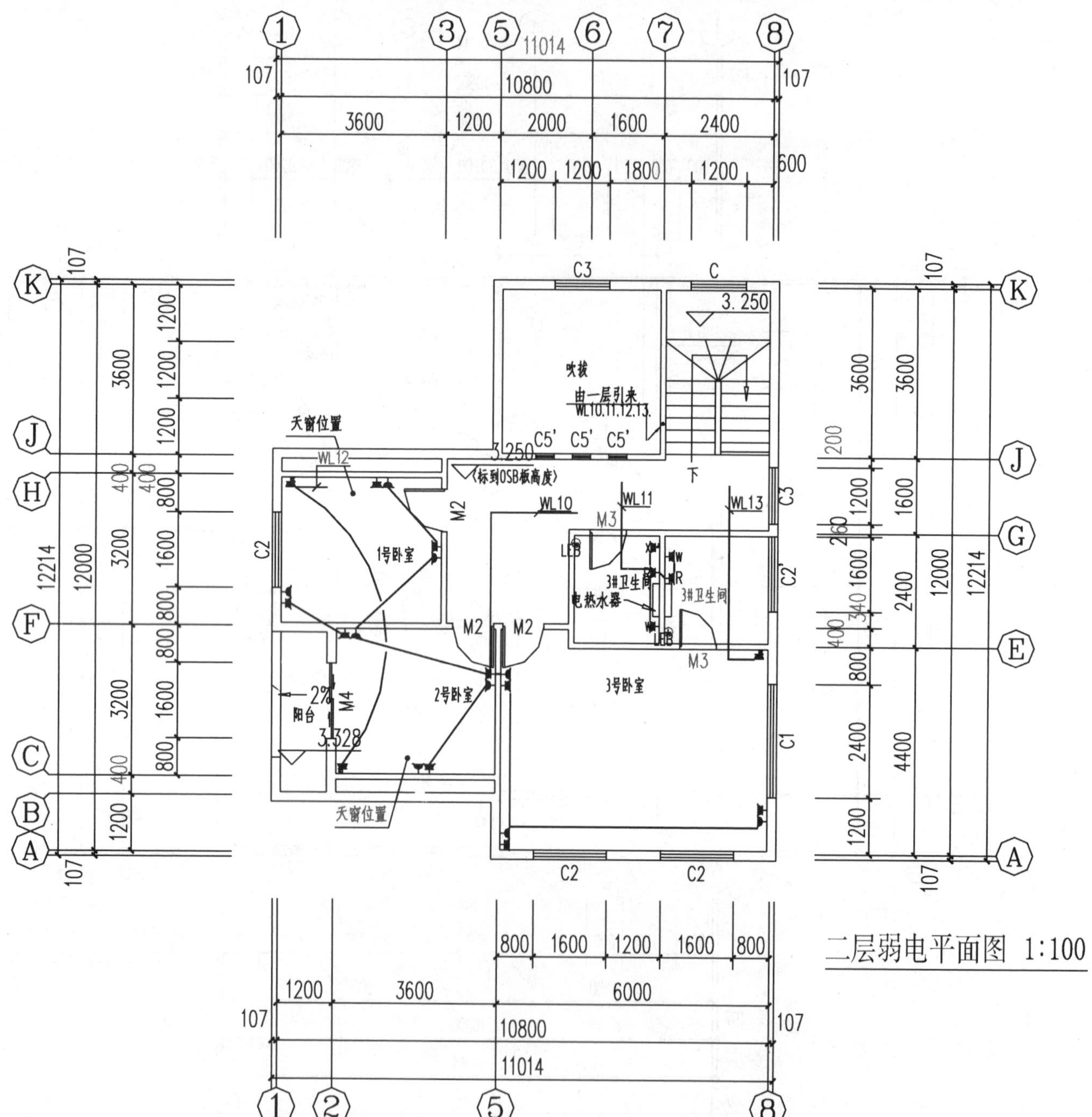

二层弱电平面图 1:100

工程名称								设计号		比例	1:100
项目名称	D型别墅			二层弱电平面图				图别	电施	图号	D21
审定		设计		主持人		校对		专业负责人		审核人		日期			

附图4 D型别墅二层弱电平面图

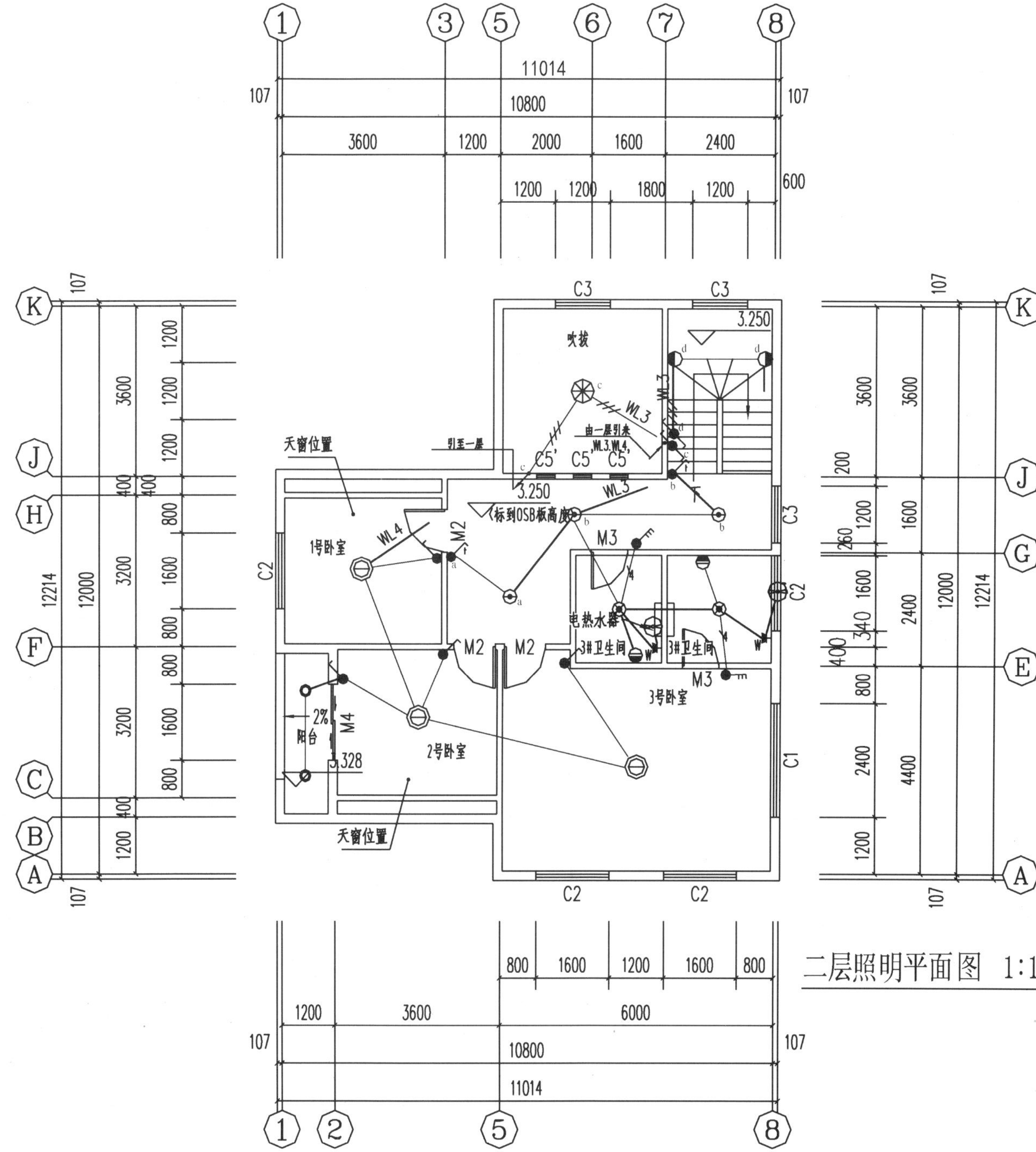

二层照明平面图 1:100

工程名称				二层照明平面图			设计号		比例	1:100
项目名称	D型别墅						图别	电施	图号	D22
审定		设计		主持人		校对		专业负责人		审核人		日期			

建筑	结构	给排	暖通	电气

附图 5 D型别墅二层照明平面图

图 纸 目 录

××××设计研究院	工程名称	××××招待所	
	项　　目	招待所辅楼	
	设 计 号		日　期

图 号	图 纸 内 容	图幅	折合1号/张	图 号	图 纸 内 容	图幅	折合1号/张
设施 1	给排水、采暖设计说明	A2	0.5				
设施 2	一层给水排水平面图	A2	0.5				
设施 3	一层采暖平面图	A2	0.5				
设施 4	二层给排水、采暖平面图	A2	0.5				
设施 5	三层给排水、采暖平面图	A2	0.5				
设施 6	给水、热水系统图	A2	0.5				
设施 7	排水、采暖系统图	A2	0.5				

选用标准图号及名称	L03S001,002,003,004	建筑给水排水设备安装图集	
	DBJT14-4/L01S102	建筑给水(PP-R)管道安装	
	L90N91-96	采暖设备安装图集	
	L02N907	集中采暖住宅分户热计量系统设计与安装	
制 表 人		校 对 人	

附图 6　图纸目录

专业	姓名	日期	专业	姓名	日期
总图 建筑 结构			给排水 暖通空调 电气		

采暖设计说明

一、概述

1. 本工程为×××招待所辅楼给水排水工程。
2. 本工程为三层框架结构，建筑面积1500m²，建筑高度15.50m。
3. 设计内容：室内采暖、通风系统。

二、设计依据

1.《民用建筑供暖通风与空气调节设计规范》(GB 50736—2012)。
2.《建筑设计防火规范》(GB 50016—2006)
3.《居住建筑节能设计标准》(DB 64/521—2013)。
4.《民用建筑热工设计规范》(GB 50176—1993)。
5. 建设单位提供的设计要求，建筑专业提供的设计条件图。

三、节能设计部分

1. 本工程各建筑构件的设计均按照《居住建筑节能设计标准》(DB 64/521—2013)的要求。
   外墙：外墙为200厚加气混凝土砌块，挤塑聚苯板保温层35厚。
   屋面：采用L06J113-P43-63 保温屋面，55厚挤塑聚苯板保温层。
   窗户：采用塑钢中空玻璃窗(6+9+6)窗；外门：采用金属保温防盗门(含单元门)。
2. 围护结构设计传热系数具体数值如下表：

围护结构名称	外墙		外门窗		屋面楼板		楼梯间墙		户间内墙		分户门	
节能标准规定值与实际设计值	规定值	设计值	规定值	设计值	规定值	设计值	规定值	设计值	规定值	设计值	规定值	设计值
传热系数/[W/(m²·K)]	≤0.63	0.614	≤2.80	2.79	≤0.65	0.601	≤1.70	1.63	≤1.70	1.63	≤2.00	2.00

3. 采暖系统采用集中热水供给，在建筑热力入口处设置分户热量计量总表。
4. 地沟内及地下室的供回水管采用50mm厚超细玻璃棉保温，满足节能要求。
5. 经详细计算采暖设计热负荷，实际设计值为31.9W/m²(计算书已存档，备查)。
6. 该建筑热工设计符合山东省居住建筑节能标准要求。

四、设计内容

1. 供暖室外计算温度：$t=-7℃$，室内采暖计算温度：$t=18℃$，采暖热负荷为：$Q=45kW$。
   系统工作压力为：$P=0.35MPa$，总阻力为：$\Delta P=0.04MPa$。
2. 热媒采用90/70℃，热水供暖入口装置L90N91-2(流量表改为热量表，供回水设过滤器)。
3. 采暖系统为下供下回单双管同程式，供水、回水干管设在一层地沟内。
4. 散热器选用GGT.2-3-600钢管柱型散热器(908W/10cm/64.5℃)，支管$DN20$，挂式安装。
5. 采暖管道采用普通焊接钢管，$DN>32$者焊接，$DN\leqslant32$者丝口连接。
6. 设计图中所注的管道安装标高，均以管中心为准。
7. 阀门：立管、供回水支管均设铜球调节阀，干管设闸阀，每组散热器上均设一Ø8手动跑风门。
8. 所有阀门的位置，应设置在便于操作与维修的部位。
9. 供水干管穿梁处预埋套管，干管和连接散热器的水平支管，遇到凸出墙面的柱子时，应绕柱安装。
10. 管道系统的最低点应配置泄水阀，管道系统的最高点应配置ZP-Ⅰ型自动排气阀。
12. 管道必须配置必要的支、吊、托架，形式由安装单位据现场实际情况确定，参见L90N91-31。

五、其他

1. 油漆：油漆前先清除金属表面的铁锈，对于保温管道刷防锈底漆两遍，非保温管道刷防锈底漆两遍，耐热色漆或银粉两遍，色漆染色一般应与室内墙壁一致。
2. 冲洗：供暖系统安装竣工经试压合格后，应对系统反复注水、排水，直至排出水中不含泥砂，不含铁屑等且水色不浑浊为合格。
3. 试调：系统经试压和冲洗合格后，即可进行试运行和调试，使各环路的流量分配符合设计要求，各房间的室内温度与设计温度相一致或保持一定的差值方为合格。
4. 无外窗的洗衣房及卫生间设TFS-300型($Q=300m^3/h$)排气扇，其门应有进风做法。
5. 其他各项施工要求，应严格按照《建筑给水排水及采暖工程施工质量验收规范》(GB 50242—2002)。

给排水设计说明

一、概述

1. 本工程为×××招待所辅楼给水排水工程。
2. 本工程为三层框架结构，建筑面积1500m²，建筑高度15.50m；
3. 设计内容：室内给水、热水、排水系统。

二、设计依据

1.《建筑给水排水设计规范》(GB 50015—2003)。
2.《建筑设计防火规范》(GB 50016—2006)。
3.《宿舍建筑设计规范》(JGJ 36—2005)。
4. 建设单位提供的设计要求，建筑专业提供的设计条件图。

三、给水

1. 生活给水由室外管网直接供给，最高日生活用水量为$10m^3/d$，系统所需水压为0.20MPa。
2. 水冷水管采用给水聚丙烯PP-R管，室内浴室热水管采用高温型PP-R管，PP-R管道及管与配件之间连接采用热熔连接，热水管每3m内设伸缩节。
3. 给水冷水采用PP-R管的S4系列，$PN=1.25MPa$，试压不小于1.0MPa。热水采用PP-R管的S2.5系列，公称压力$PN=2.00MPa$；试压不小于1.5MPa。详DBJ14-BS11-2001。

四、排水

1. 本工程最高日生活排水量为$8m^3/d$，污、废水采用合流制。污废水重力自流排入室外污水管，污水经化粪池处理后，排入校园污水管网。
2. 排水立管每层设一伸缩节，横支管至立管的直线管段超过2m时，横支管上设伸缩节。
3. 排水管坡度均采用标准坡度，排水管设伸顶通气管；地漏水封深度要求不小于50mm。
4. 管材：室内排水管采用复合消音型UPVC管，室外为釉面陶土管，伸顶通气管为机制铸铁管。
5. 室外排水管基础做法详见L03S002-33，根据地质勘探情况确定选用。

五、其他

1. 本图除标高以米计外，其余皆以毫米计，排水管标高为管内底标高，给水管标高为管中心标高。
2. 管道连接：给水塑料管热熔连接，镀锌管丝扣连接，衬塑钢管卡环式连接，排水塑料管粘接。
3. 阀门：小于等于Ø40者采用铜球阀，大于Ø40者采用铸铜闸阀，公称压力均为1.6MPa。
4. 保温：敷设在地沟、楼梯间，不采暖房间的供水管道及水箱等设备均按L90N95-6进行保温。
5. 试压：管道安装完毕，给水应根据《建筑给水排水及采暖工程施工质量验收规范》做压力试验，排水应做闭水试验。
6. 留洞：管道穿墙、楼板、基础等应预留孔洞，管道穿梁应预埋套管，管径比穿管大二号，给水管道穿地下室外墙，水池壁设防水套管，安装详见L01S102-46，其他设防护套管，内填弹性材料
7. 其他施工要求，严格遵守《建筑给水排水及采暖工程施工质量验收规范》(GB 50242—2002)《建筑给水排水设备安装图集》(L03S001，002，003，004)。

公称直径	$DN15$	$DN20$	$DN25$	$DN32$	$DN40$	$DN50$	$DN70$	$DN80$	$DN100$
钢管	$DN15$	$DN20$	$DN25$	$DN32$	$DN40$	$DN50$	$DN70$	$DN80$	$DN100$
塑料管	$De20$	$De25$	$De32$	$De40$	$De50$	$De63$	$De75$	$De90$	$De110$

序号	图例	名称	DBJT14-4图集	L03S001-004图集	备注
		洗面器	L01S102-8	L03S003-7/10	
		小便器	L01S102-36	L03S003-25/26	
		洗涤池	L01S102-10	L03S003-49	
		拖布池	L01S102-27	L03S003-74	

—·— 给水管　——— 采暖供水管　—··— 卫生热水管

— — — 排水管　- - - - - 采暖回水管

××××设计研究院	工程名称	××××招待所	审定		专业负责人		设计号	
	项目	招待所辅楼	院审核		校对		专业	设施
资质证书编号	给排水、采暖设计说明		所审核		设计		日期	
注册师印章编号			项目负责人		制图		第1张	共7张

附图7　给排水、采暖设计说明

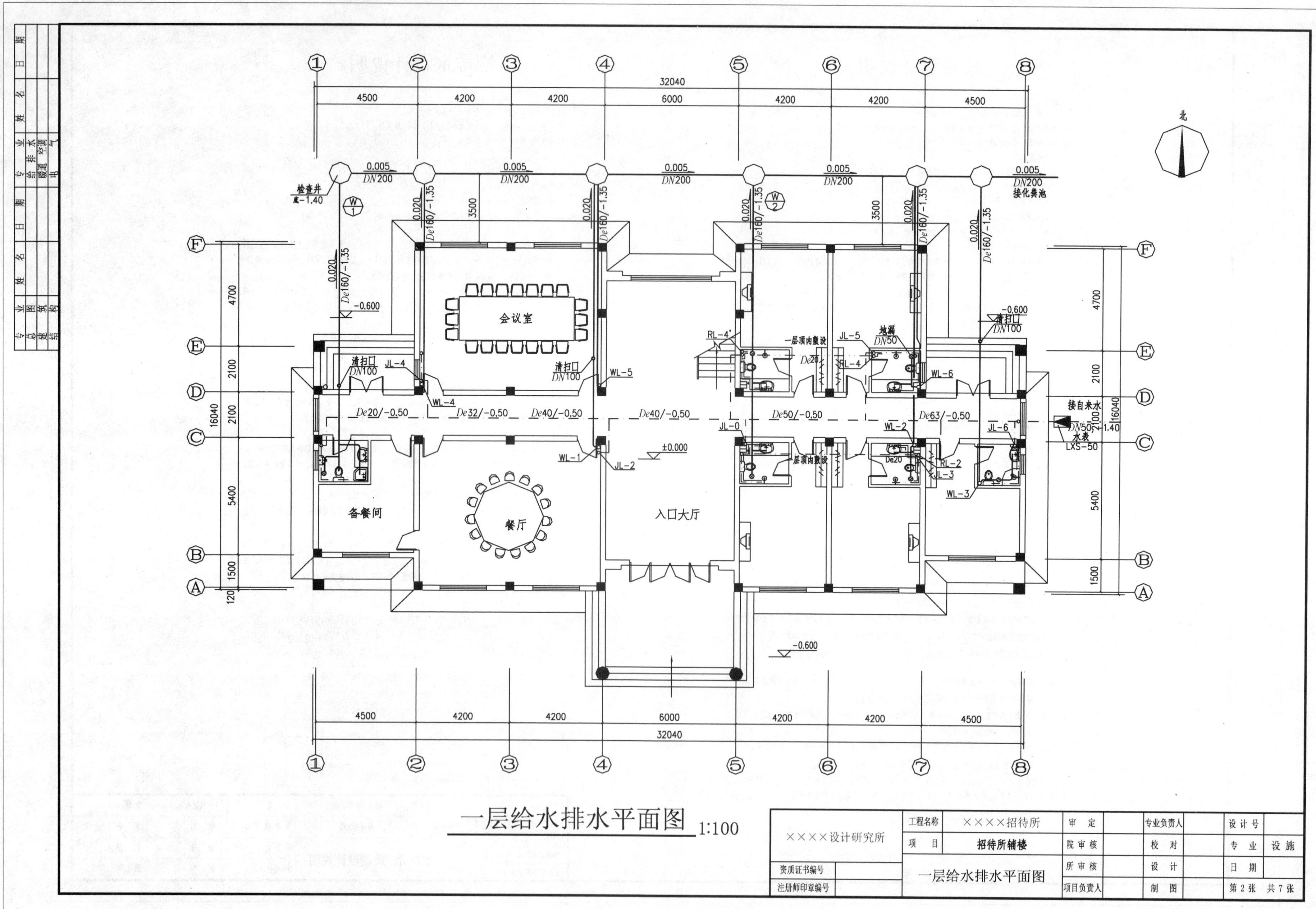

附图8　一层给水排水平面图

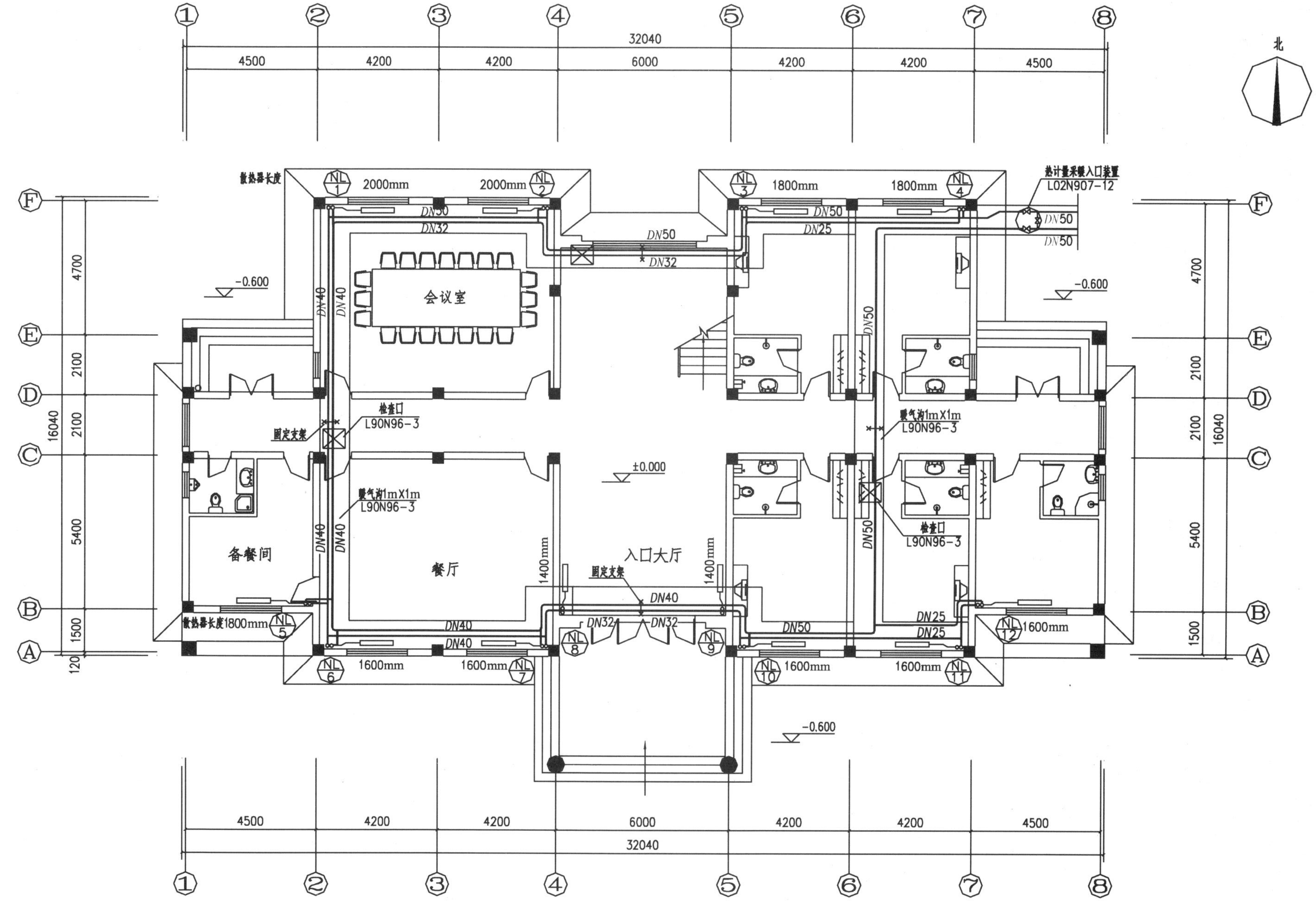

一层采暖平面图 1:100

××××设计研究所		工程名称	××××招待所	审　定		专业负责人		设计号	
		项　目	招待所辅楼	院审核		校　对		专　业	设施
资质证书编号		一层采暖平面图		所审核		设　计		日　期	
注册师印章编号				项目负责人		制　图		第3张	共7张

附图9　一层采暖平面图

专业	姓名	日期	专业	姓名	日期
总图			给排水		
建筑			暖通空调		
结构			电气		

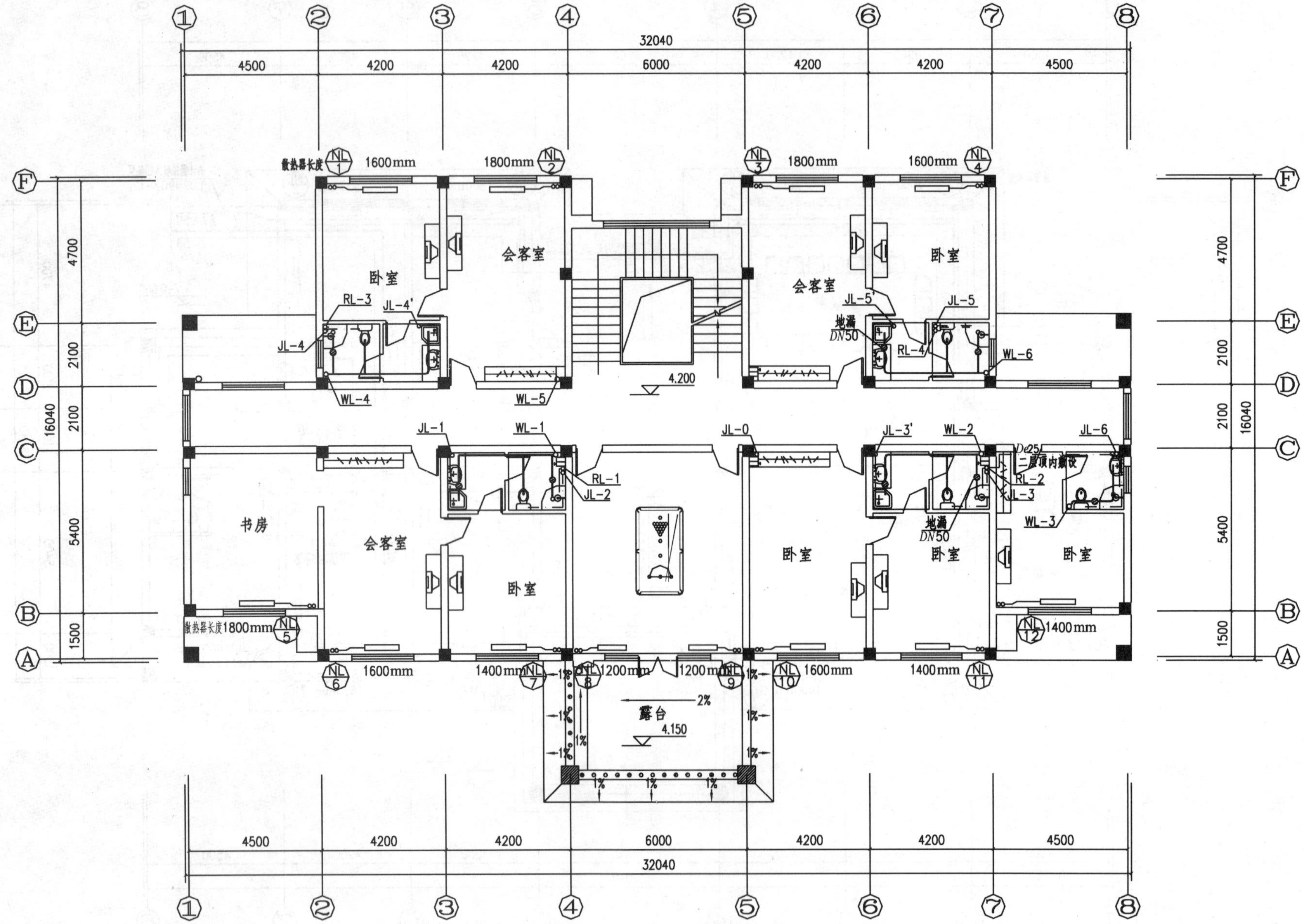

二层给排水、采暖平面图 1:100

××××设计研究所	工程名称	××××招待所	审定		专业负责人		设计号	
	项目	招待所辅楼	院审核		校对		专业	设施
资质证书编号	二层给排水、采暖平面图		所审核		设计		日期	
注册师印章编号			项目负责人		制图		第4张 共7张	

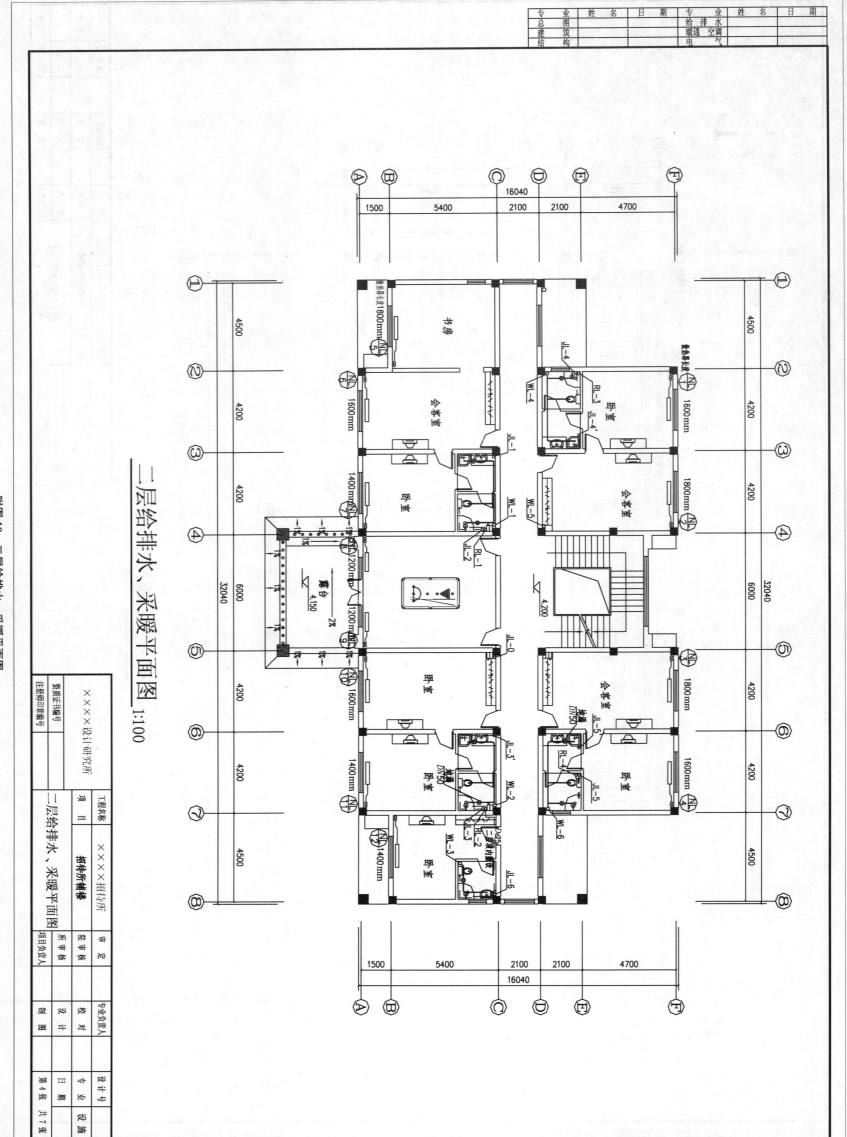

附图 10　二层给排水、采暖平面图

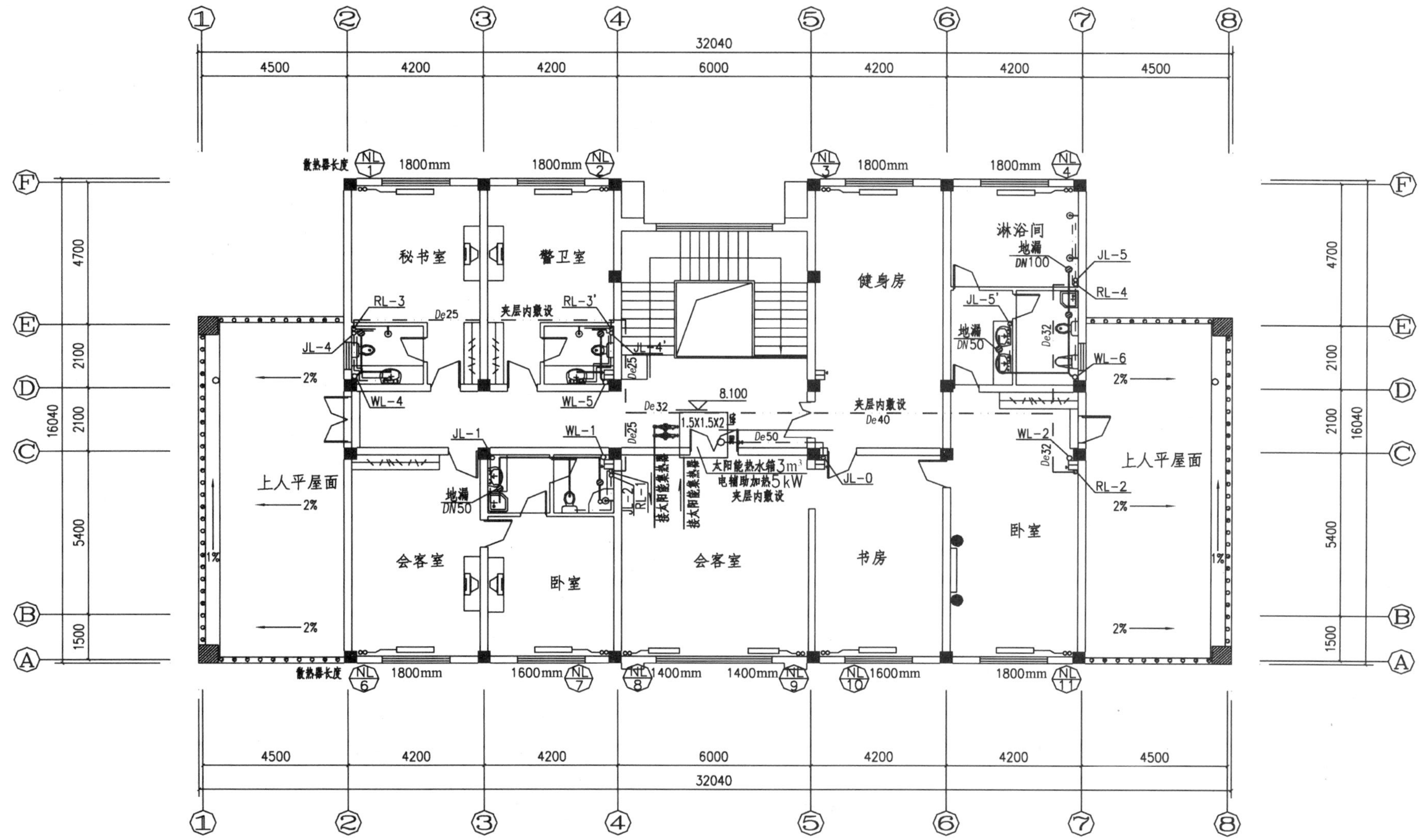

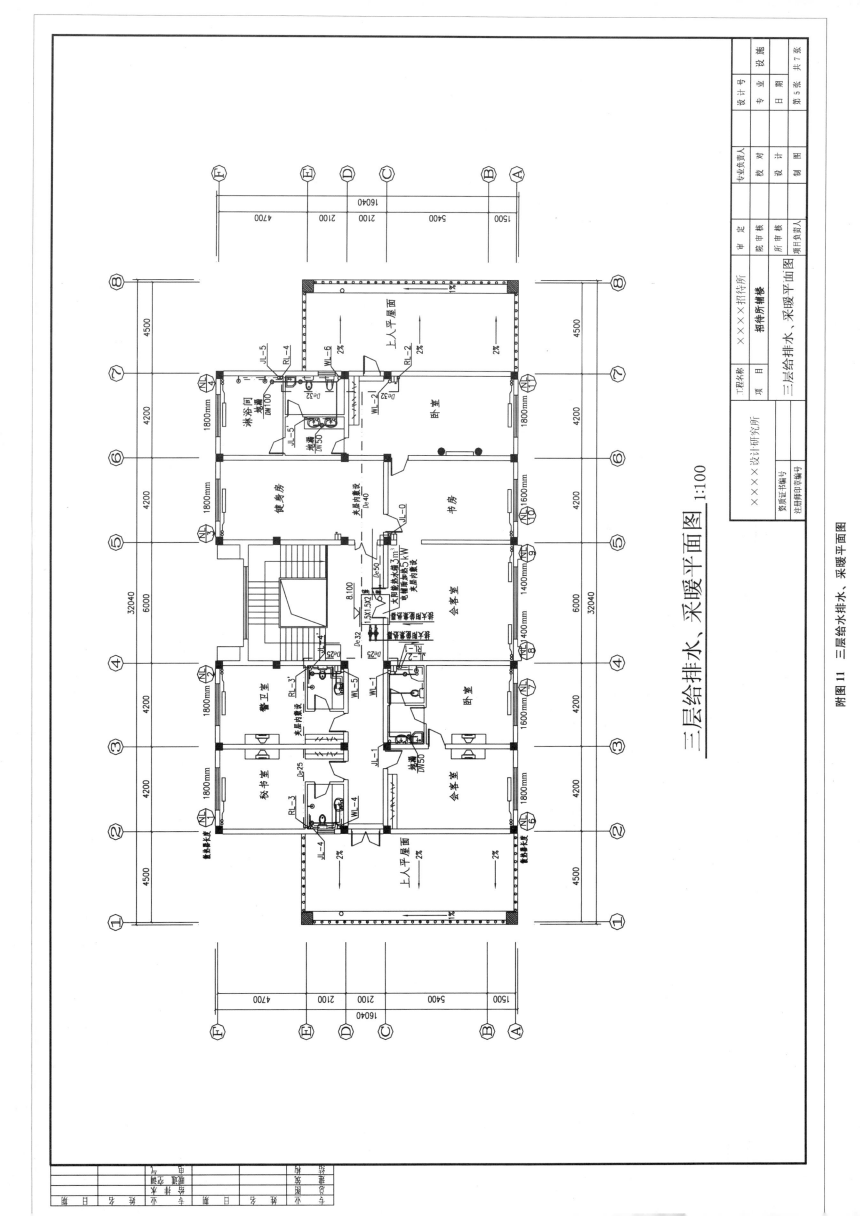

三层给排水、采暖平面图 1:100

××××设计研究所	工程名称	××××招待所	审 定		专业负责人	设计号	
	项 目	招待所辅楼	院审核		校 对	专 业	设施
资质证书编号	三层给排水、采暖平面图		所审核		设 计	日 期	
注册师印章编号			项目负责人		制 图	第5张	共7张

附图 11　三层给水排水、采暖平面图

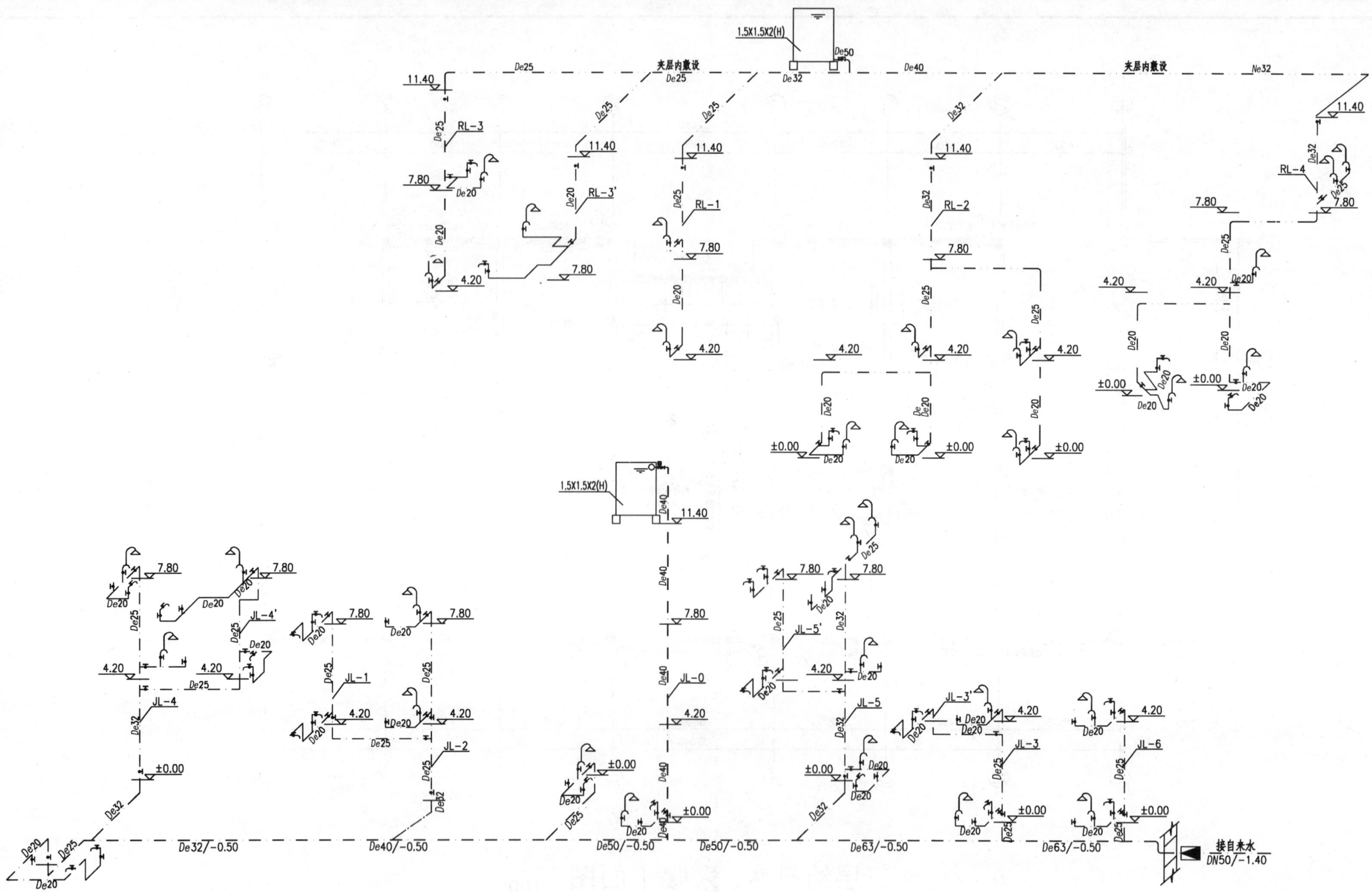

给水、热水系统图 1:100

××××设计研究所	工程名称	××××招待所	审 定		专业负责人		设计号	
	项 目	招待所辅楼	院审核		校 对		专 业	设施
资质证书编号	给水、热水系统图		所审核		设 计		日 期	
注册师印章编号			项目负责人		制 图		第6张	共7张

附图 12 给水、热水系统图

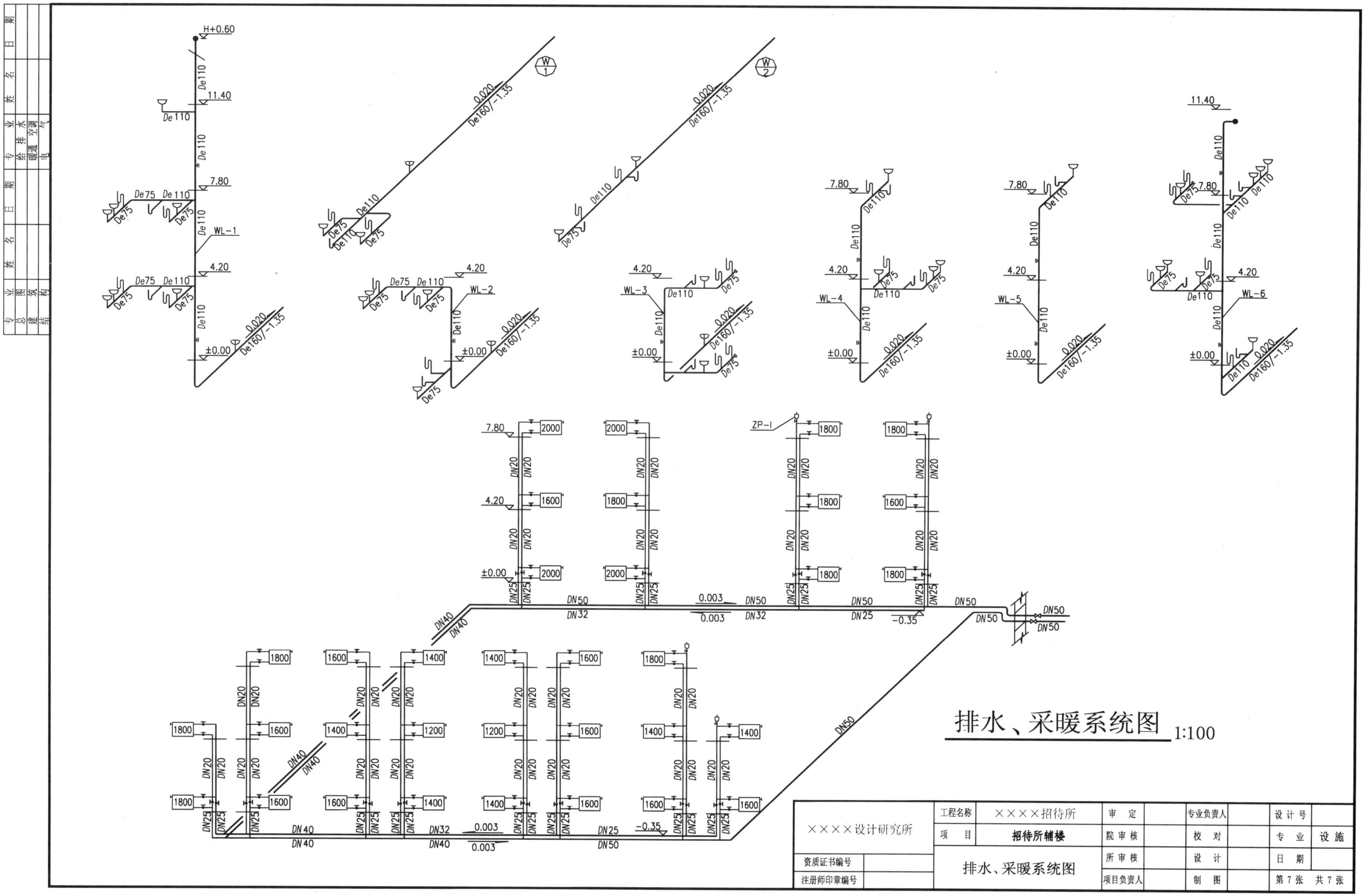

附图 13　排水、采暖系统图

建筑
结构
结排
暖通
电气

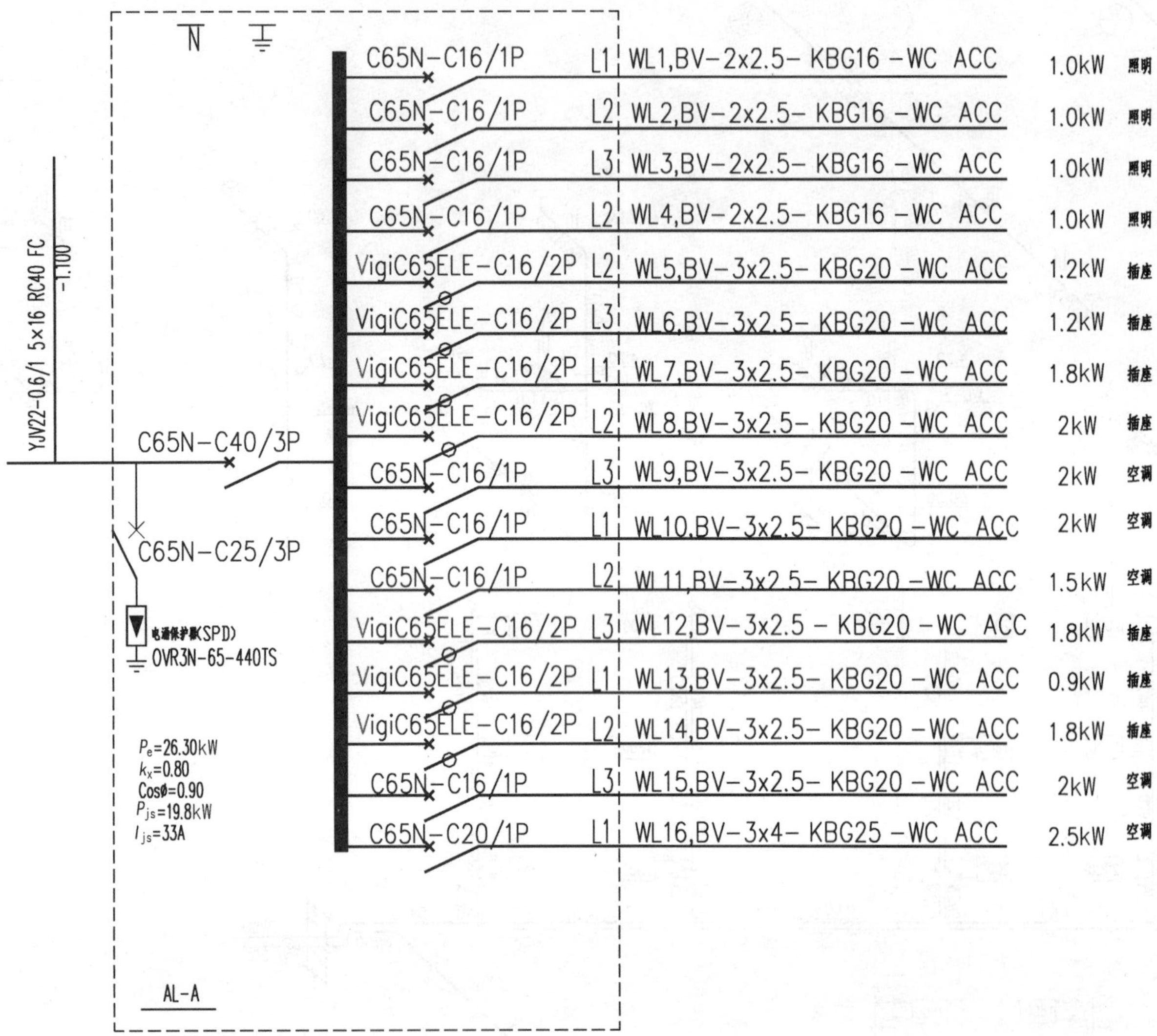

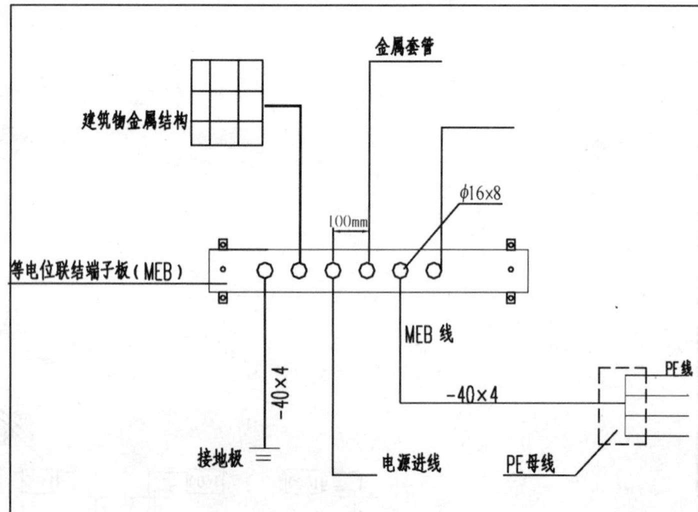

等电位联结端子板(MEB)示意图

A、C、D、E型别墅

注：VigiC65ELE漏电保护器剩余额定动作电流均为30mA。

供电系统图

工程名称						供电系统图				设计号		比例	
项目名称	A型别墅									图别	电施	图号	D02
审定		设计		主持人		校对		专业负责人		审核人		日期	

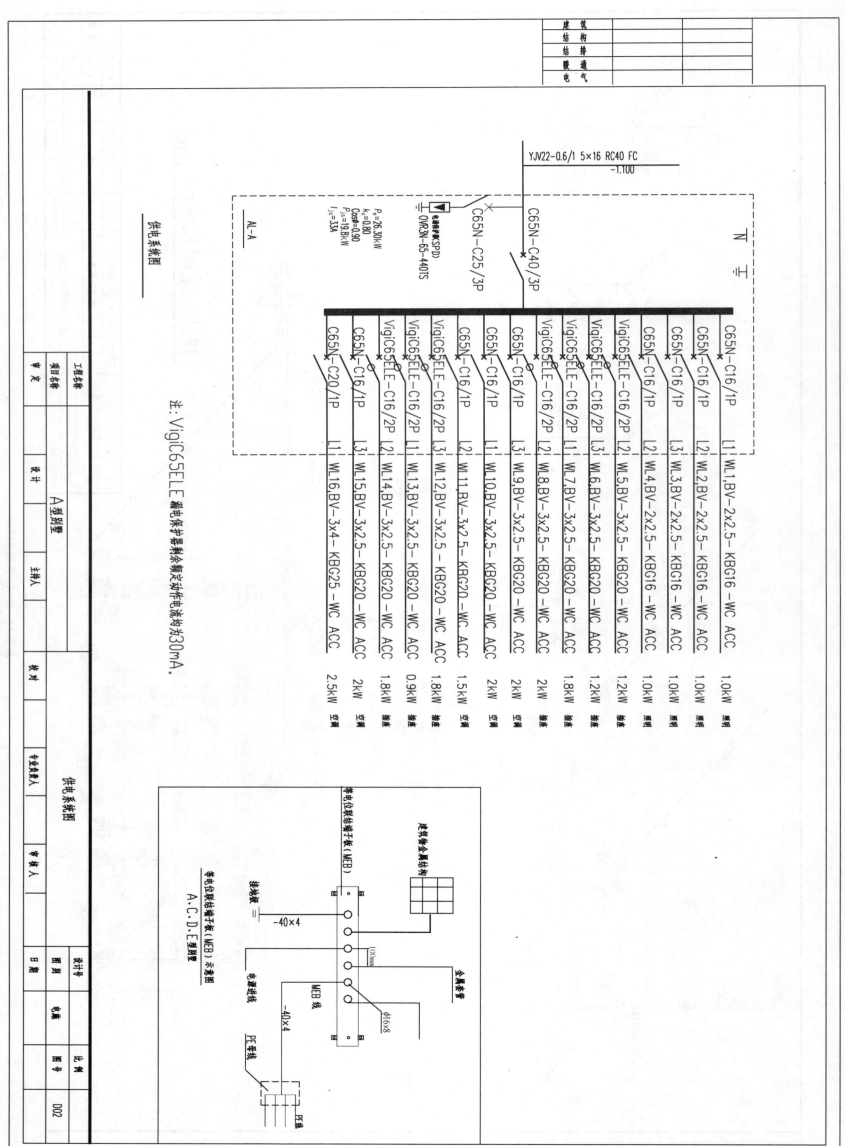

附图 14　供电系统图

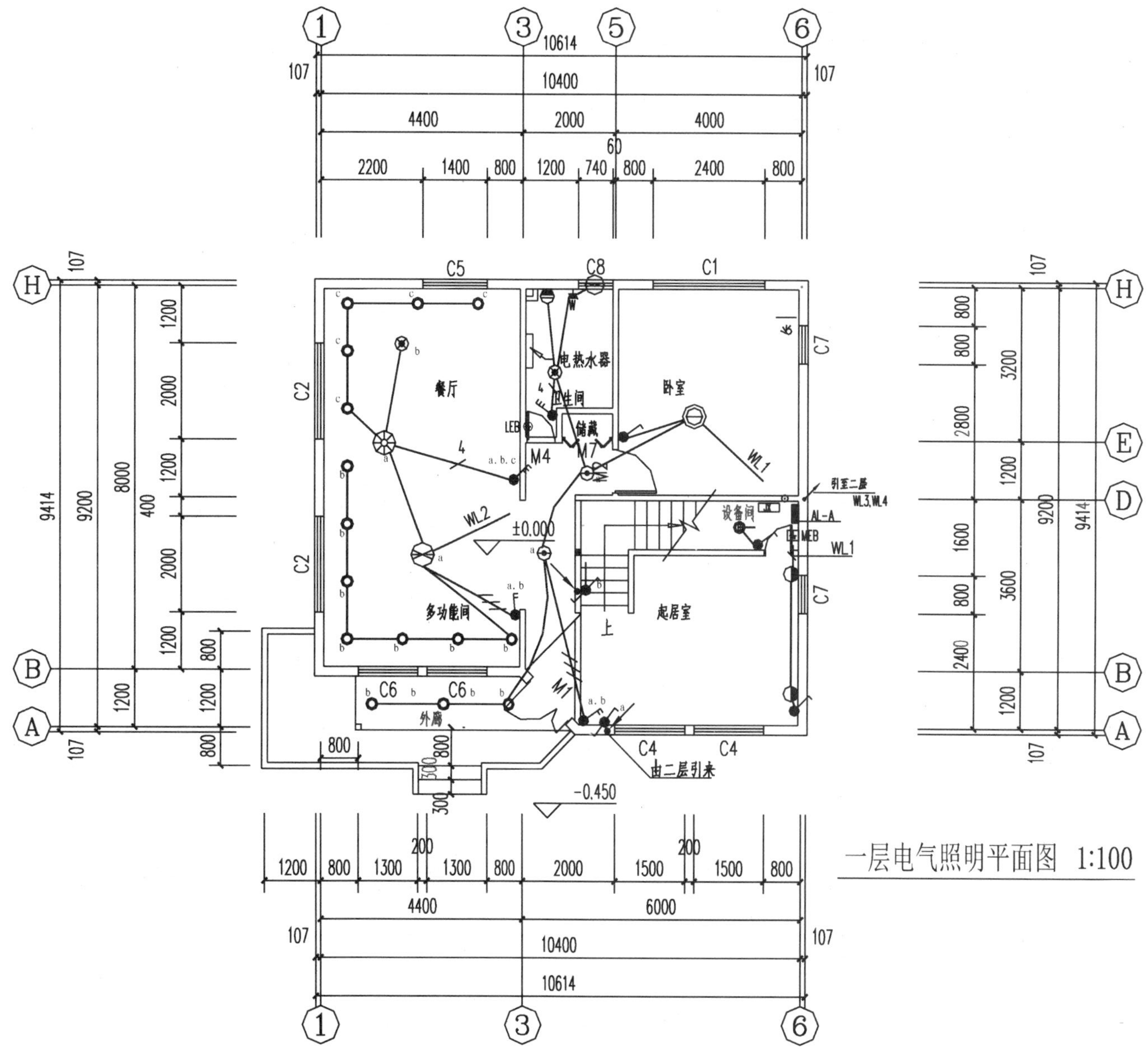

工程名称		一层电气照明平面图			设计号		比例	
项目名称	A型别墅				图别	电施	图号	D03
审定	设计	主持人	校对	专业负责人	审核人	日期		

附图 15 一层电气照明平面图

建筑		
结构		
给排		
暖通		
电气		

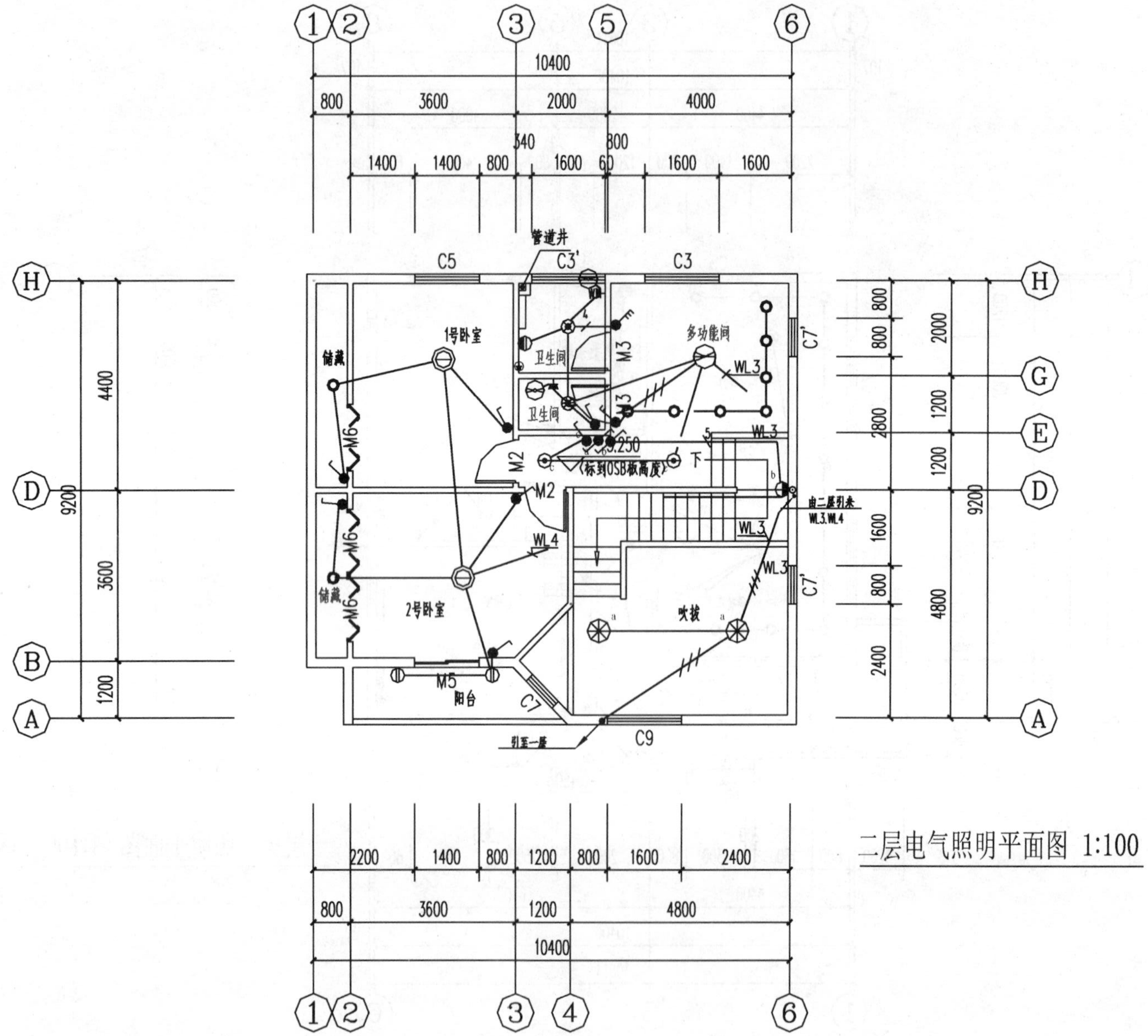

二层电气照明平面图 1:100

工程名称		二层电气照明平面图	设计号		比例	
项目名称	A型别墅		图别	电施	图号	D04
审定	设计 主持人	校对 专业负责人 审核人	日期			

附图 16　二层电气照明平面图

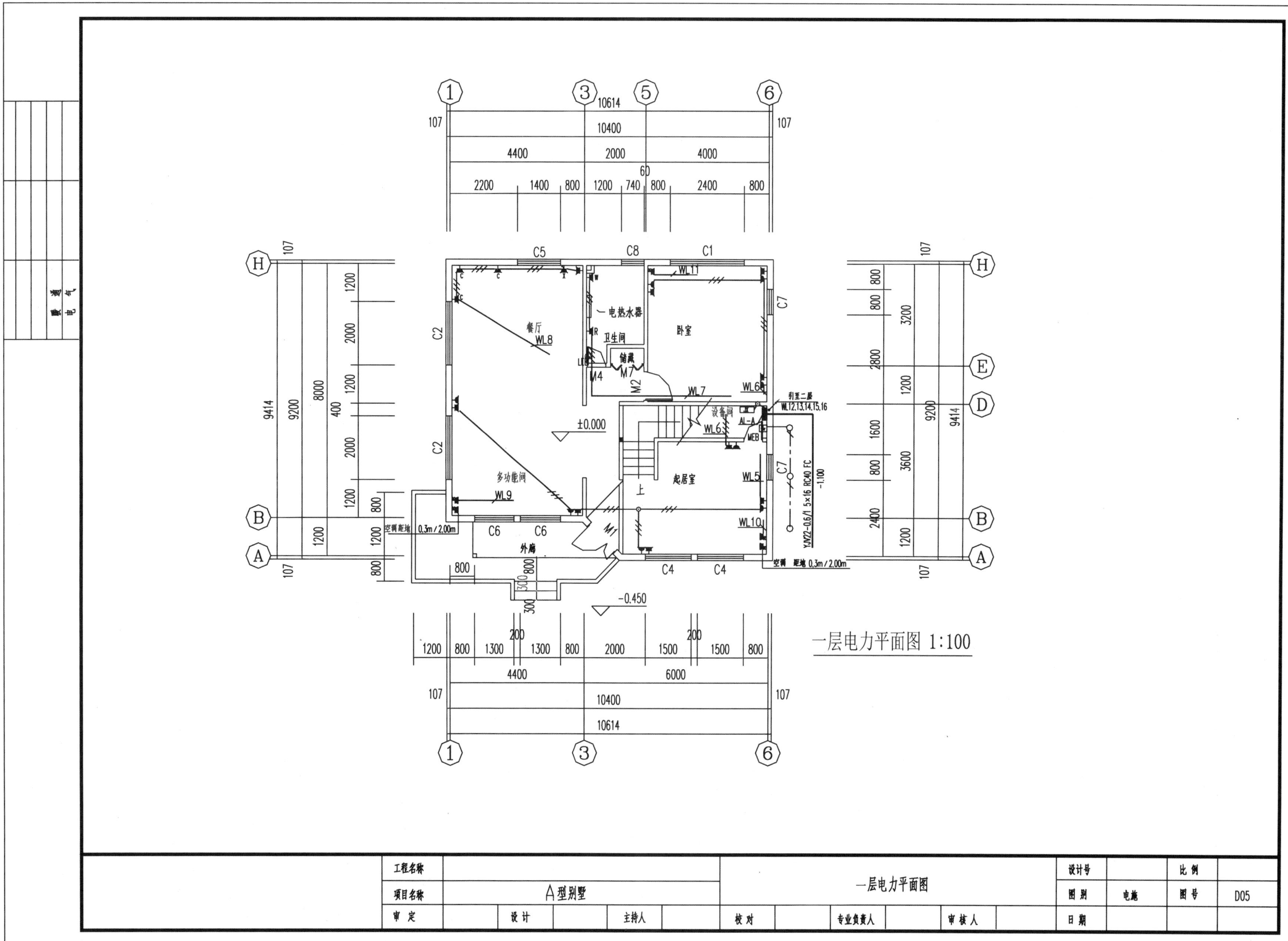

附图 17　一层电力平面图

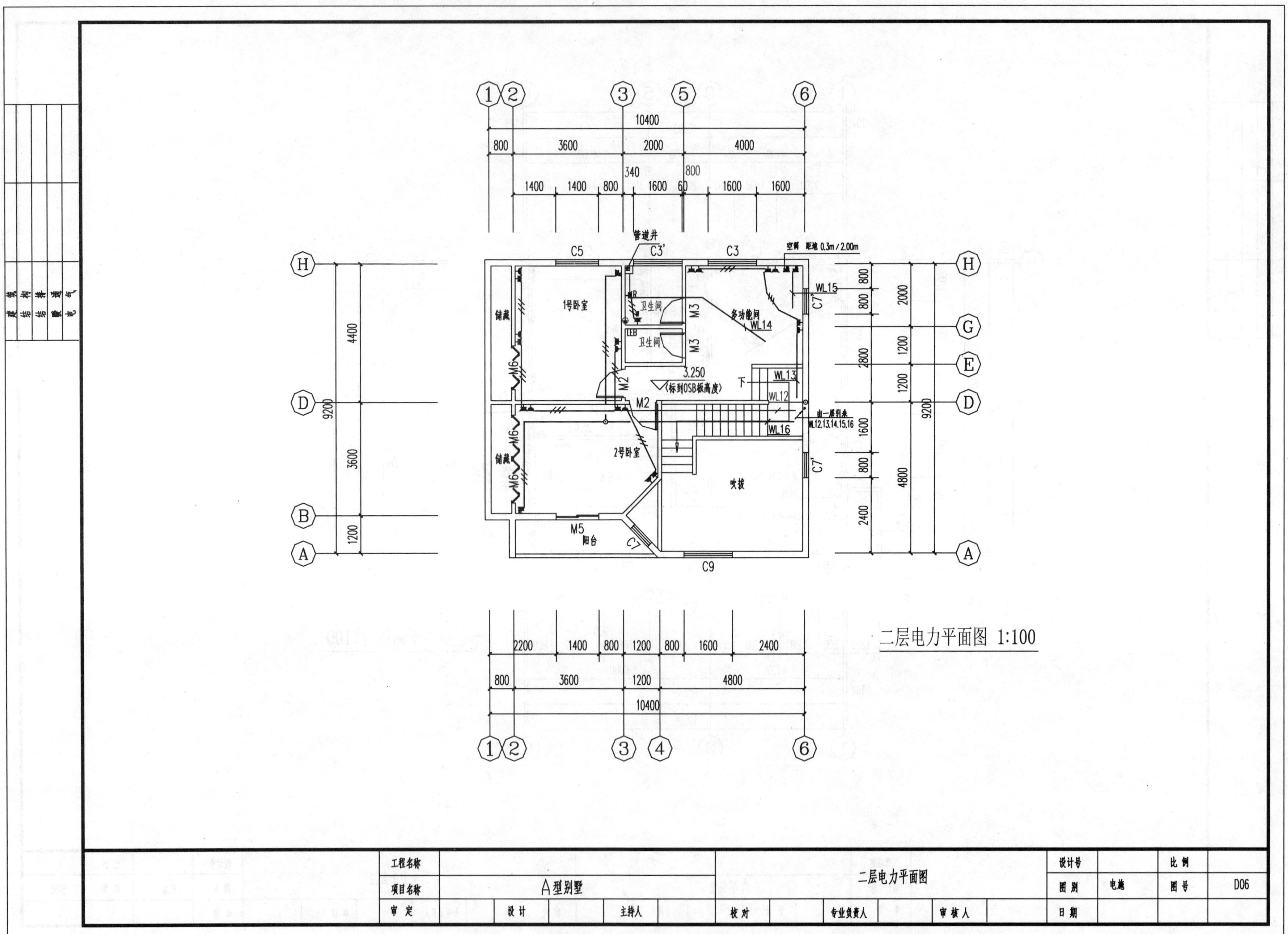

附图 18　二层电力平面图

设计施工说明

一、概述

本设计为鲁能光大重机工业园综合泵房设计。

二、设计依据

* 《建筑给水排水设计规范(2009年版)》(GB 50015—2003)
* 《建筑设计防火规范》(GB 50016—2006)
* 《高层民用建筑设计防火规范》(GB 50045—2005)
* 《泵站设计规范》
* 甲方提供设计任务书

三、给水加压系统

* 水源为市政自来水,经蓄水灭菌消毒后采用变频加压设备供水。
* 设计供能力最大为30L/s,与市政供水互为备用,联合供水。
* 室外自来水给水总管以综合管网为准,消火栓采用地上式消火栓。

四、室内消火栓加压系统

* 水源为市政自来水,经蓄水灭菌消毒后采用消防泵加压设备供水。
* 消防泵设计供水能力为30L/s,供水压力0.50MPa。
* 消防泵采用一用一备,与园区各消火栓远程联动启动供水。
* 消防泵电气控制有现场启动,消防联动,自动启动和远程启动功能。

五,自动喷淋加压系统:

* 水源为市政自来水,经蓄水灭菌消毒后采用消防泵加压设备供水。
* 喷淋加压泵设计供水能力为30L/s,供水压力0.65MPa。
* 喷淋加压泵采用一用一备,与园区各自动喷淋系统远程联动供水。
* 喷淋加压泵电气控制有现场启动,消防联动,自动启动和远程启动功能。

六、管材及连接方法

* 泵房内管采用无缝钢管,采用二次镀锌处理,符合《低中压锅炉用无缝钢管》(GB 3087—2008)的要求。
* 管道安装均采用法兰或丝扣连接。
* 水泵进出口均采用变径管及柔性接头与管道连接。

七、管道保温防腐与其他

* 各种管道设备及阀门法兰等附件均应进行保温。
* 管道及设备保温结构设计,应符合《设备及管道绝热技术通则》(GB/T 4272—2008)管道及设备保温技术的规定。
* 管道安装完毕后应刷银粉两道,保温材料采用难燃超细玻璃棉保温。
* 管道安装完毕后,必须进行强度和严密性试验,强度试验压力为工作压力的1.5倍;严密性试验压力为工作压力。
* 设备到货后与基础无误方可施工。
* 未尽事宜见相应施工及验收规范。
* 图纸有不明处及时和设计人员协商,见设计人员变更或图纸方可施工。

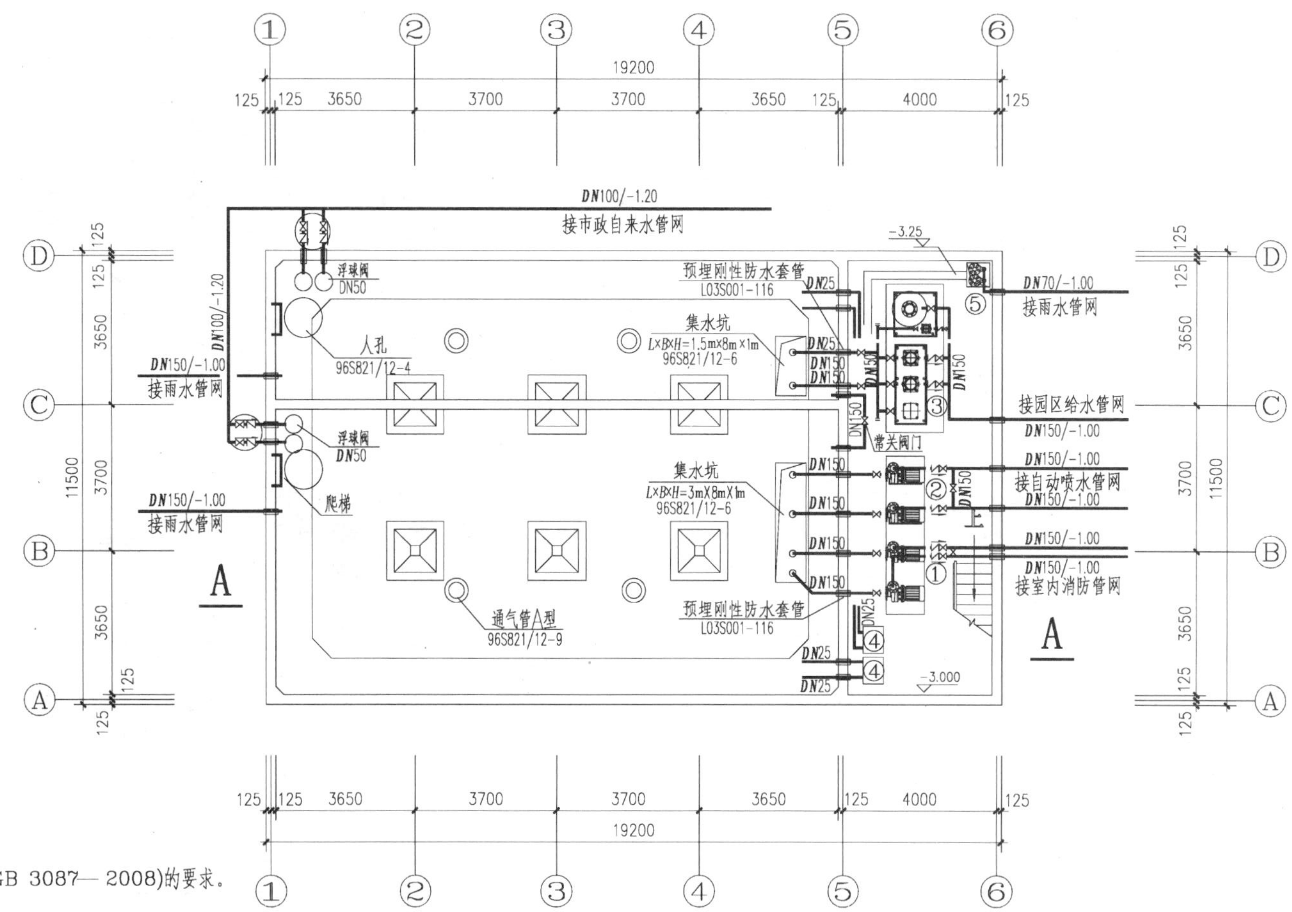

综合泵房设备管线布置图 1:100

	工程名称		审定		专业负责人		设计号	
	项目	综合泵房	院审核		校对		专业	水施
资质证书编号	设计施工说明 综合泵房设备管线布置图		所审核		设计		日期	
注册师印章编号			项目负责人		制图		第 1 张共 3 张	

附图 19　设计施工说明、综合泵房设备管线布置图

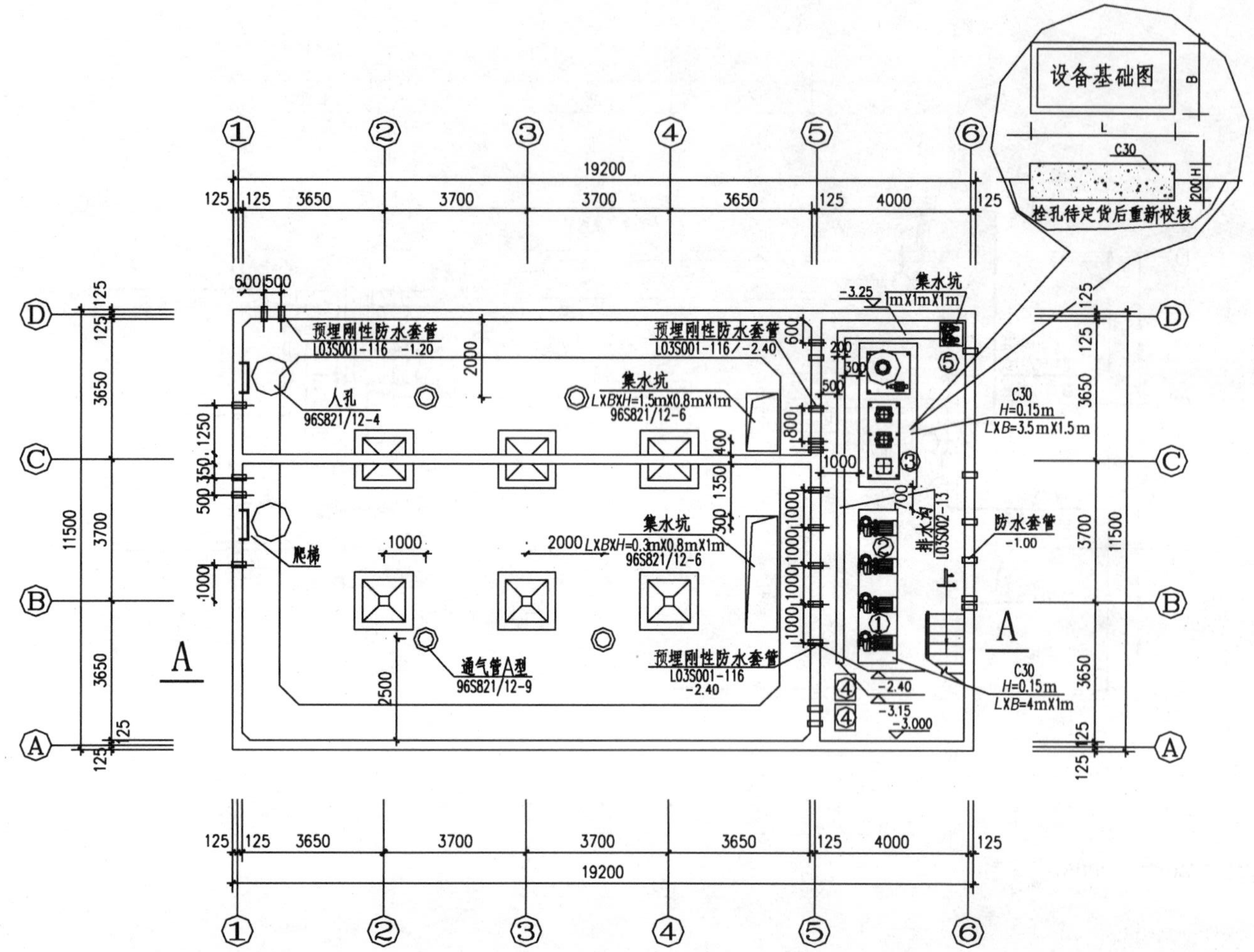

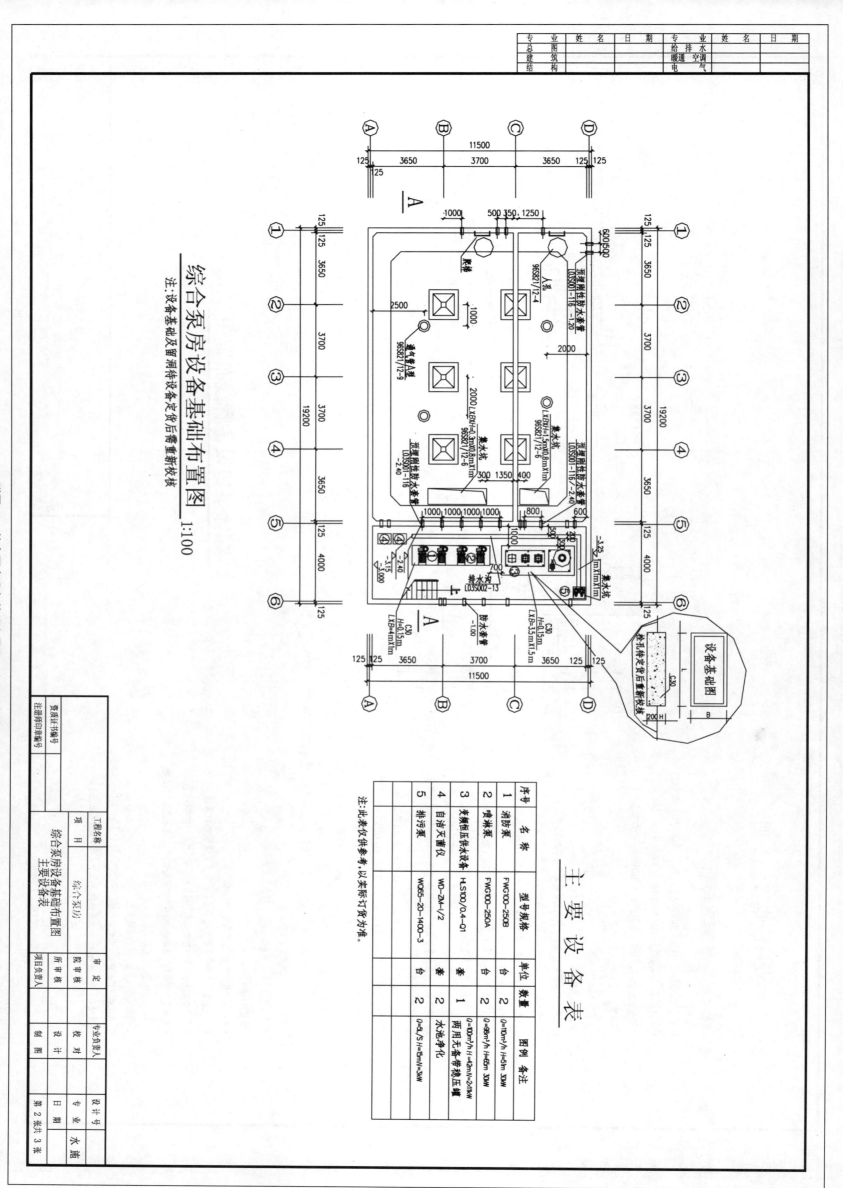

综合泵房设备基础布置图 1:100

注:设备基础及留洞待设备定货后需重新校核

主要设备表

序号	名 称	型号规格	单位	数量	图例 备注
1	消防泵	FWG100-250B	台	2	Q=110m³/h H=51m 30kW
2	喷淋泵	FWG100-250A	台	2	Q=98m³/h H=65m 30kW
3	变频恒压供水设备	HLS100/0.4-Q1	套	1	Q=100m³/h H=42m N=2×11kW 两用无备带稳压罐
4	自洁灭菌仪	WD-ZM-1/2	套	2	水池净化
5	排污泵	WQ65-20-1400-3	台	2	Q=5L/S H=15m N=3kW

注:此表仅供参考,以实际订货为准。

	工程名称		审 定		专业负责人	设计号	
	项 目	综合泵房	院审核		校 对	专 业	水施
资质证书编号	综合泵房设备基础布置图 主要设备表		所审核		设 计	日 期	
注册师印章编号			项目负责人		制 图	第 2 张共 3 张	

附图 20 综合泵房设备基础布置图、主要设备表

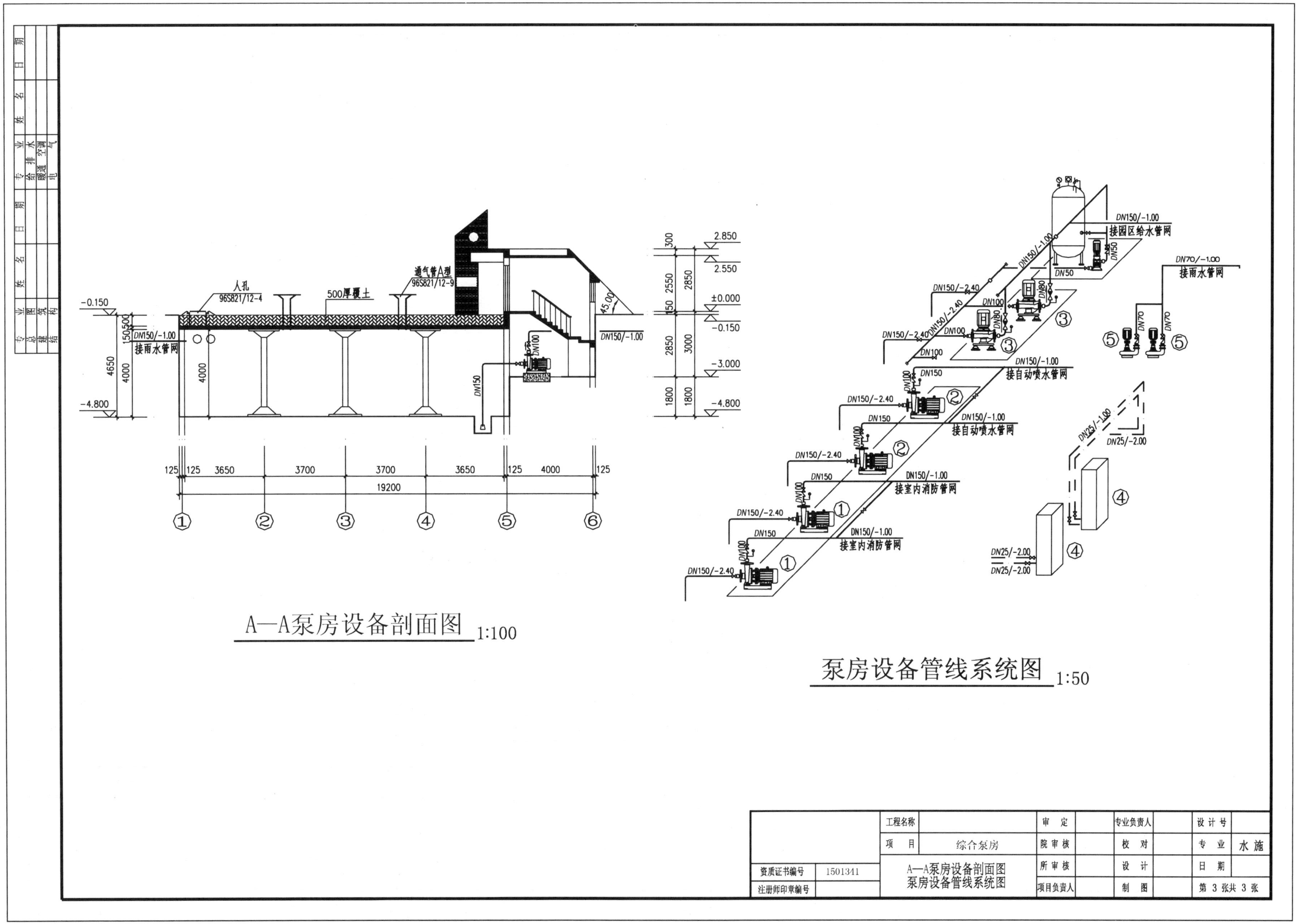

附图 21 A—A 泵房设备剖面图、泵房设备管线系统图

会签	总图	建筑	结构	给排水	暖通	电气

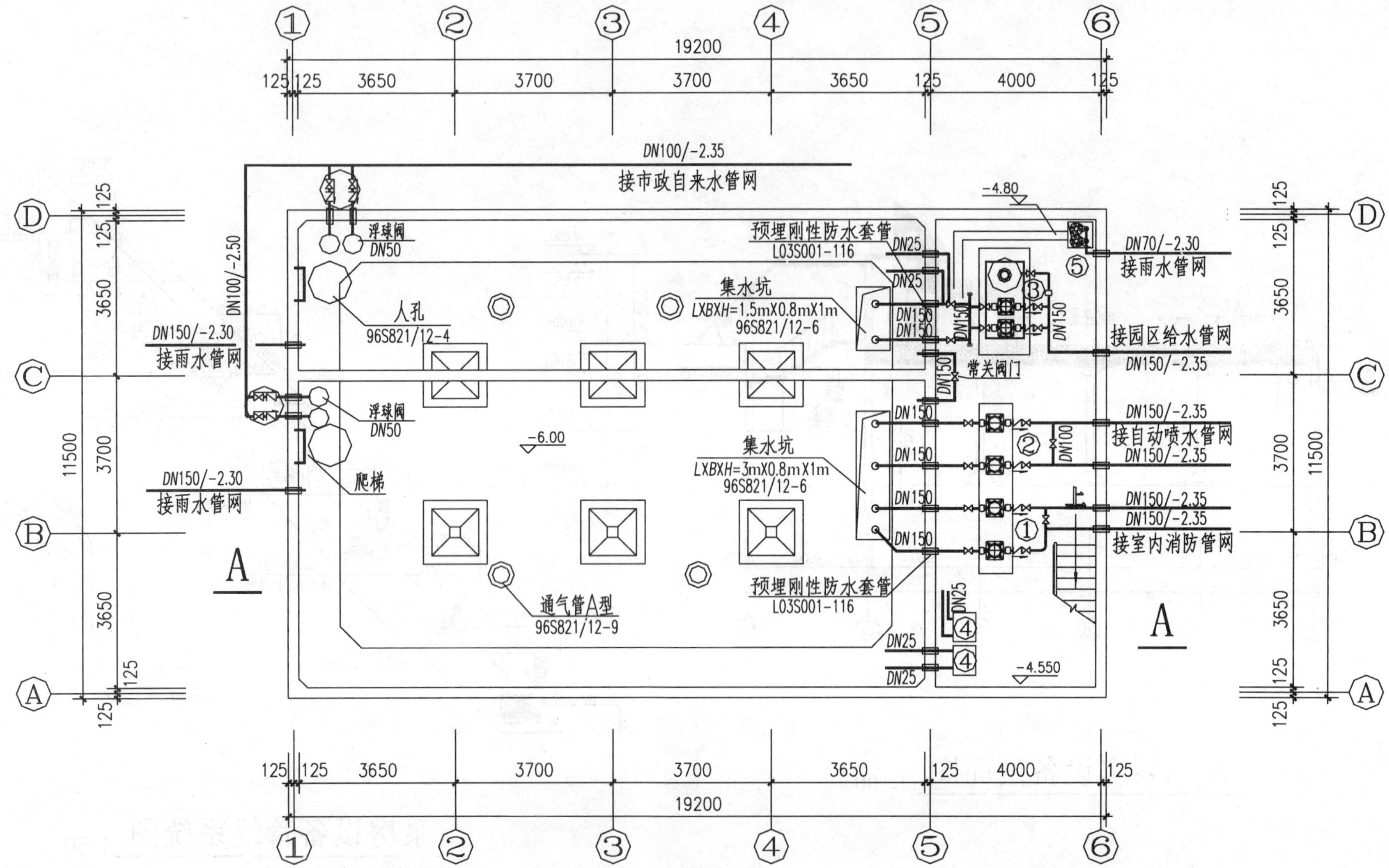

综合泵房设备管线布置图 1:100

(1) 本变更应建设单位场地要求及定货设备要求进行变更。

(2) 两溢水管及积水排水可考虑向北排。

(3) 系统管线标高参见平面施工。

	工程名称		审　定		专业负责人		设 计 号	
	项　目	综合泵房变更	院 审 核		校　对		专　业	水 施
资质证书编号	1501341	综合泵房设备管线布置图	所 审 核		设　计		日　期	
注册师印章编号			项目负责人		制　图		第 1 张共 3 张	

附图 22　综合泵房设备管线布置图

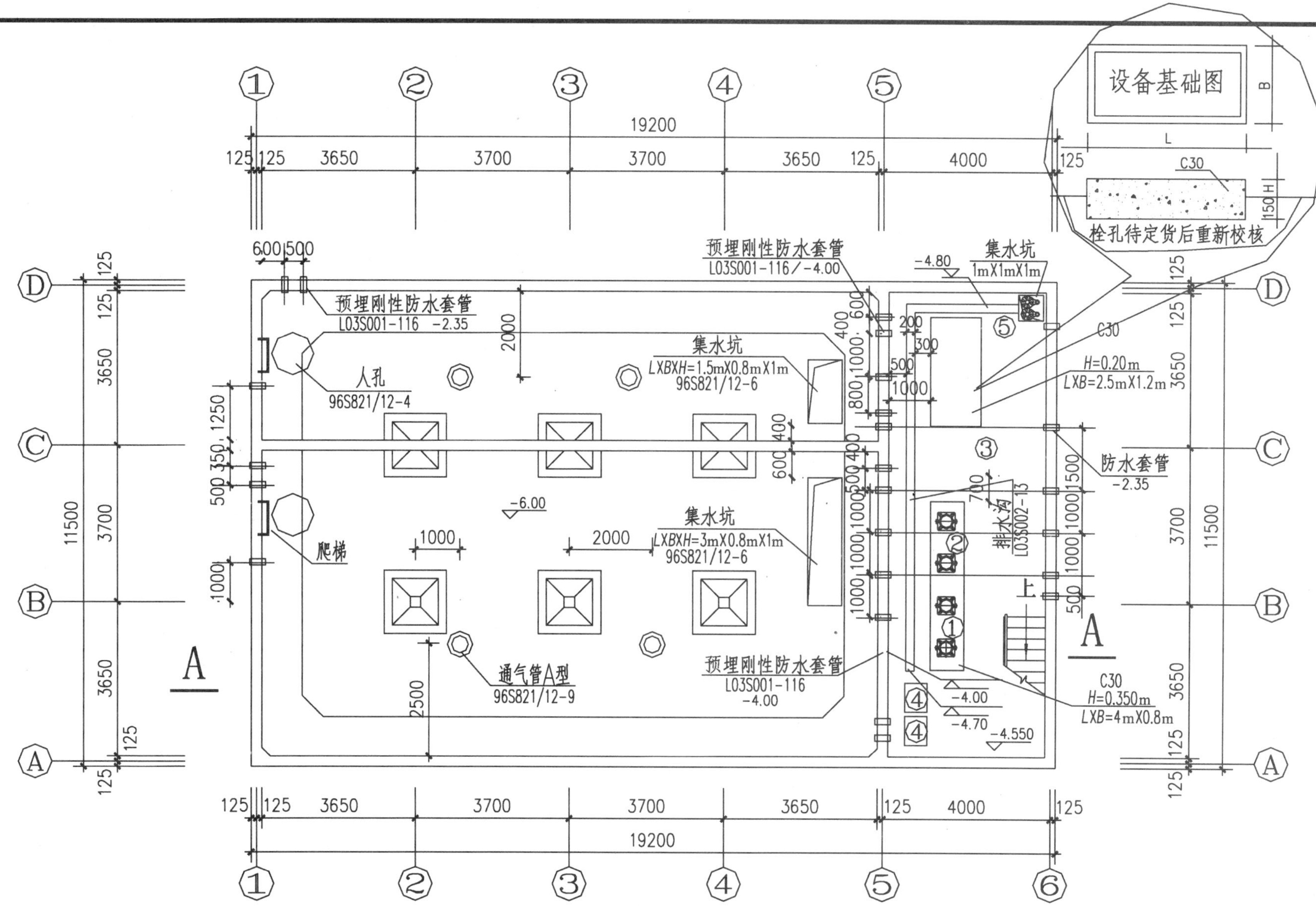

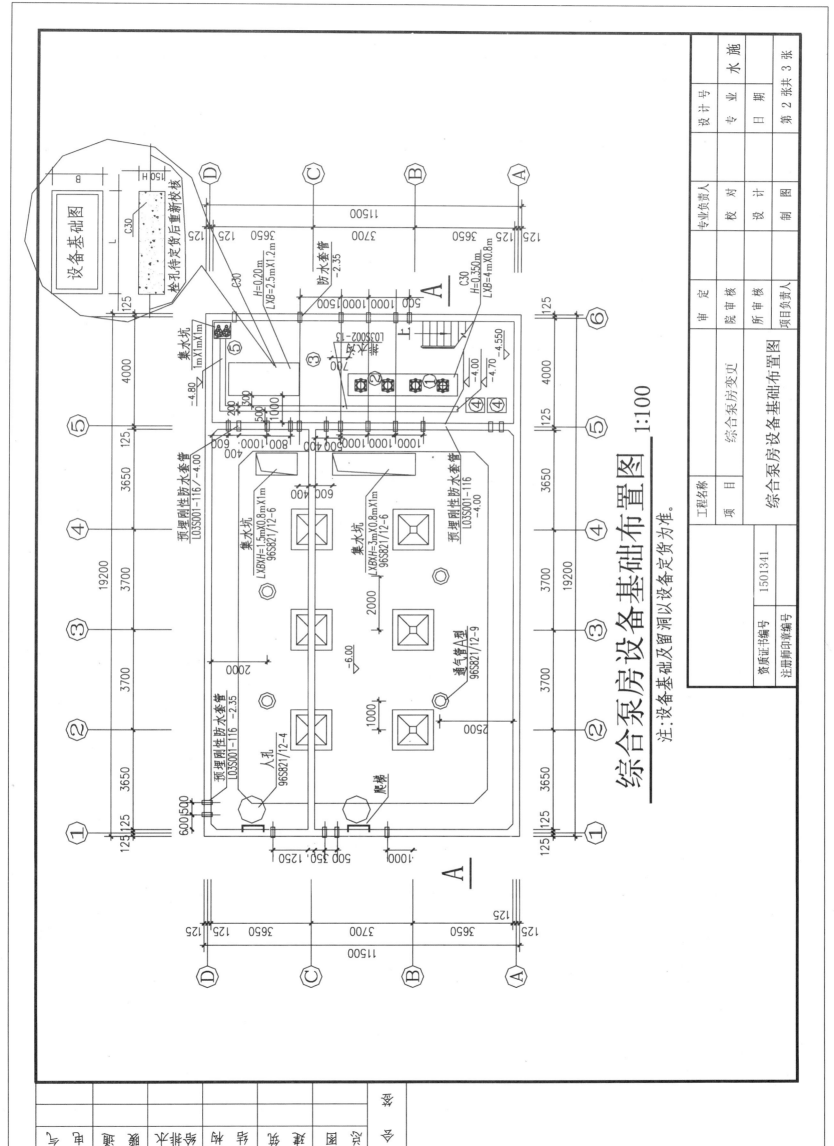

综合泵房设备基础布置图 1:100

注:设备基础及留洞以设备定货为准。

	工程名称		审　定		专业负责人	设 计 号	
	项　目	综合泵房变更	院 审 核		校　对	专　业	水 施
资质证书编号 1501341	综合泵房设备基础布置图		所 审 核		设　计	日　期	
注册师印章编号			项目负责人		制　图	第 2 张共 3 张	

会签	总图	建筑	结构	给排水	暖通	电气

附图 23　综合泵房设备基础布置图

会签	总图	建筑	结构	给排水	暖通	电气

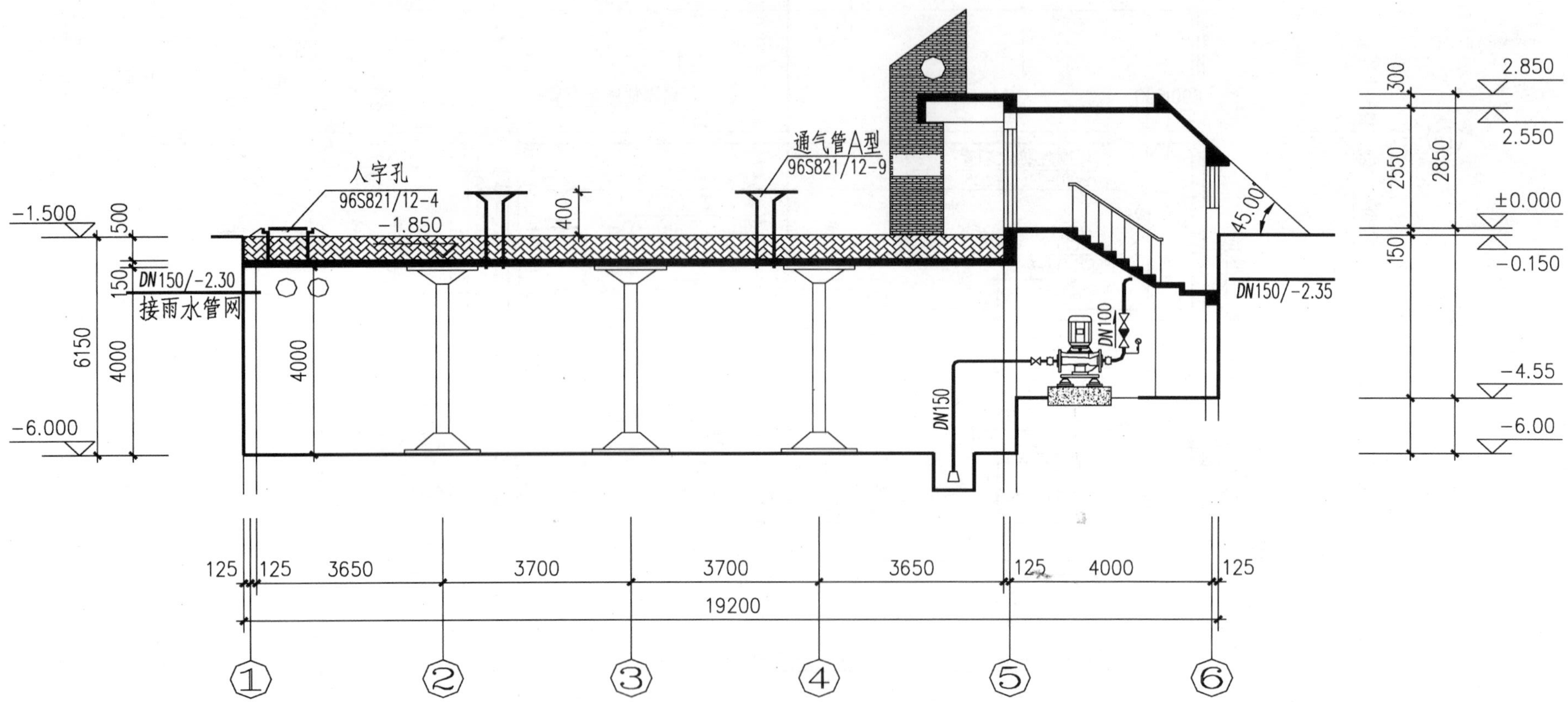

A—A泵房设备剖面图 1:100

	工程名称		审　定		专业负责人		设计号	
	项　目	综合泵房变更	院审核		校　对		专　业	水施
资质证书编号	A—A泵房设备剖面图		所审核		设　计		日　期	
注册师印章编号			项目负责人		制　图		第 3 张共 3 张	

附图 24　A—A 泵房设备剖面图

图 纸 目 录

工程名称			
项　目	幼儿园		
设计号		日　期	

图号	图纸内容	图幅	折合1号/张	图号	图纸内容	图幅	折合1号/张
设施1	设计施工总说明	A1	1				
设施2	一层采暖平面图	A1	1				
设施3	一层通风平面图	A1	1				
设施4	二层采暖通风平面图	A1	1				
设施5	三层采暖通风平面图	A1	1				
设施6	采暖系统展开原理图	A1	1				
设施7	一层给水排水平面图	A1	1				
设施8	二层给水排水平面图	A1	1				
设施9	三层给水排水平面图	A1	1				
设施10	给水排水系统图	A1	1				

选用标准图图号及名称	L03S001-004	建筑给水与排水设备安装图集	
	L02N907	集中采暖住宅分户热计量系统设计与安装	
	L06N902	采暖系统及散热器安装	

制表人		校对人	

附图 25　图纸目录

设计施工总说明

一、工程概况

1.本设计的设施部分幼儿园。

2.本工程建筑高度：13.05m 建筑面积2175.9m² 地上二层，局部三层。

二、设计依据

《民用建筑供暖通风与空气调节设计规范》(GB 50736—2012)，《建筑给水排水设计规范(2009年版)》(GB 50015—2003)，

《建筑设计防火规范》(GB 50016—2006)，《建筑灭火器配置设计规范》(GB 50140—2005)，

《室外给水设计规范》(GB 50013—2006)，《室外排水设计规范》(GB 50014—2006)，

《托儿所、幼儿园建筑设计规范》(JGJ 39—1987)，

《公共建筑节能设计标准》(GB 50189—2005)。

三、设计范围

本设计为设施部分，包括采暖、给水、排水、消防等内容。

四、采暖设计施工部分

1.设计参数：供暖室外计算温度-7℃，室内计算温度。

房间名称	活动室、寝室	办公室	洗衣房	厨房	卫生间
室内计算温度	20℃	20℃	18℃	16℃	22℃

2.围护结构设计传热系数具体详节能设计说明部分。

3.设计施工部分。

(1) 供暖热媒采用80/60°C热水，由换热站供应，供暖入口处设置系统入口装置（设置总热量表），安装方法详见L90N91-2。

(2) 本工程经详细热负荷计算（计算书存档，备查），供暖总热负荷为113kW。采暖热负荷指标 52W/m²。

(3) 系统工作压力为0.40MPa。

(4) 散热器选用内腔无粘砂型TZY2-100/5-8灰铸铁柱翼型散热器，80/60°C 工作温度下散热量为95W；散热器表面应在除锈后刷防锈底漆两遍，干燥后再刷非金属面漆两遍。

(5) 采暖系统：为下供下回双管系统，供回水干管均敷设在地沟内。

(6) 采暖管道采用热镀锌钢管，丝接。

(7) 除注明外，接散热器的供回水支管管径均为DN20，散热器之间的串联管管径为DN32。

(8) 阀门：散热器支管上、自动排气阀前采用铜球阀，采暖分支路、立管上采用铸铜调节阀。

(9) 所有阀门的位置，应设置在便于操作与维修的部位，立管上、下部的阀门务必安装在平顶下和地面上便于操作和维修处。

(10) 供水干管穿梁处予埋套管，管径比供水管径大二号，明敷回水干管和连接散热器的水平支管，遇到凸出墙面的柱子时，应绕柱安装。

(11) 每组散热器均安装手动跑风阀Ø8该阀的位置应设于散热器的上部。

(12) 管道系统的最低点应配置DN25泄水管并安装同口径闸阀或球阀，管道系统的最高点应配置DN15ZP-I型自动排气阀。

(13) 地沟内及穿过不采暖房间或吊顶内的管道应采用离心玻璃棉保温，保温层厚度为DN20～50或者50mm DN70～DN150或者60mm，保温层外都做PAP保护层，做法参见国标87R411。

(14) 采暖管道穿越变形缝处设不锈钢软管，穿越地下室外墙处均设刚性防水套管，套管做法详见省标L03S001-116、117。

(15) 管道上必须配置必要的支、吊、托架，具体形式由安装单位根据现场实际情况确定，做法参见国标。

(16) 油漆：油漆前先清除金属表面的铁锈，对于保温管道，刷防锈底漆两遍；非保温管道，刷防锈底漆两遍，耐热色漆两遍，耐热色漆两遍，色漆染色一般应与室内墙壁一致。

(17) 冲洗：供暖系统安装竣工并经试压合格后，应对系统反复注水、排水，直至排出不含泥砂铁屑等杂质，且水色不浑浊方为合格。

(18) 试压：采暖系统安装完后，应在隔断锅炉和膨胀定压装置对系统排气后，进行水压试验，以十分钟压力降不大于0.02MPa 为合格试验压力为0.60MPa，试压点为系统最低点。

(19) 采暖热水阀门过滤器仪表管材及附件承压为1.00MPa。

(20) 其他各项施工要求，应严格遵守《建筑给水排水及采暖工程施工质量验收规范》(GB 50242—2002)的有关规定。

五、节能设计部分

1.本工程按照建筑专业提供的围护结构传热系数进行热负荷计算，该建筑热工设计符合山东省建筑节能标准要求。

2.采暖系统采用集中热水供给，供暖入口处设置热量表。

3.每组散热器供回水支管上设调节性能可靠的手动调节铜球阀。

4.散热器采用上进下出、同侧连接的明装（挂装）方式，其外表面涂刷非金属性涂料。

地沟内及穿过不采暖房间或吊顶内的管道应采用离心玻璃棉保温，保温层厚度为DN20～50或者50mm；DN70～150或者60mm。满足《公共建筑节能设计标准》附表C.0.1的节能要求。

六、通风工程

1.厨房部分。

(1) 厨房加工间炉灶上部设运水型排烟罩（安装调试由专业公司负责，运水型烟罩控制柜补水管可现场烟气(连接)经排烟罩、水平风道、厨房排油烟风机（电机外置式）、竖向风道排至厨房屋顶。

(2) 排气罩排风管均由1.5mm厚不锈钢板制做排风管，内V≥10m/S按向排气罩≥0.05。

(3) 水平风道与竖向风道连接处均设排烟防火阀(150℃)。

(4) 排气罩排风管系统应定期清洗。

2.其他。

(1) 餐厅、仓库、无外窗卫生间等房间设机械排风系统，排风量由轴流风机、换气扇负担。

(2) 消防时自动关闭与消防无关的通风设备。

七、给排水设计部分

1.设计依据。

(1)《建筑给水排水设计规范》(GB 50015—2003)。

(2)《建筑设计防火规范》(GB 50016—2006)。

(3)《建筑灭火器配置设计规范》(GB 50140—2005)。

(4)《幼儿园建筑设计规范》(JGJ 39—1987)。

(5) 建设单位提供的设计要求，建筑专业提供的设计条件图。

2.给水、消防。

(1) 生活给水由室外管网直接供给，最高日生活用水量为26m³/d，系统所需水压为0.30MPa。

(2) 所有冷水给水管均采用丙烯酸共聚聚氯乙烯（AGR）管，专用胶水粘接；管材规格详见下表。

公称直径	DN15	DN20	DN25	DN32	DN40	DN50	DN70	DN80	DN100
钢管	DN15	DN20	DN25	DN32	DN40	DN50	DN70	DN80	DN100
塑料管	De20	De25	De32	De40	De50	De63	De75	De90	De110

(3) 当室外给水管网压力大于0.35MPa时，入口设弹簧膜片式减压阀，阀后压力为0.35MPa。

(4) 室内消火栓用水量10L/s，室外20L/s；系统所需水压为0.35MPa，消火栓充实水柱为7m，消火栓栓口阀门DN65，水枪口径Ø19，水龙带长25m；消防管采用镀锌钢管，丝口连接。

(5) 消火栓箱尺寸为1600×700×240，箱体下部均设置2具MF/ABC5磷酸铵盐灭火器。

(6) 室内消防给水接自小区消防管网，室内消防给水系统利用高层屋顶消防水箱提供前十分钟用水量。

3.排水。

(1) 本工程最高日生活排水量为20m³/d，污、废水采用合流制。污废水重力自流排入室外污水管，污水经化粪池处理后，排入小区污水管网。

(2) 排水立管每层设一伸缩节，横支管至立管的直线管段超过 2m时，横支管上设伸缩节。

(3) 排水管坡度均采用标准坡度，排水管设伸顶通气管；地漏水封深度要求不小于50mm。

(4) 管材：室外为釉面陶土管，室内排水管，伸顶通气管为机制铸铁管。

(5) 室外排水管基础做法详见L03S002-33，根据地质勘探情况确定选用。

4.其他。

(1) 本图除标高以米计外，其余皆以毫米计。

(2) 排水管标高为管内底标高，给水管标高为管中心标高。

(3) 防腐，明设：镀锌钢管外刷银粉漆二道，铸铁管外刷防锈漆一道，灰色调和漆二道。暗设：埋地镀锌钢管 铸铁管外刷热沥青二道。

(4) 管道连接：给水塑料管专用胶水粘接，镀锌管丝扣连接，衬塑钢管卡环式连接，排水塑料管粘接。

(5) 阀门：小于等于Ø40者采用铜球阀，大于Ø40者采用铸钢闸阀，消防管道采用双向型蝶阀，公称压力均为1.6MPa。

(6) 保温：敷设在地沟，楼梯间，不采暖房间的供水消防管道及水箱等设备均按 L90N95-6 进行保温

(7) 试压：管道安装完毕，给水应根据建筑给水排水及采暖工程施工质量验收规范做压力试验，排水应做闭水试验。

(8) 留洞：管道穿墙、楼板、基础等应预留孔洞，管道穿梁应预埋套管，管径比穿管大二号，给水管道穿地下室外墙，水池壁设防水套管，安装详见L01S102-46，其他设防护套管，内填弹性材料。

(9) 其他施工要求，严格遵守《建筑给水排水及采暖工程施工质量验收规范》(GBJ 50242—2002)及《建筑给水排水设备安装图集》(L03S001,002,003,004)。

图　例

序号	图例	名称	DBJT14-4 图集	L03S001-004 图集	备注
		甲型消火栓		L03S004-26	
		延时自闭阀			
		闸阀			
		地漏		LS06-18	DN75
		清扫口		LS04-89	
		给水管			
		排水管			
	—XF—	消防管			

		工程名称		审定		专业负责人		设计号
		项目	幼儿园	院审核		校对		专业
资质证书编号		设计施工总说明		所审核		设计		日期
注册师印章编号				项目负责人		制图		第 1 张共 10 张

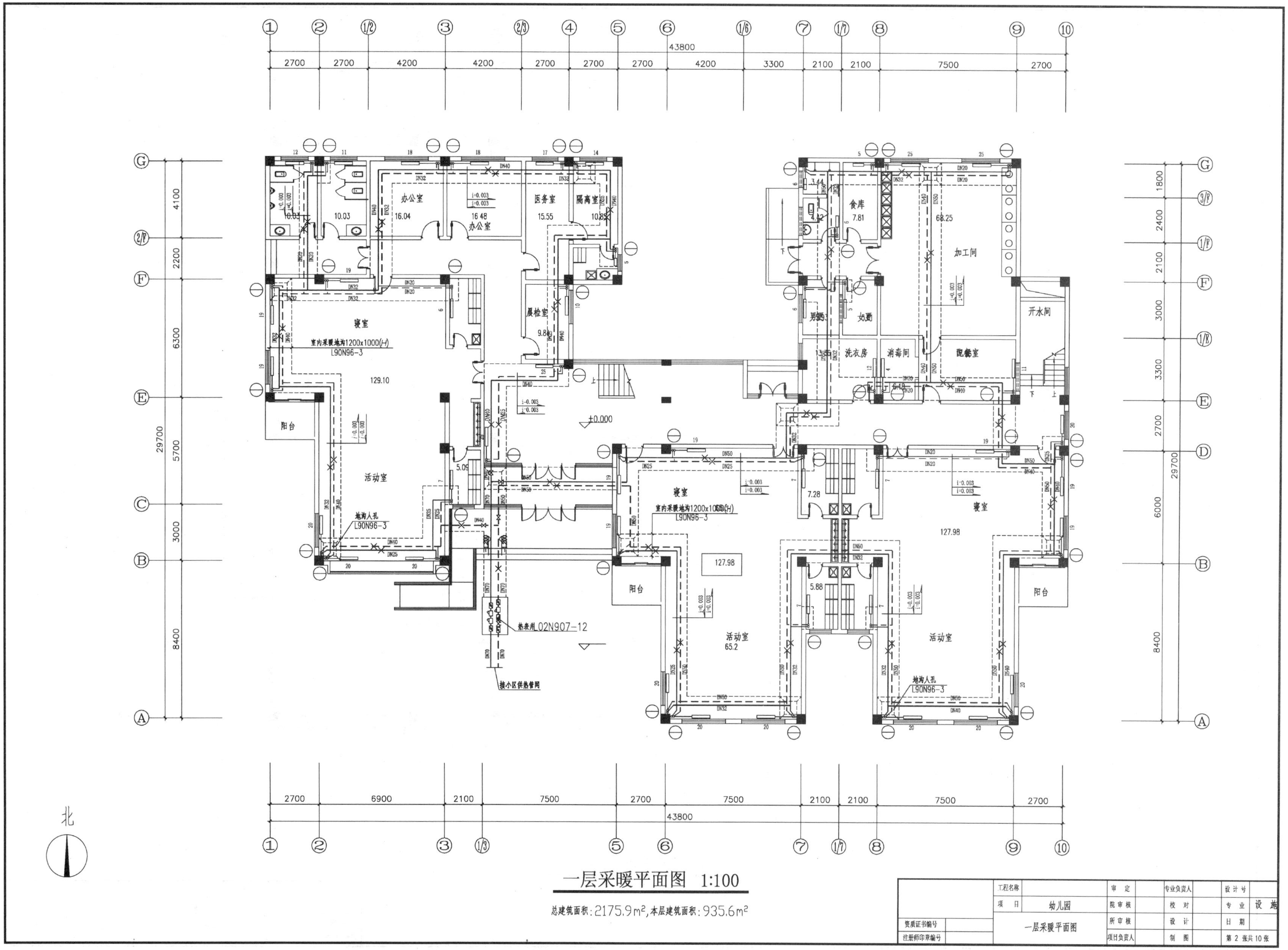

附图 27　一层采暖平面图

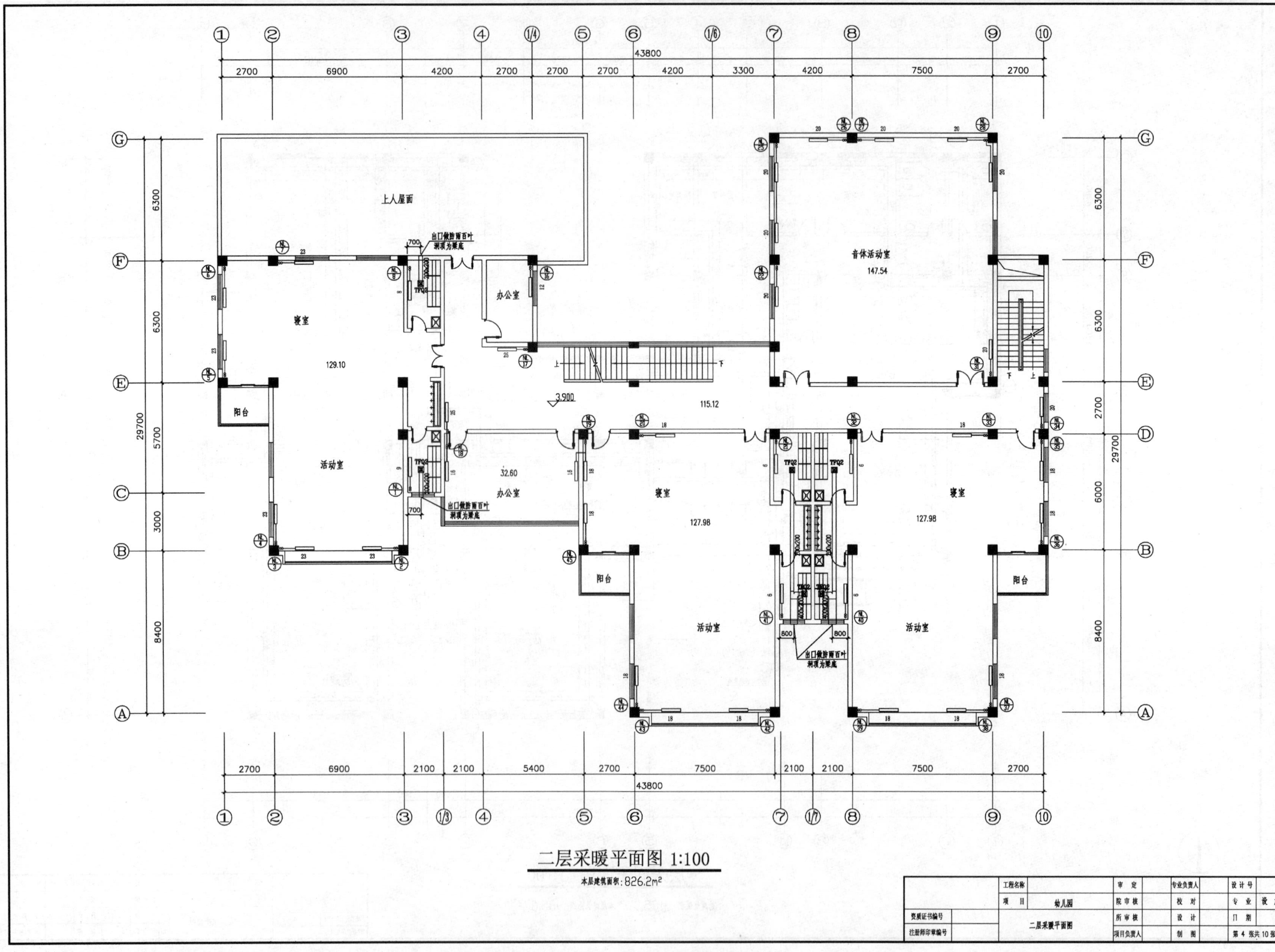

附图 28　二层采暖通风平面图

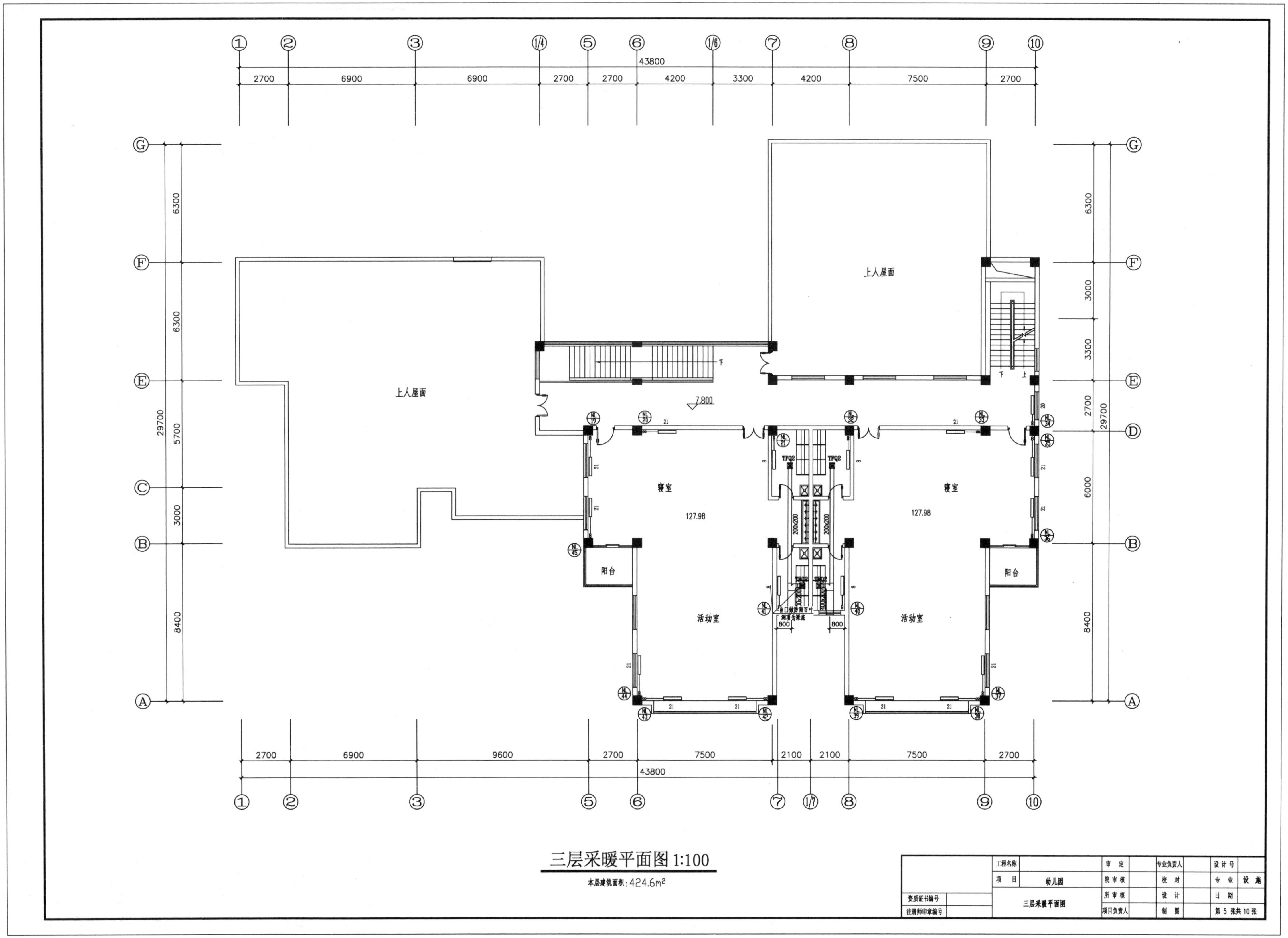

附图 29 三层采暖通风平面图

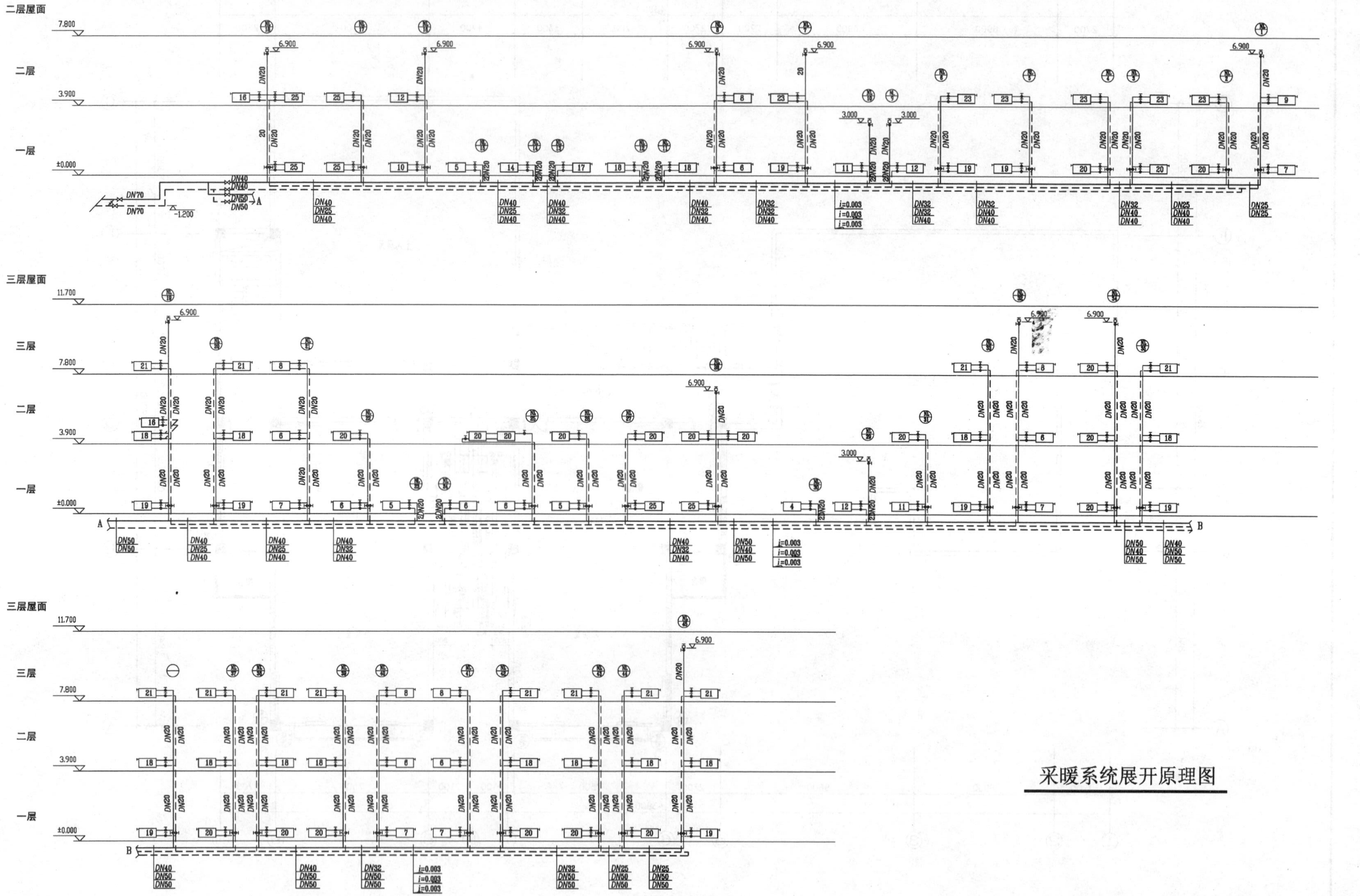

	工程名称		审 定	专业负责人	设计号
	项 目	幼儿园	院审核	校 对	专 业 设 施
资质证书编号	采暖系统展开原理图		所审核	设 计	日 期
注册师印章编号			项目负责人	制 图	第 6 张共 10 张

附图 30　采暖系统展开原理图

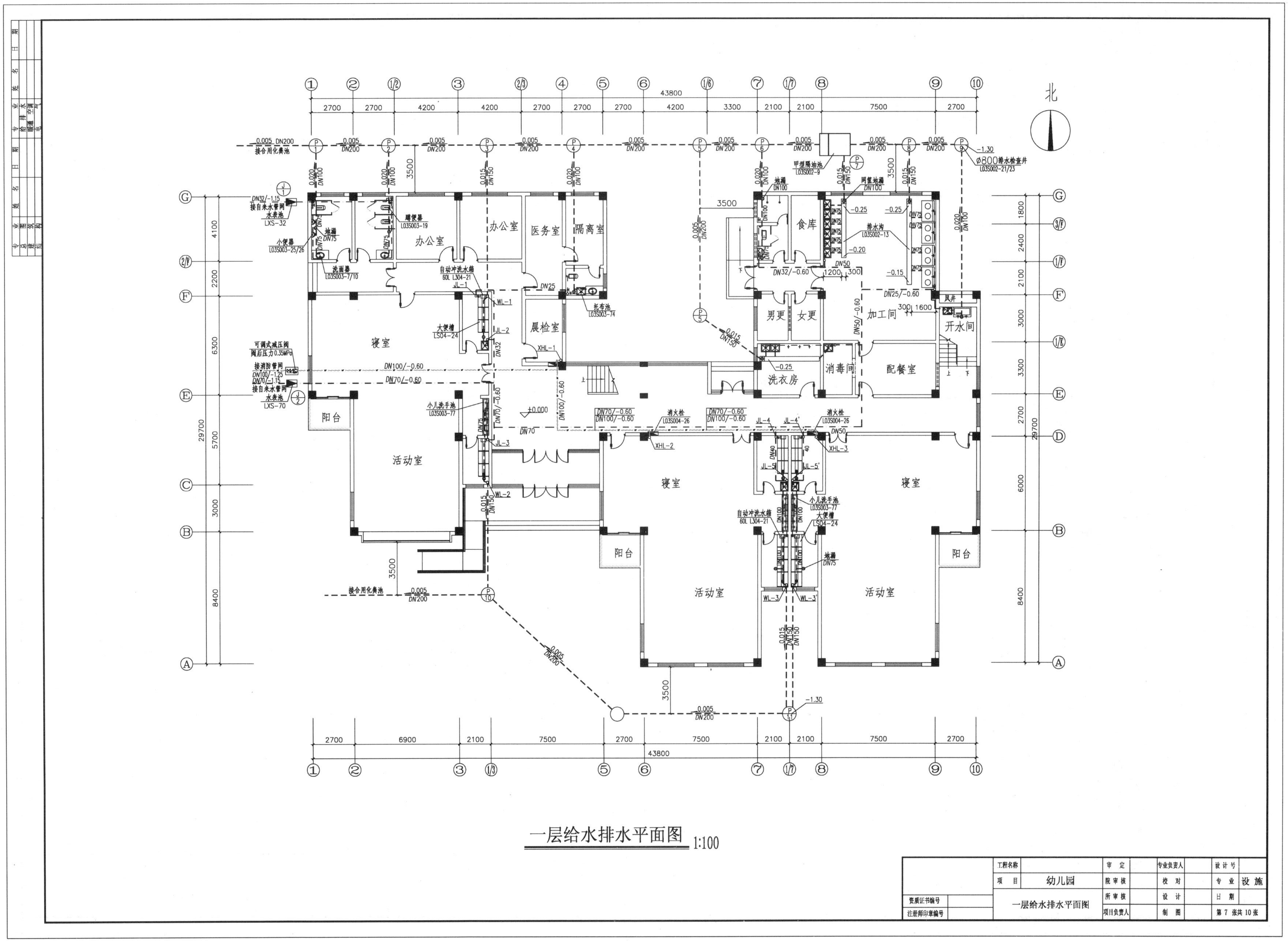

附图 31　一层给水排水平面图

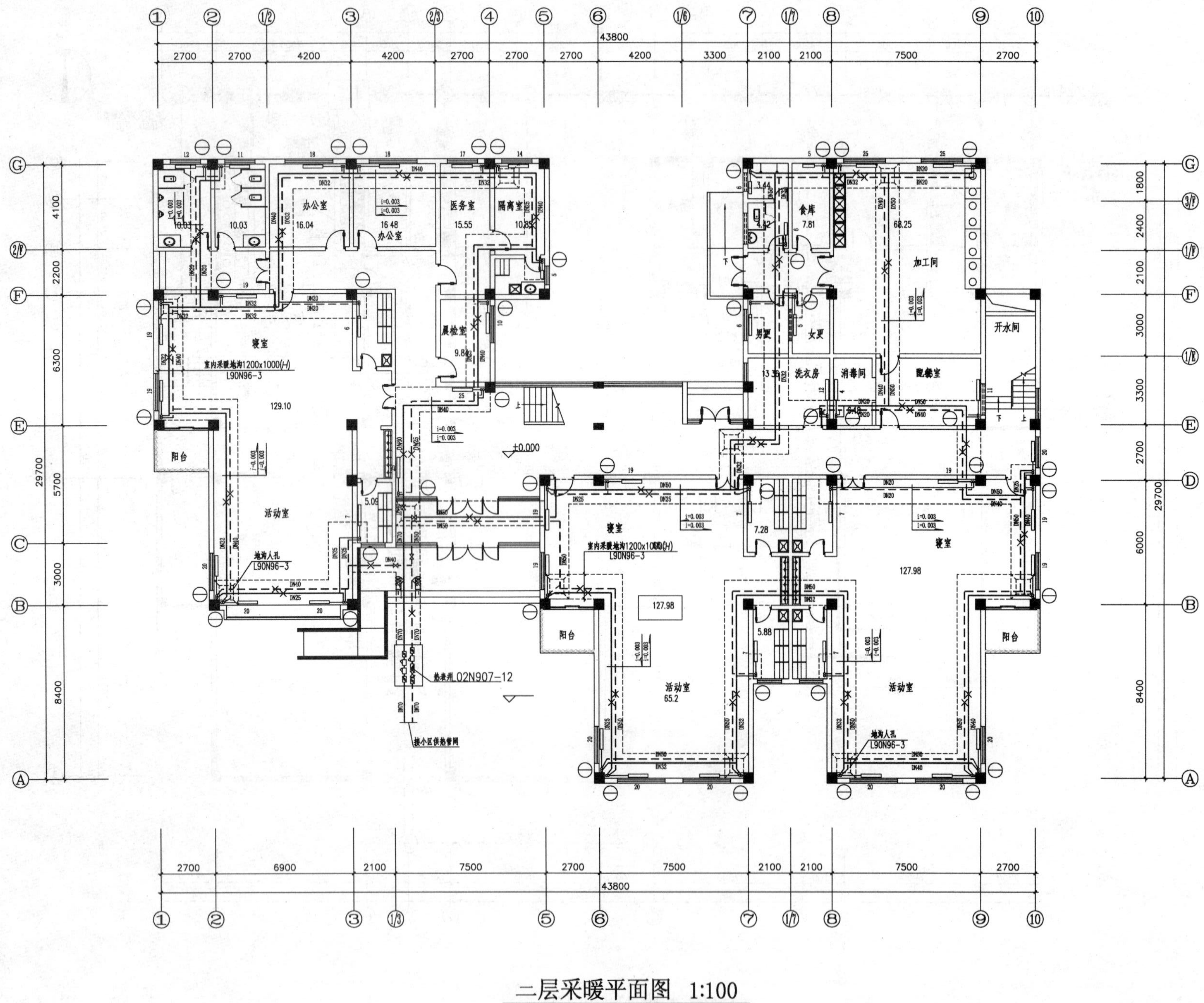

二层采暖平面图 1:100

总建筑面积：2175.9m²，本层建筑面积：935.6m²

	工程名称		审定		专业负责人		设计号
	项目	幼儿园	院审核		校对		专业 设施
资质证书编号	二层采暖平面图		所审核		设计		日期
注册师印章编号			项目负责人		制图		第 2 张共 10 张

附图 32　二层给水排水平面图

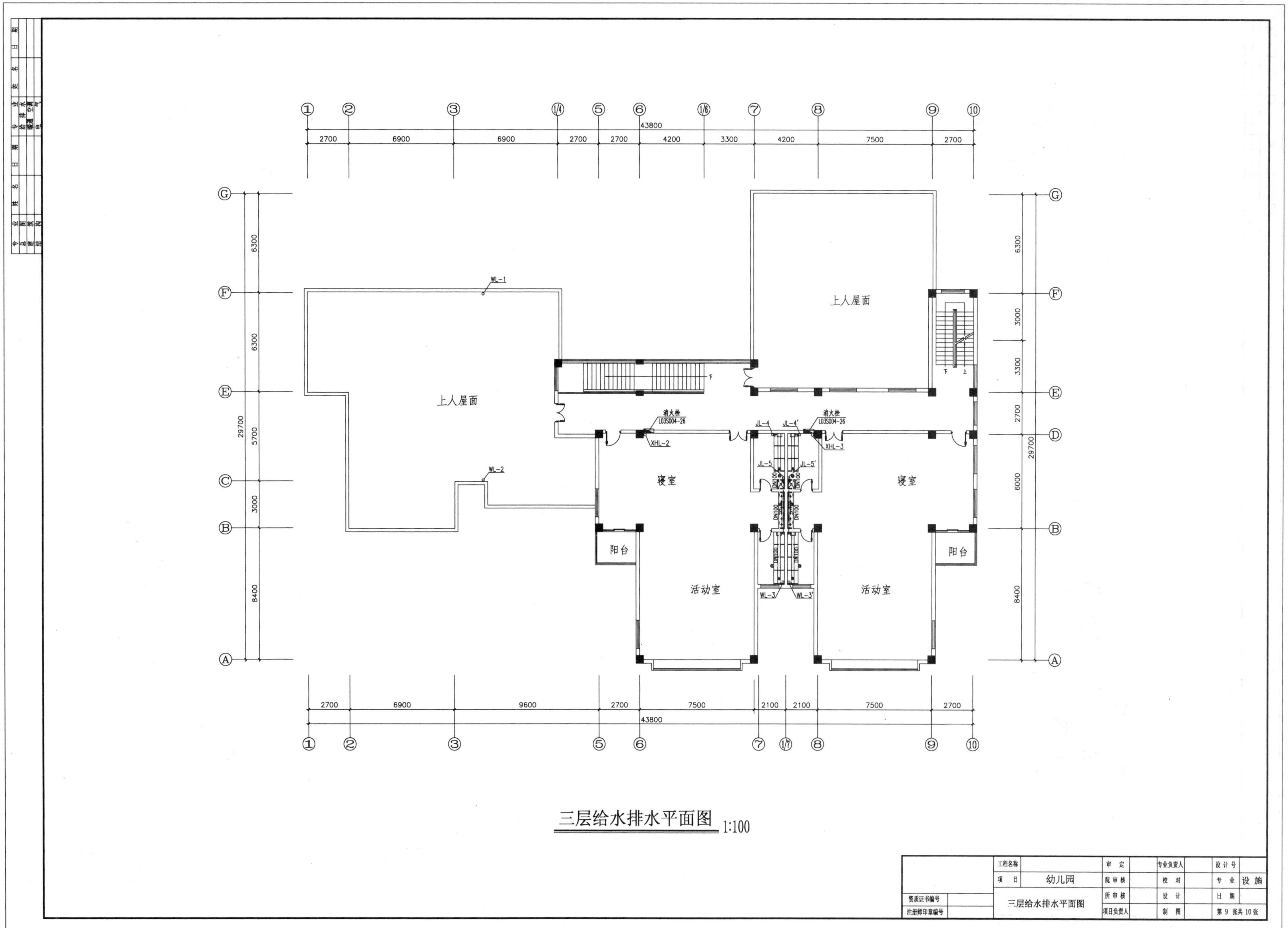

附图 33　三层给水排水平面图

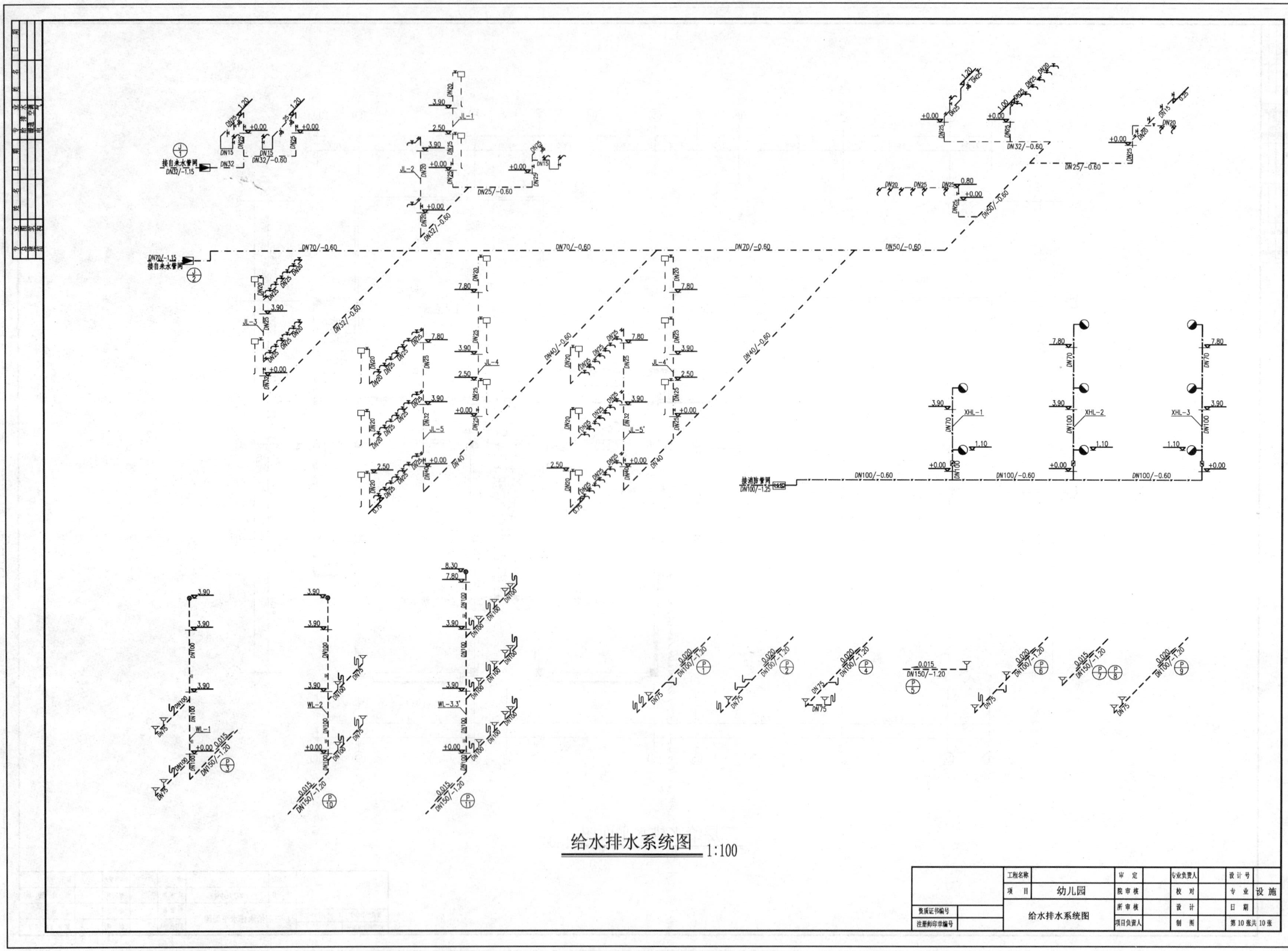

附图 34 给水排水系统图

图 纸 目 录

工程名称 国税大楼

工程代号　　　　　　　　年　　月　　日

项目		国税大楼	面积	$8390m^2$	
图别	图号	图样名称	图纸开幅	设计人	备注
水施	1	给排水设计说明及主要设备材料表	A1		
水施	2	地下一层给排水消防平面图	A1		
水施	3	一层给排水消防平面图	A1		
水施	4	二层给排水消防平面图	A1		
水施	5	三层给排水消防平面图	A1		
水施	6	四至七层给排水消防平面图	A1		
水施	7	八至九层给排水消防平面图	A1		
水施	8	十至十二层给排水消防平面图	A1		
水施	9	十三层及机房层给排水消防平面图	A1		
水施	10	给水系统图(1)	A1		
水施	11	给水系统图(2)及消防水箱大样图	A2		
水施	12	排水系统图	A1		
水施	13	消防系统图	A1		
水施	14	末端试水装置示意图及喷淋干管系统图	A1		
水施	15	雨水系统图(1)	A1		
水施	16	雨水系统图(2)及电梯底坑和集水坑1、2排水大样图	A2		
水施	17	地下一层发电机房水喷雾平面及系统图	A2		
水施	18	水泵房大样图	A3		

设计部门	一分院	设总		目录编号	

附图 35　图纸目录

建筑		暖通	
结构		电气	
给排水		预算	

给排水设计总说明

一、概况

本工程建筑面积为 8390m²，建筑物总高度为：52.80m，地下一层为设备用房（发电机房、冷暖机房等），一层为办税营业厅和大楼入口大厅及消防控制室，二层裙房部分为大会议室，主楼部分为办公室，三层至十三层为办公区，十四层为机房层。

二、设计依据

《高层民用建筑设计防火规范》（GB 50045—2005），《建筑给水排水设计规范》（GB 50015—2003），《自动喷水灭火系统设计规范》（GB 50084—2001），《建筑灭火器配置设计规范》（GB 50140—2005），建筑给水排水设计手册。

三、生活给水系统

1.用水量标准。

办公用水量标准50 L/人 班。

最高日用水量20 m³；最大时用水量：5 m³。

2.本建筑物生活和消防水源来自市政管网，供水竖向分为两个区，六至顶层为上区用水，由屋顶生活水箱供水。地下一层至五层为下区用水，由市政管网直供。生活水泵房设于室外。

3.市政管网供水压力：0.35MPa（甲方提供资料）。

四、排水系统

1.排水系统采用污废水合流制，直接排入室外化粪池。

2.主楼消防电梯下设有固定排水装置，用于排除消防时电梯下积水，水泵的开关由集水池水位自动控制。

3.卫生洁具采用节水型。

五、雨水系统

主楼按建筑专业布置的雨水斗，设内排水管道系统，雨水管尽量沿柱设置，建筑装修时再做处理，立管由地下一层接至室外，经雨水沉沙池处理后，排至市政雨水管道。

六、消防系统

根据现行规范，本建筑设有消火栓灭火系统，自动喷淋灭火系统，灭火器系统，水喷雾系统。

本建筑物消防水源来自市政管网，室外设 500t 地下消防储水池，储存三小时消火栓及一小时自动喷淋用水量，消防水箱设于机房层，内设 20m³水箱一个，有效容积 18m³。

1.消火栓灭火系统。

消火栓用水量：室内40L/s；室外30L/s。

屋顶水箱储存18t 消防用水，楼内均布消火栓，每个消火栓出水量为5L/s。任何位置火灾时，同层内均可保证不少于两股水柱灭火，每只消火栓均设消防按钮，火灾时启动消防水泵，并向消防中心报警。消防主泵设于室外，均由地下水池自灌吸水，室外设有水泵接合器，火灾时由消防车加压供水。室内消火栓，配用25m水龙带，水枪口径ø19，管材选用热镀锌钢管，沟槽式连接。

2.自动喷淋灭火系统。

根据规范规定，该建筑物内的走廊、大厅、办公室、会议室等房间均设有自动喷淋系统。共分成主楼和附房两个系统，每个系统的总管处设湿式报警阀，区域干管设水流指示器，末端设试水阀门，报警阀组设于室外，每个报警阀组控制的最不利点喷头处，设末端试水装置。水流指示器前及报警阀前后设检修阀门，为确保阀门常开，防止误关闭，选用具有启闭信号显示功能的遥控信号阀。

本建筑为中危险级1级，自动喷淋用水量为21L/s，由屋顶水箱保证10min消防水量，喷淋主泵设于室外水泵房内，由水池自灌吸水，室外设有水泵接合器，火灾时由消防车加压供水。

采用红色玻璃泡式喷头，动作温度68℃。

3.灭火器设置

本建筑按A类火灾中危险级配置灭火器，灭火器设置位置与室内消火栓相同，可一同设置在组合式消防柜内，每个配置点设两具 3kg手提式磷酸铵盐干粉灭火器，另设消防控制室，电气室及地下一层配电室单设灭火器，手提式灭火器可设置在挂钩上或灭火器箱内，其顶部离地面应小于1.5m，底部离地面不宜小于0.15m。

4.水喷雾系统

依现行"高规"要求，地下一层柴油发电机房设置高速水喷雾系统。系统布置及说明详图纸。

七、管材，保温及其他

1.冷热水管采用GL钢塑复合管，丝接，排水管，雨水管采用UPVC空壁螺旋消音管，粘接。喷淋管道采用镀锌钢管，大于等于DN70 管道采用沟槽式连接，其余采用丝接，压力排水管采用焊接钢管。地下室管道穿外墙时预留柔性防水套管，管径比管道大两号，消火栓处预留洞 750×1800（h）。

2.吊顶内给排水管道，楼梯间消防管道及设备层内管道均做橡塑保温，厚30mm，屋顶水箱采用离心玻璃棉板材，厚50mm 外包铝箔。

3.生活水泵房，消防水泵房均采用微阻缓闭止回阀，其中水泵进出水管所装阀门工作压力为1.6MPa，水泵进出水管应设可曲挠橡胶接头和弹性吊架水泵出水管应设一压力表，规格为1.6MPa。

4.给水及消防系统试验压力为1.5MPa，不渗不漏，10min降压不超过0.02MPa 为合格，然后降到工作压力下进行检查，应不渗不漏。

5.其他未尽事宜详给排水 L03S003-004统一说明。

主要设备材料表

编号	名　称	型号，规格	单位	数量	备　注
1	不锈钢装配式水箱	20m³	台	1	屋顶消防水箱间内
2	消防加压设备	XQG-6/0.25-1000L　配套水泵XBD2.4/56/50/160(IBL) N=3kW	套	1	屋顶消防水箱间内
3	不锈钢装配式水箱	6m³	台	1	屋顶生活水箱间内
4	SCII-HB水箱消毒机	SCII-5HB	台	1	
5	消防电梯排污泵	JYWQ-77　Q=60m³/h H=13m N=4kW	台	2	一备一用
6	潜水泵	JYWQ-33　Q=42m³/h H=9m N=2.2kW	台	4	一备一用
7	室内消火栓	DN65，ø19，25m 水龙带	个	22	七层至机房层　L03S004-26
8	室内减压稳压消火栓（SNJ65 型）	DN65，ø19，25m 水龙带（栓后压力 0.3+0.05MPa）	个	27	地下一层至六层
9	水流指示器	DN100/DN70	个	15/1	
10	闭式喷头　红色玻璃球式喷头	DN15	个	666	
11	试水阀	DN25	个	16	
12	水泵接合器	DN100	个	5	L03S004-73（单组）/L03S004-87（双组）
13	小便器		个	39	L03S003-29
14	蹲式大便器		个	42	L03S003-19
15	坐式大便器		个	26	L03S003-22
16	台式洗面器		个	26	L03S003-8
17	污水盆		个	13	L03S003-60
18	灭火器	3kg手提式磷酸胺盐干粉灭火器	具	114	

图例：

消防管	—XH—	喷淋管	———
排水管	—W—	雨水管	—YS—
冷水管	—J—	水喷雾管	—PW—
消毒管	—x—		

工程名称	国税大楼			设总		工程编号	
项目名称	国税大楼			方案设计		图别	水施
图名	给排水设计说明 主要设备材料表	审定		专业负责人		图号	1
资质证书编号		审核		设计		设计阶段	施工图
注册师印章编号		校对		绘图		日期	

附图 36　给排水设计说明及主要设备材料表

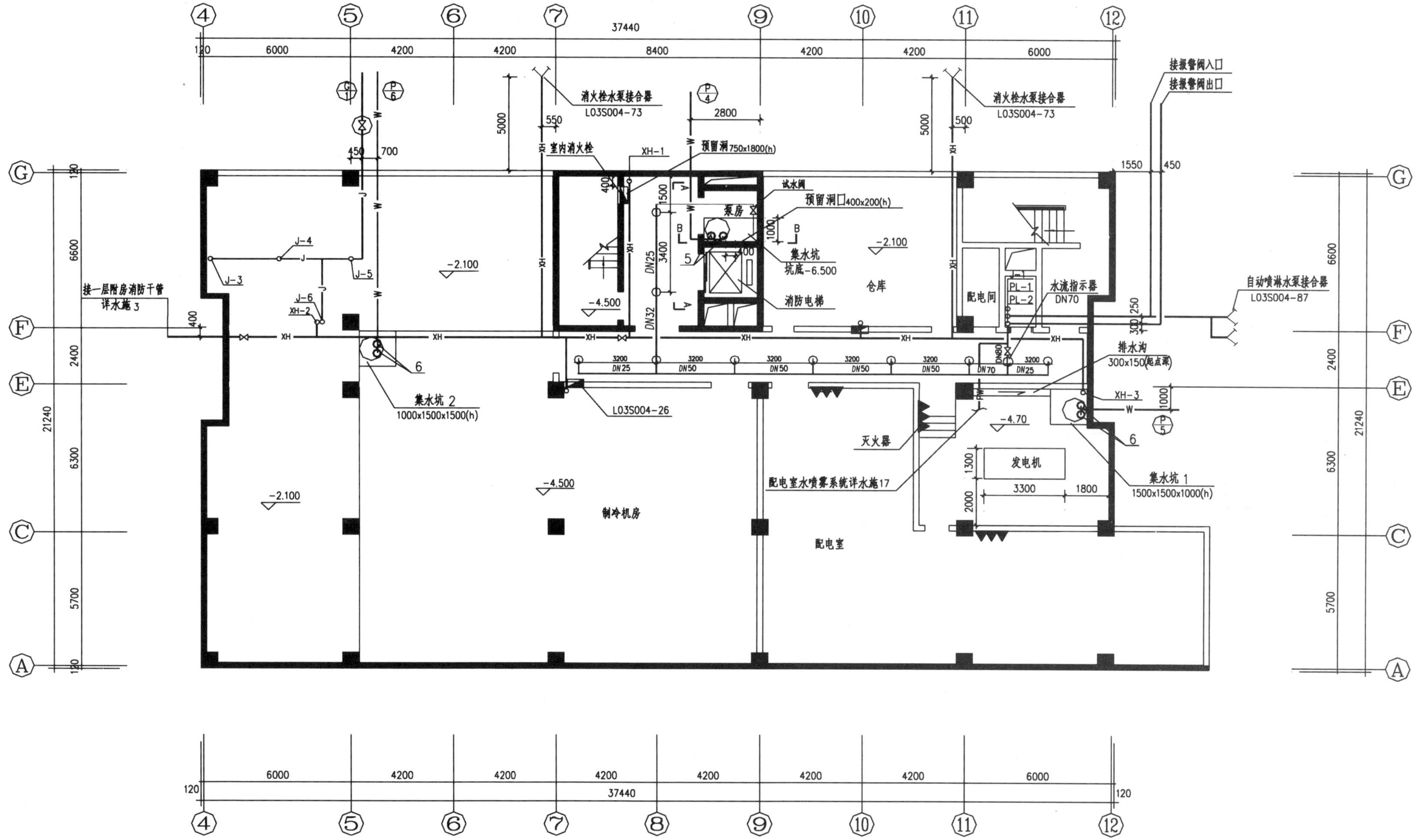

地下一层给排水消防平面图 1:100

工程名称	国税大楼		设 总		工程编号	
项目名称	国税大楼		方案设计		图 别	水 施
图 名	地下一层给排水消防平面图	审 定	专业负责人		图 号	2
		审 核	设 计		设计阶段	施工图
		校 对	绘 图		日 期	

资质证书编号

注册师印章编号

附图 37 地下一层给排水消防平面图

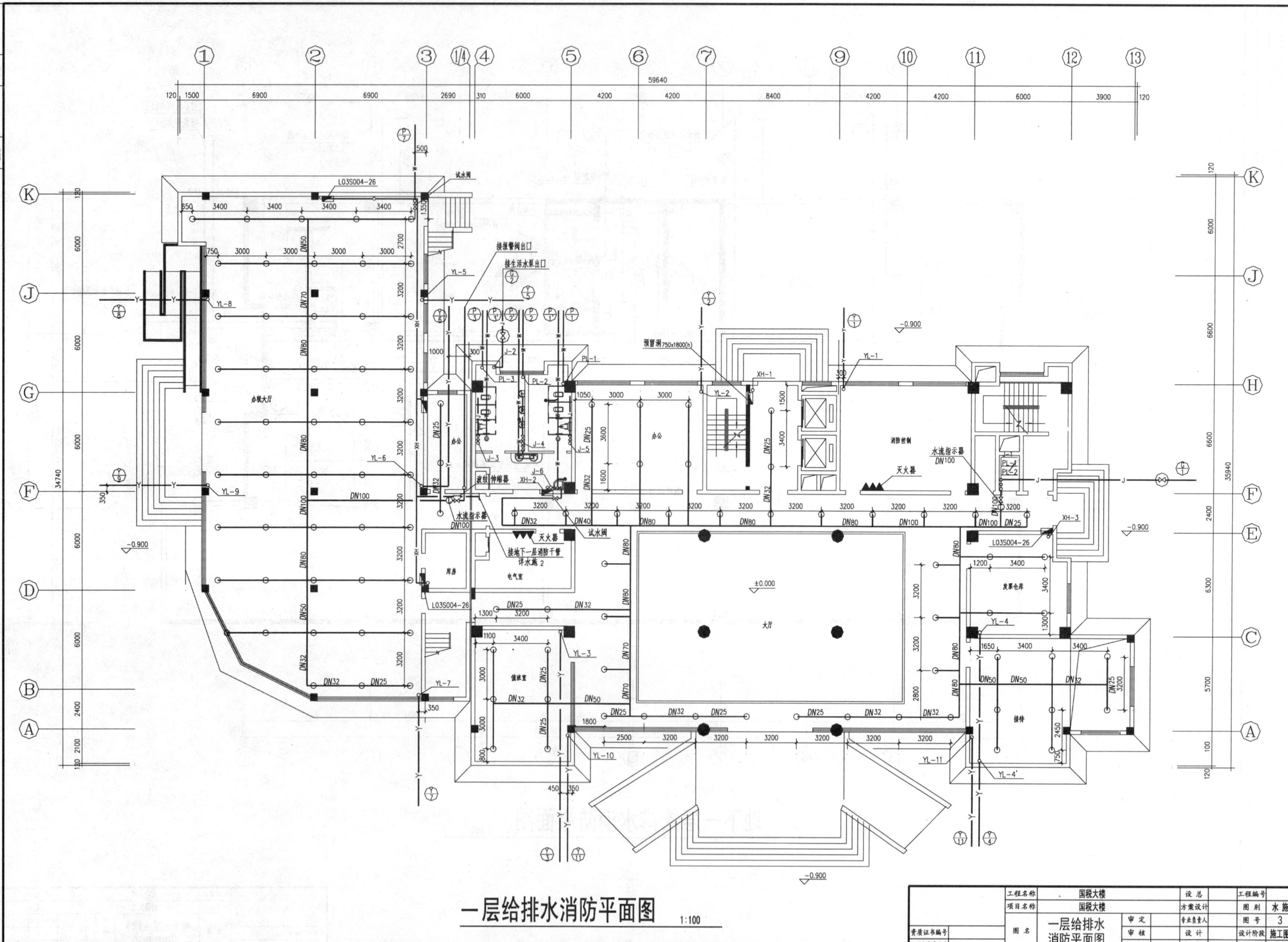

工程名称	国税大楼		设 总		工程编号	
项目名称	国税大楼		方案设计		图 别	水 施
图 名	一层给排水消防平面图	审 定	专业负责人		图 号	3
		审 核	设 计		设计阶段	施工图
		校 对	绘 图		日 期	

附图 38 一层给排水消防平面图

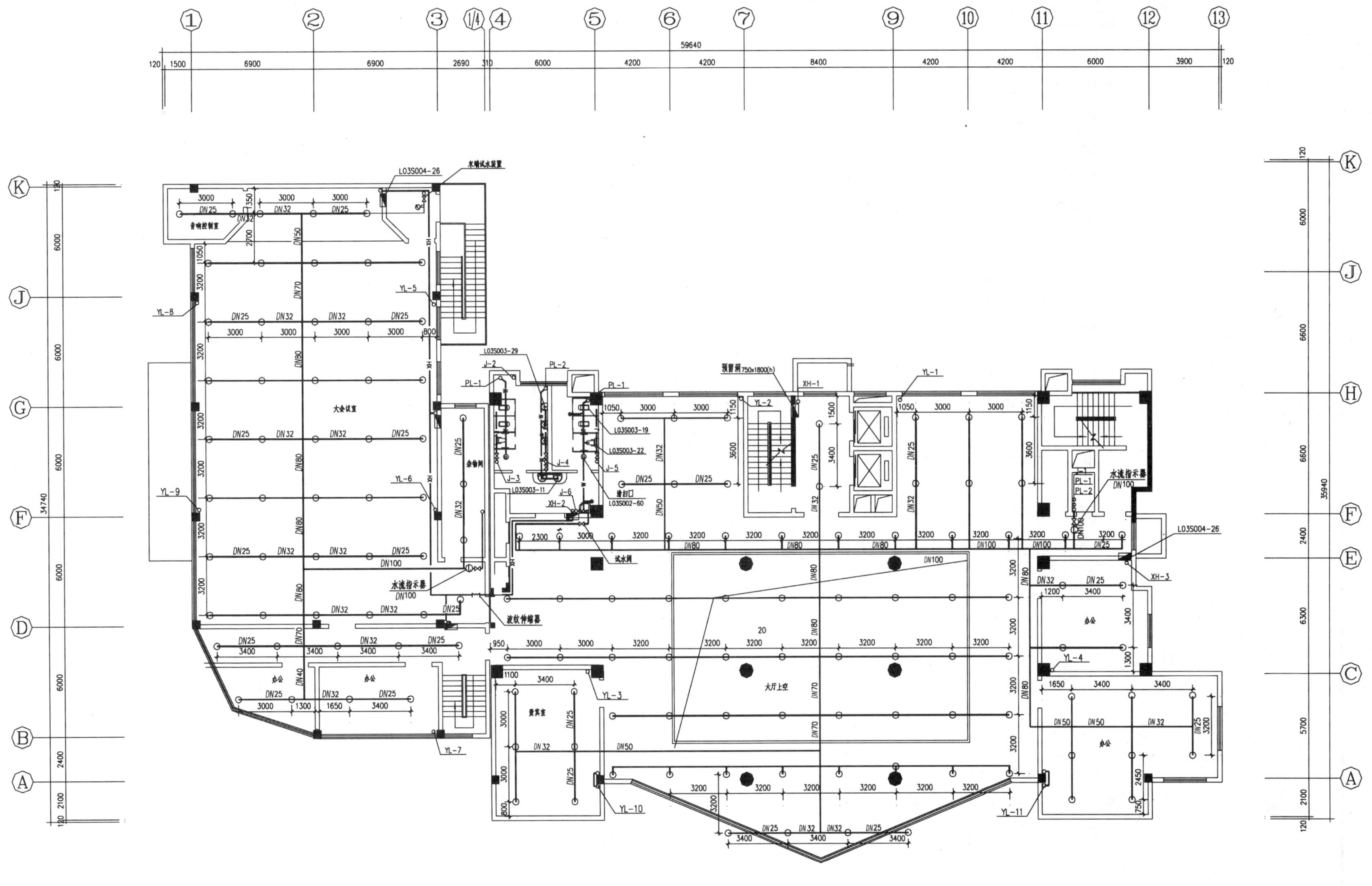

二层给排水消防平面图

1:100

	工程名称	国税大楼			设总		工程编号	
	项目名称	国税大楼			方案设计		图别	水施
	图名	二层给排水消防平面图	审定		专业负责人		图号	4
资质证书编号			审核		设计		设计阶段	施工图
注册师印章编号			校对		绘图		日期	

建筑	暖通
结构	电气
给排水	预算

附图 39　二层给排水消防平面图

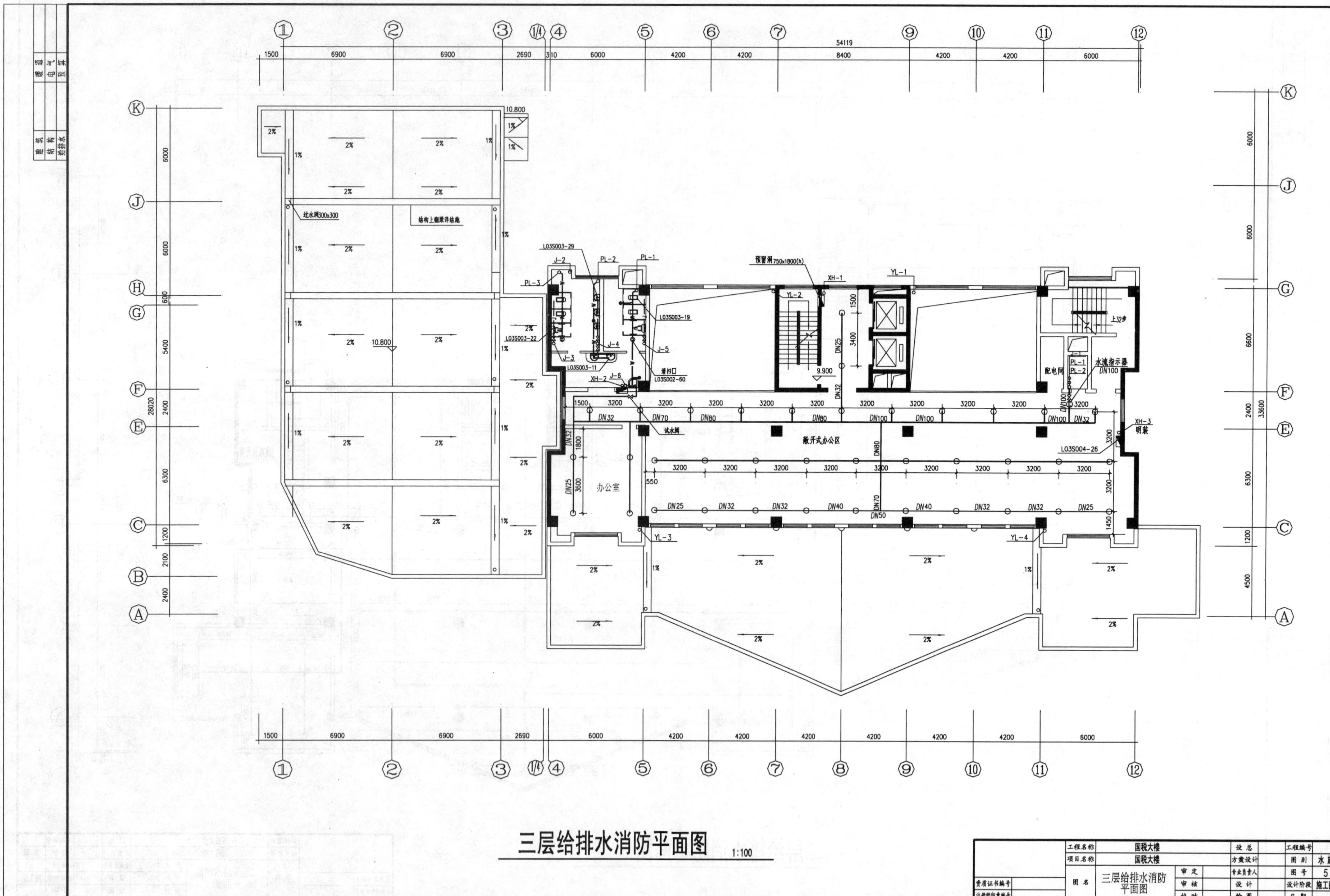

附图 40 三层给排水消防平面图

建筑		暖通	
结构		电气	
给排水		预算	

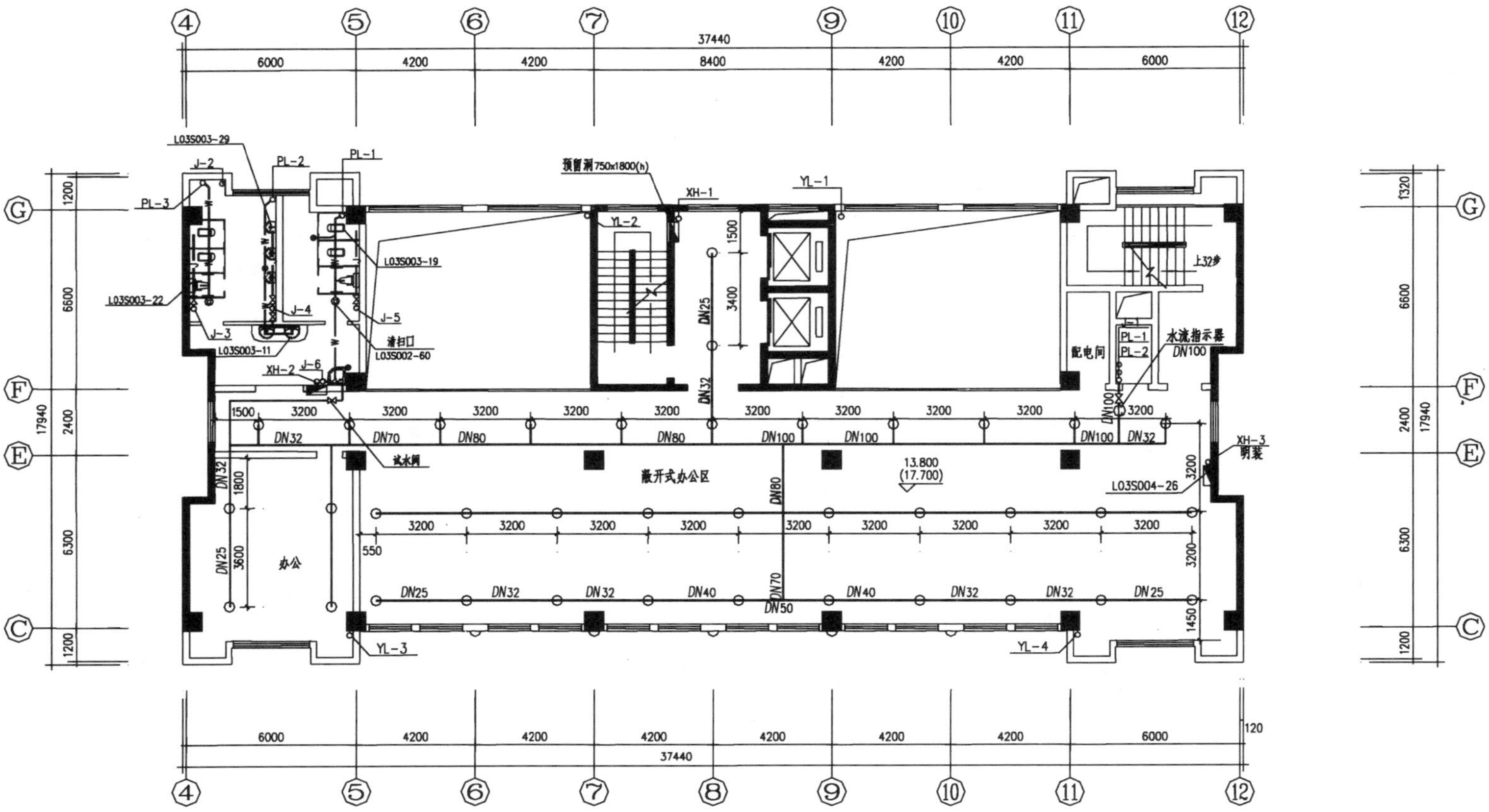

四至五层给排水消防平面图 1:100

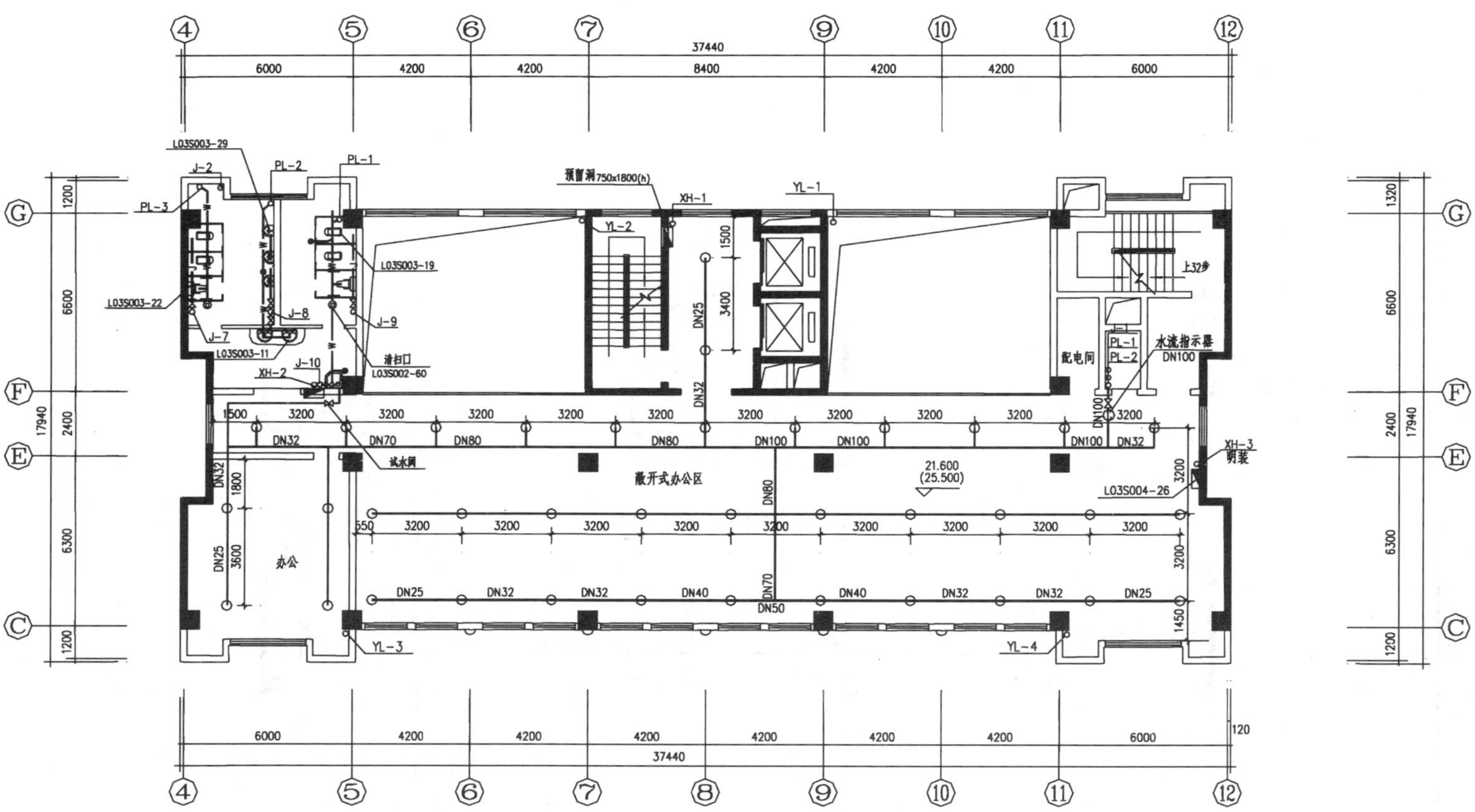

六至七层给排水消防平面图 1:100

	工程名称	国税大楼		设总		工程编号	
	项目名称	国税大楼		方案设计		图别	水施
	图名	四至七层给排水消防平面图	审定	专业负责人		图号	6
资质证书编号			审核	设计		设计阶段	施工图
注册师印章编号			校对	绘图		日期	

附图 41　四至七层给排水消防平面图

建筑		暖通	
结构		电气	
给排水		预算	

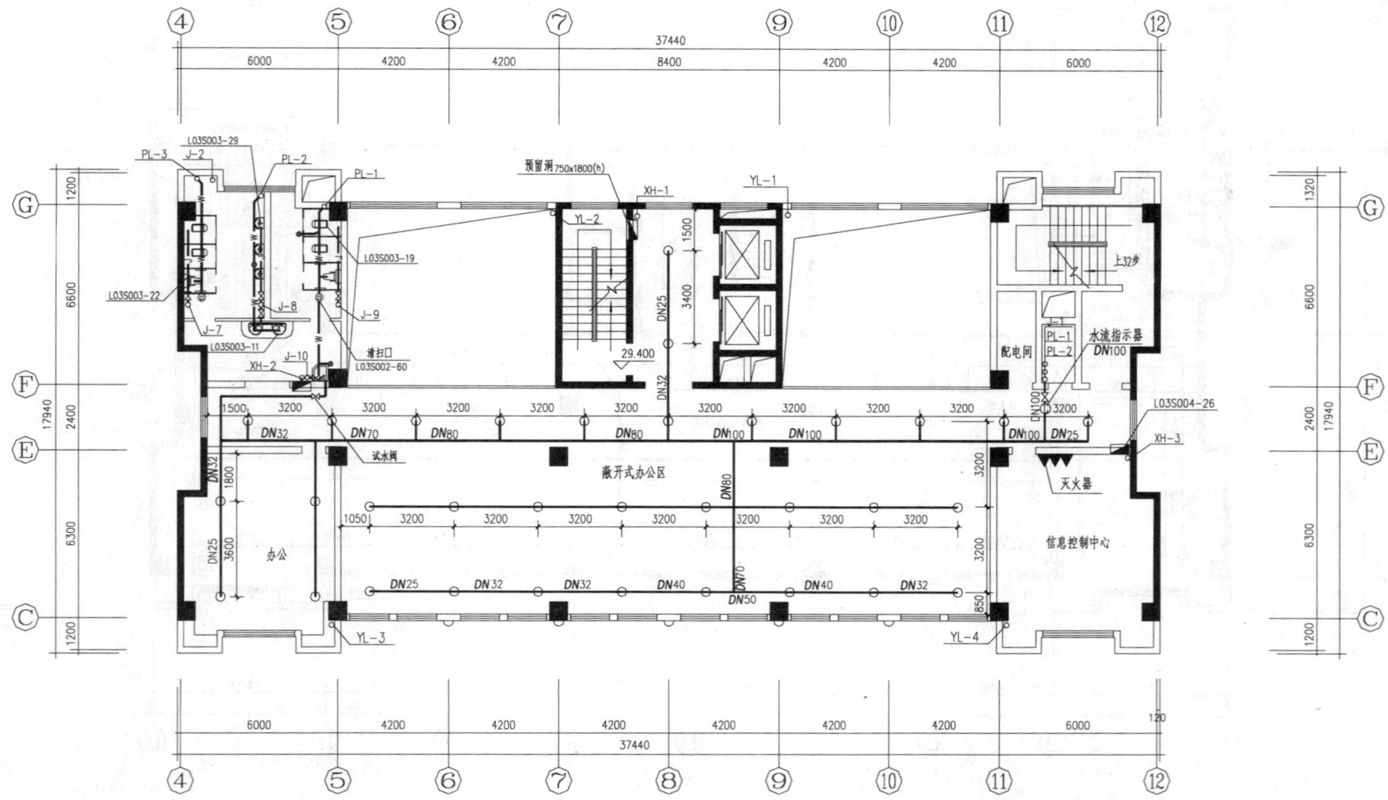

八层给排水消防平面图 1:100

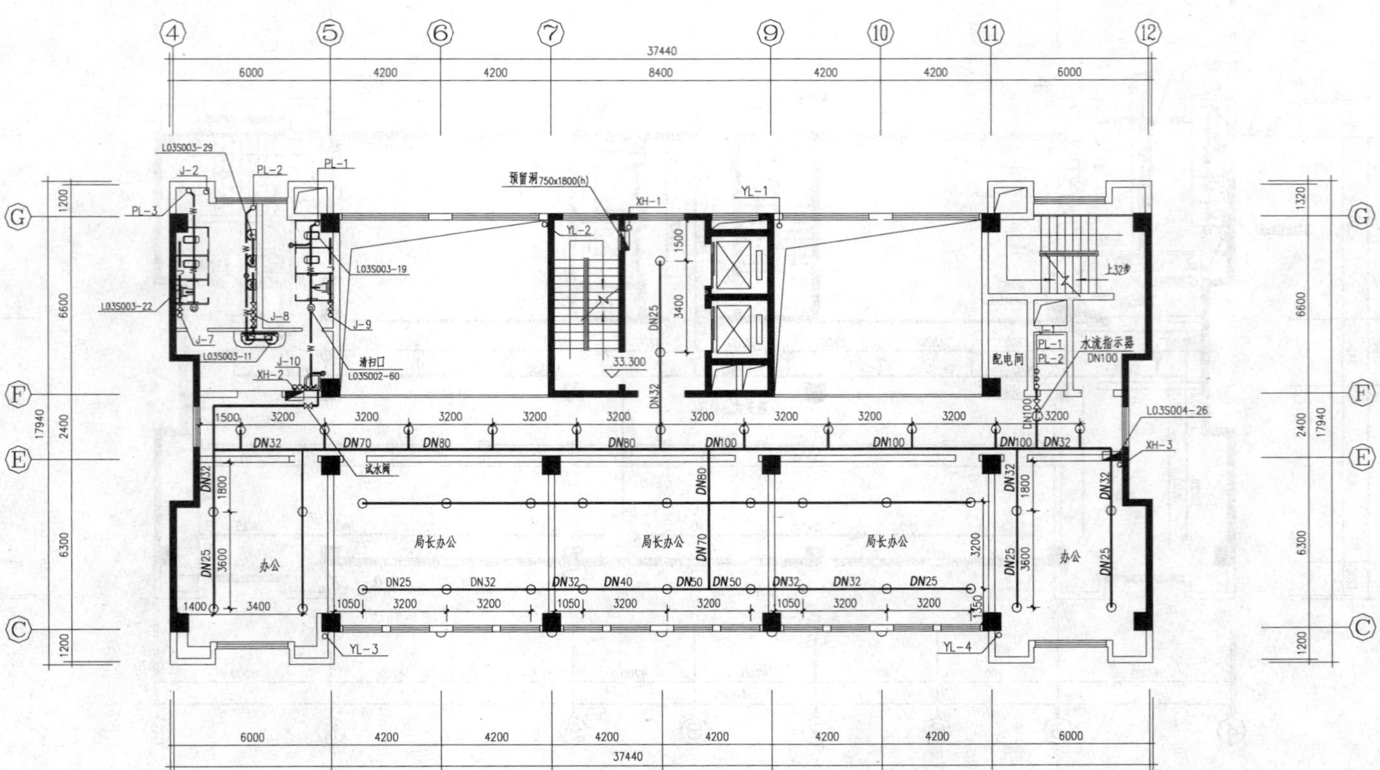

九层给排水消防平面图 1:100

	工程名称	国税大楼		设总	工程编号	
	项目名称	国税大楼		方案设计	图别	水施
	图名	八至九层给排水消防平面图	审定	专业负责人	图号	7
资质证书编号			审核	设计	设计阶段	施工图
注册师印章编号			校对	绘图	日期	

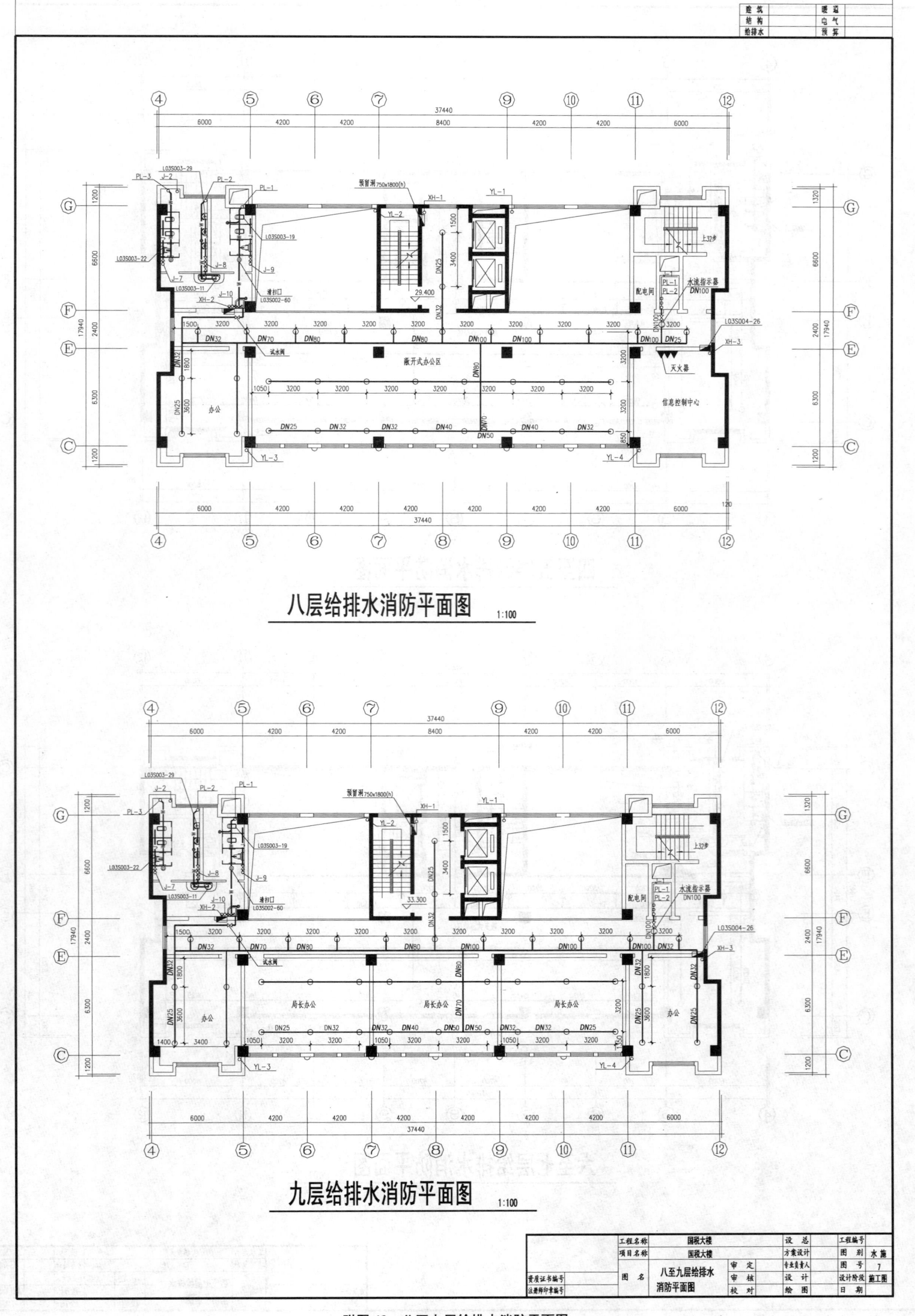

附图 42　八至九层给排水消防平面图

建筑		暖通	
结构		电气	
给排水		预算	

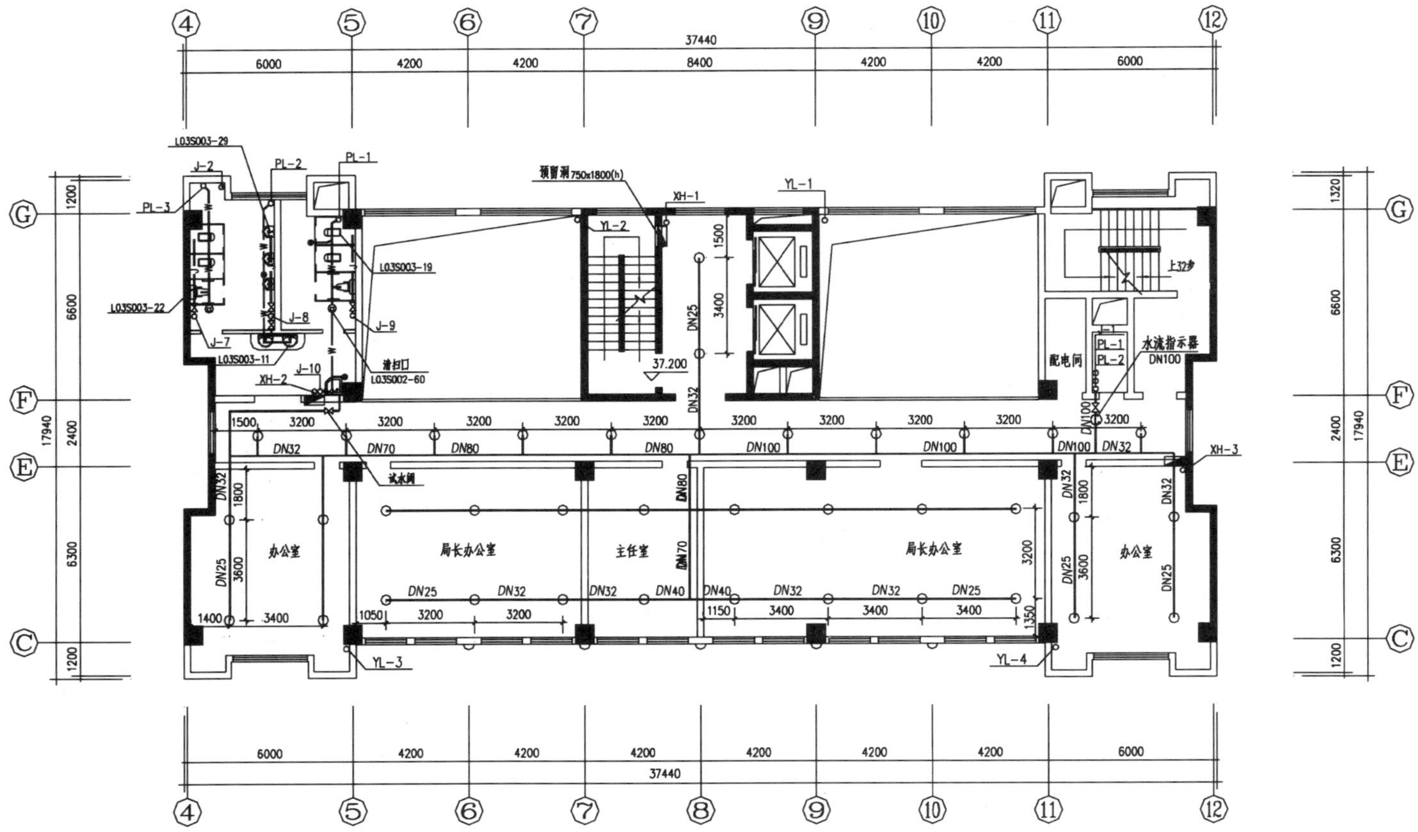

十层给排水消防平面图 1:100

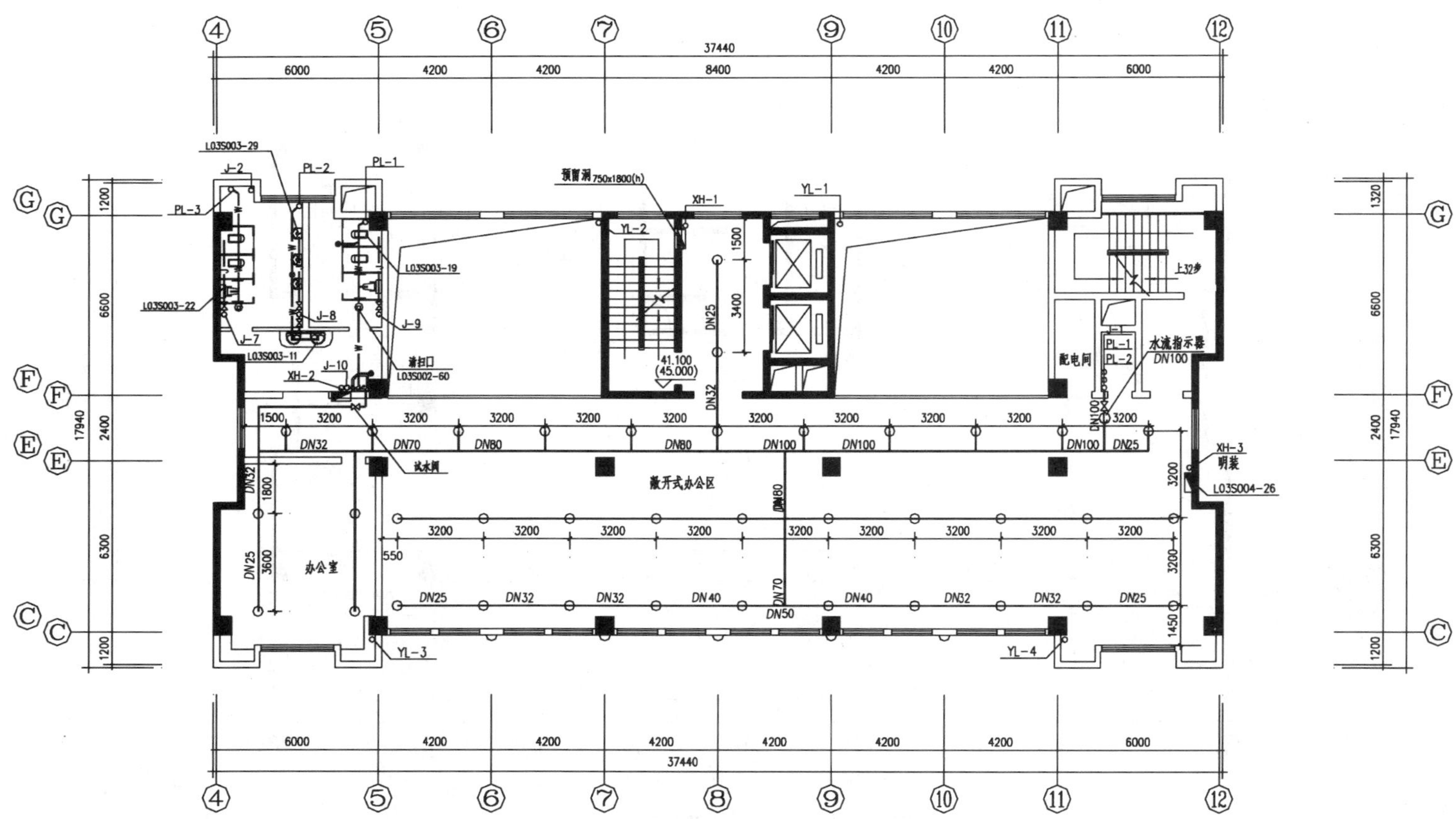

十一至十二层给排水消防平面图 1:100

工程名称	国税大楼		设总		工程编号	
项目名称	国税大楼		方案设计		图别	水施
图名	十至十二层给排水消防平面图	审定	专业负责人		图号	8
		审核	设计		设计阶段	施工图
		校对	绘图		日期	

资质证书编号
注册师印章编号

附图 43 十至十二层给排水消防平面图

建 筑		暖 通	
结 构		电 气	
给排水		预 算	

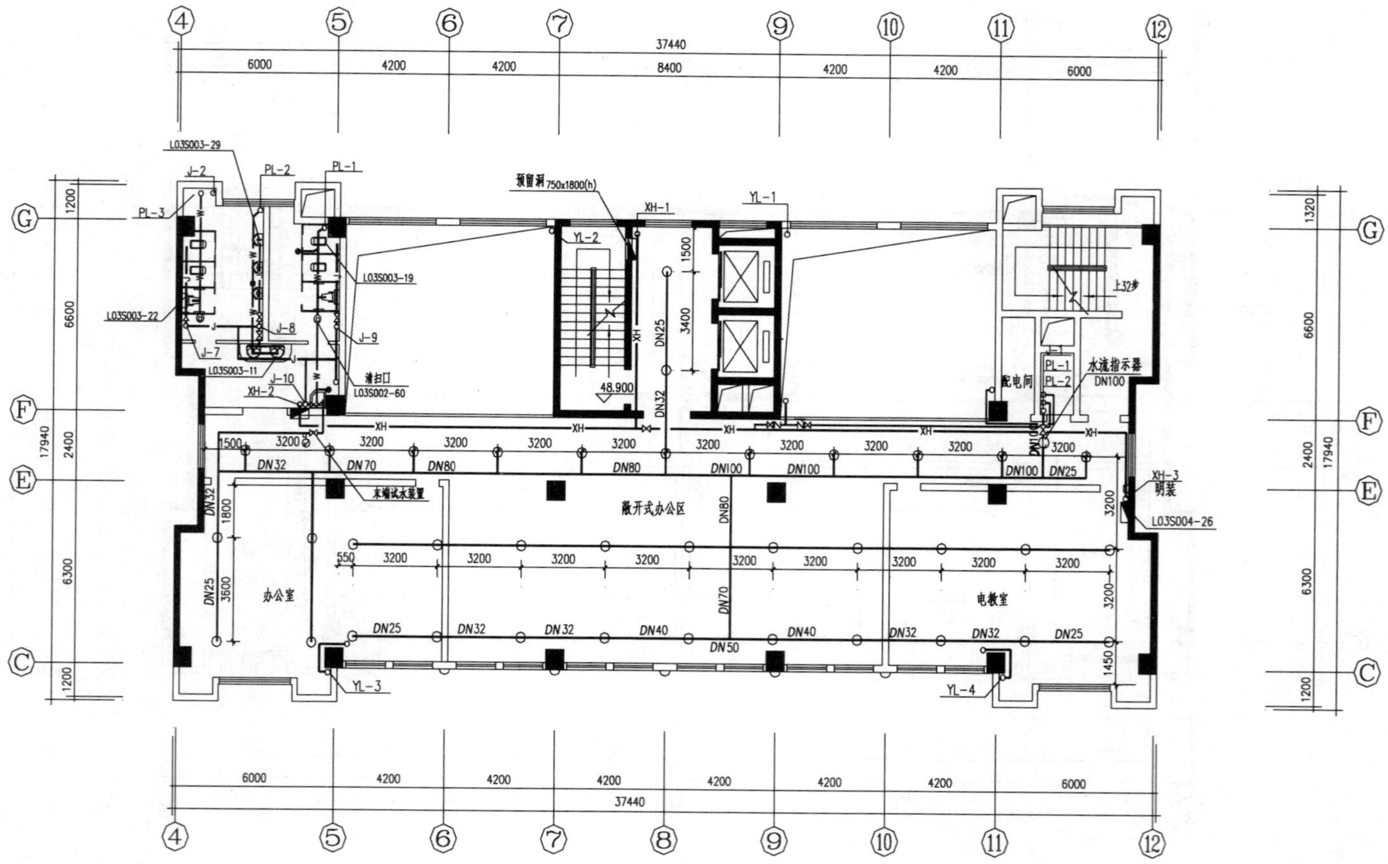

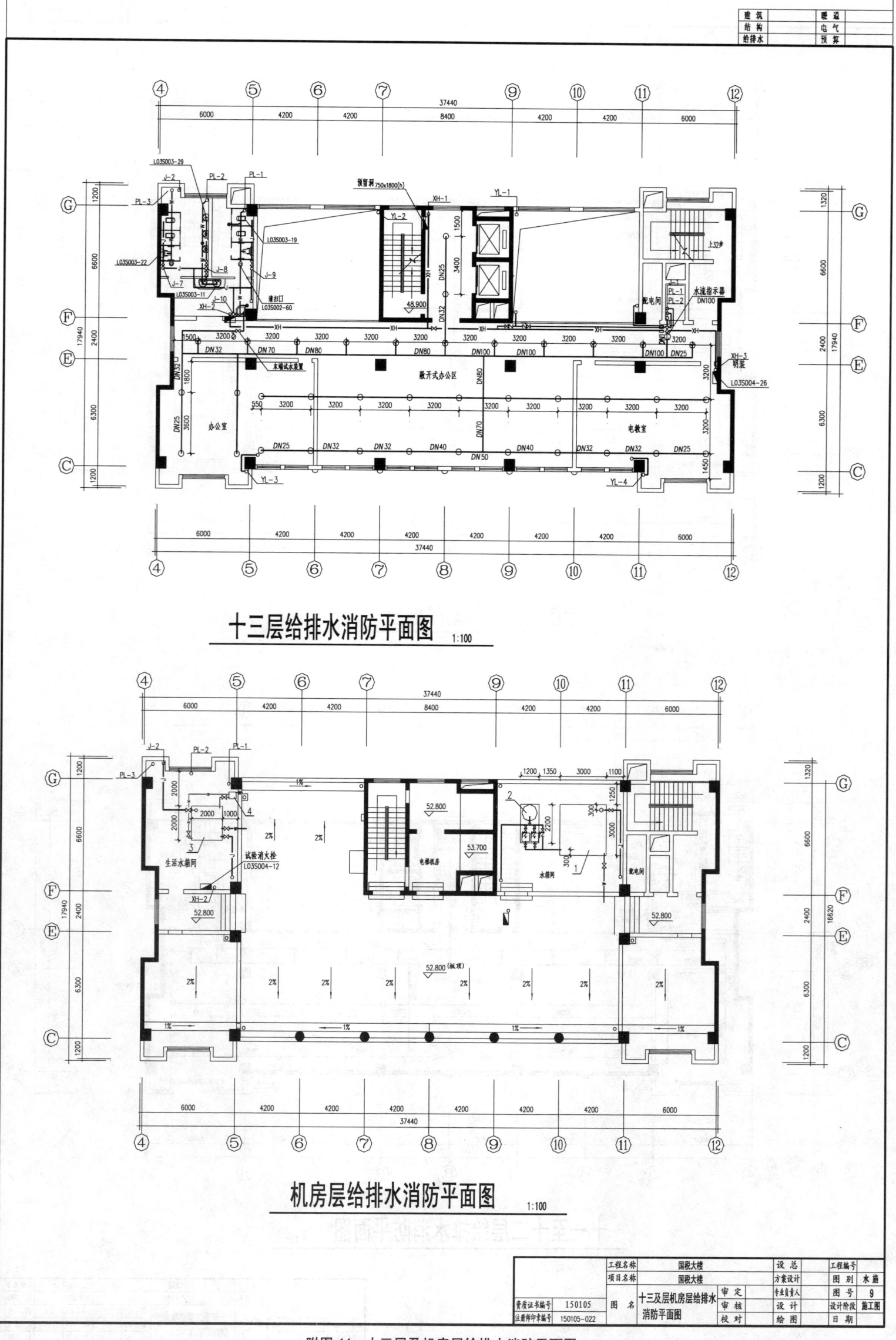

十三层给排水消防平面图 1:100

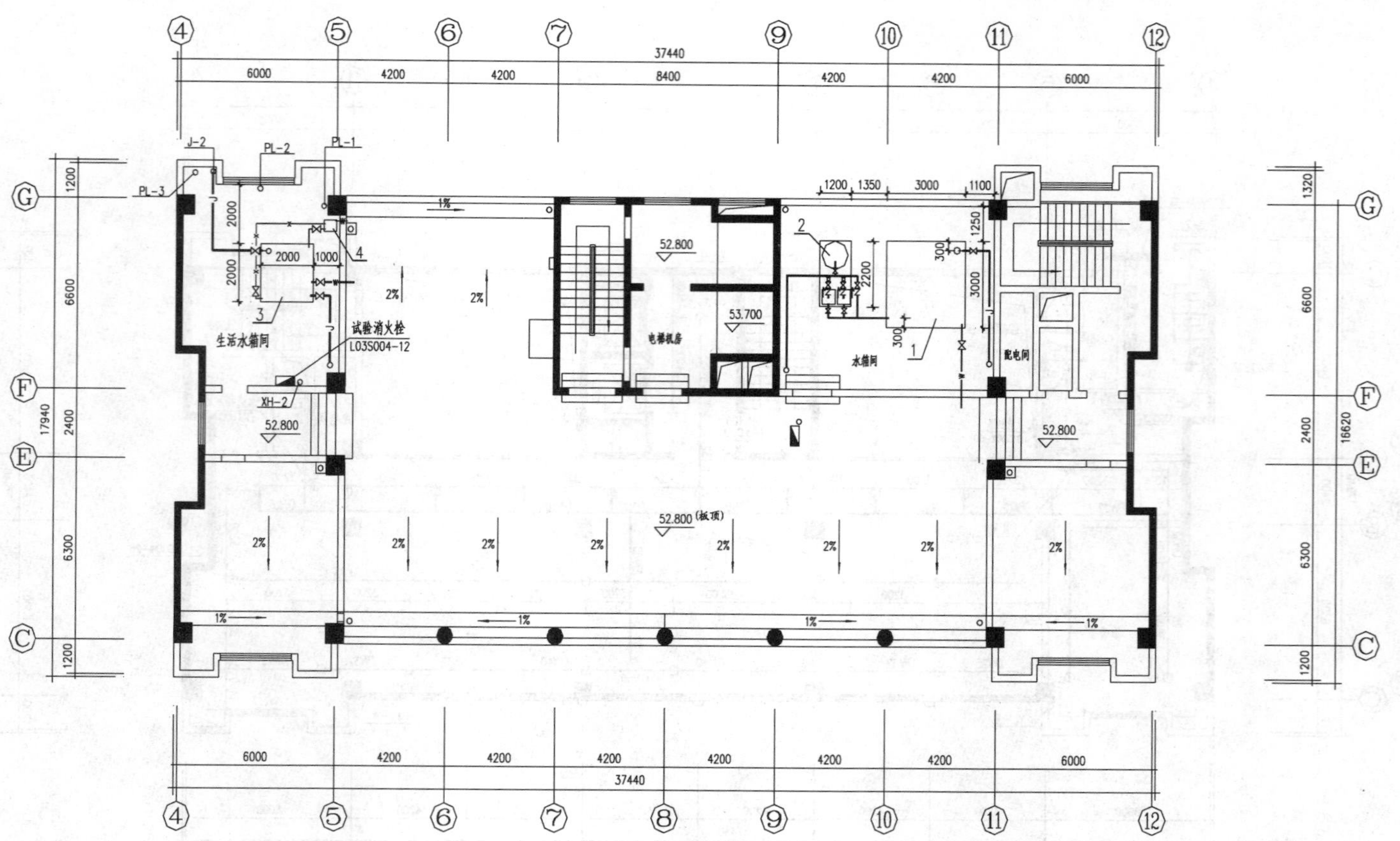

机房层给排水消防平面图 1:100

		工程名称	国税大楼		设 总	工程编号	
		项目名称	国税大楼		方案设计	图 别	水 施
资质证书编号	150105	图 名	十三及层机房层给排水消防平面图	审 定	专业负责人	图 号	9
注册师印章编号	150105-022			审 核	设 计	设计阶段	施工图
				校 对	绘 图	日 期	

附图 44　十三层及机房层给排水消防平面图

建 筑		暖 通	
结 构		电 气	
给排水		预 算	

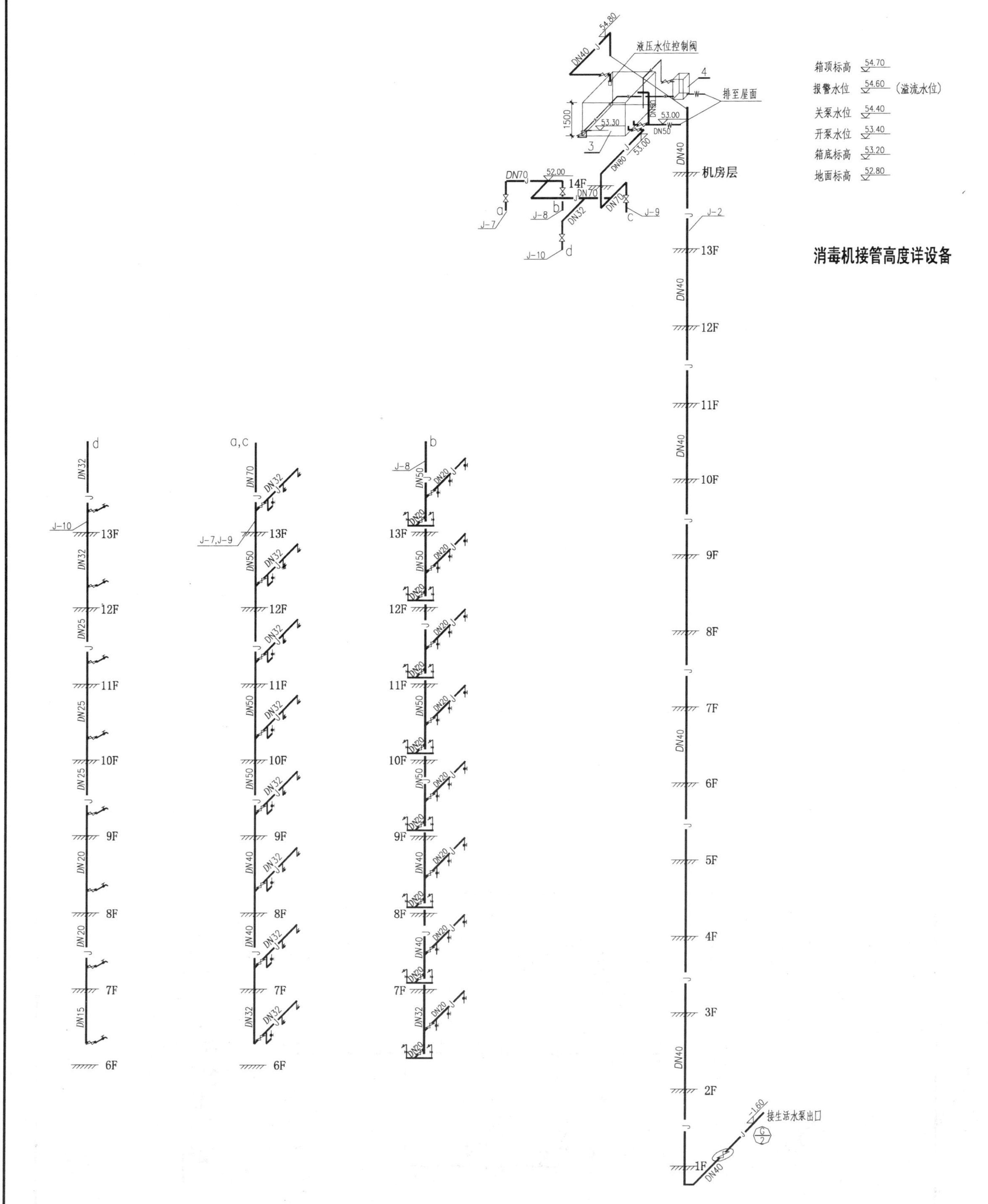

给水系统图 (1) 1:100

	工程名称	国税大楼		设 总		工程编号	
	项目名称	国税大楼		方案设计		图 别	水施
			审 定	专业负责人		图 号	10
资质证书编号 150105	图 名	给水系统图(1)	审 核	设 计		设计阶段	施工图
注册师印章编号			校 对	绘 图		日 期	

附图 45 给水系统图(1)

建筑		暖通	
结构		电气	
给排水		预算	

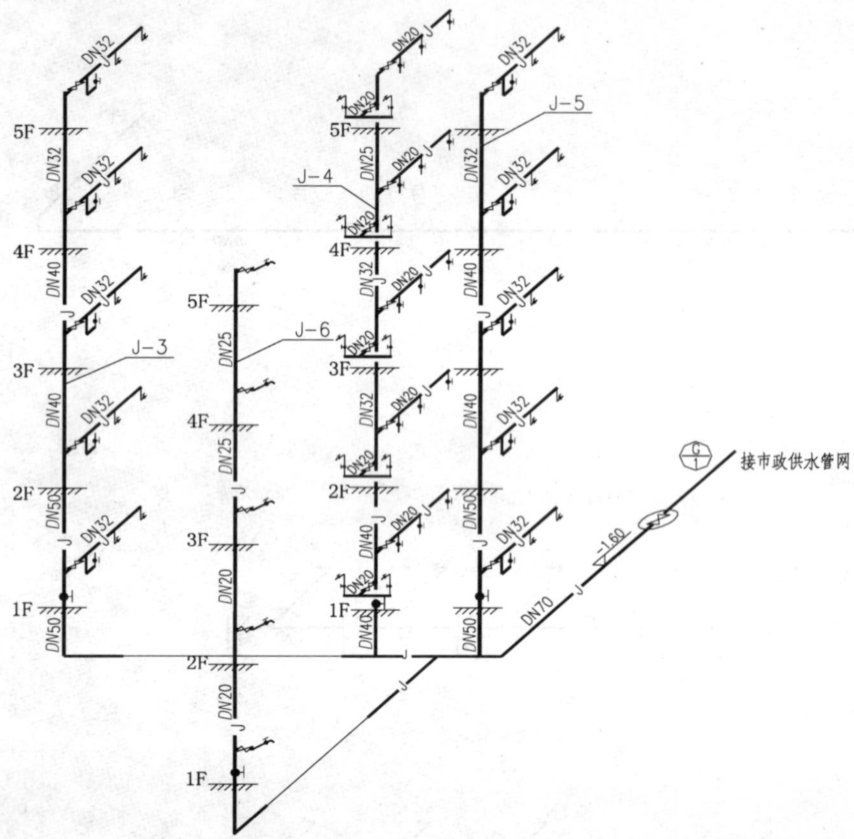

给水系统图 (2) 1:100

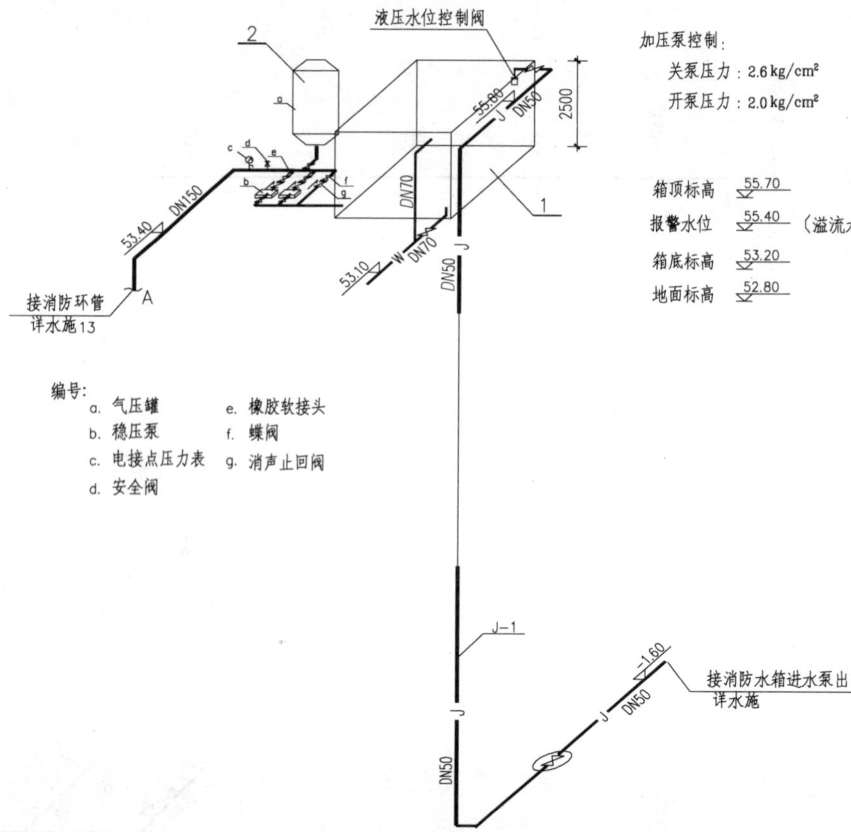

加压泵控制：
关泵压力：2.6kg/cm²
开泵压力：2.0kg/cm²

箱顶标高 55.70
报警水位 55.40 （溢流水位）
箱底标高 53.20
地面标高 52.80

编号：
a. 气压罐　　e. 橡胶软接头
b. 稳压泵　　f. 蝶阀
c. 电接点压力表　　g. 消声止回阀
d. 安全阀

消防水箱大样图 1:100

	工程名称	国税大楼		设　总		工程编号	
	项目名称	国税大楼		方案设计		图　别	水施
	图　名	给水系统图(2)及消防水箱大样图	审　定	专业负责人		图　号	11
资质证书编号			审　核	设　计		设计阶段	施工图
注册师印章编号			校　对	绘　图		日　期	

附图 46　给水系统图(2)及消防水箱大样图

建 筑		暖 通	
结 构		电 气	
给排水		预 算	

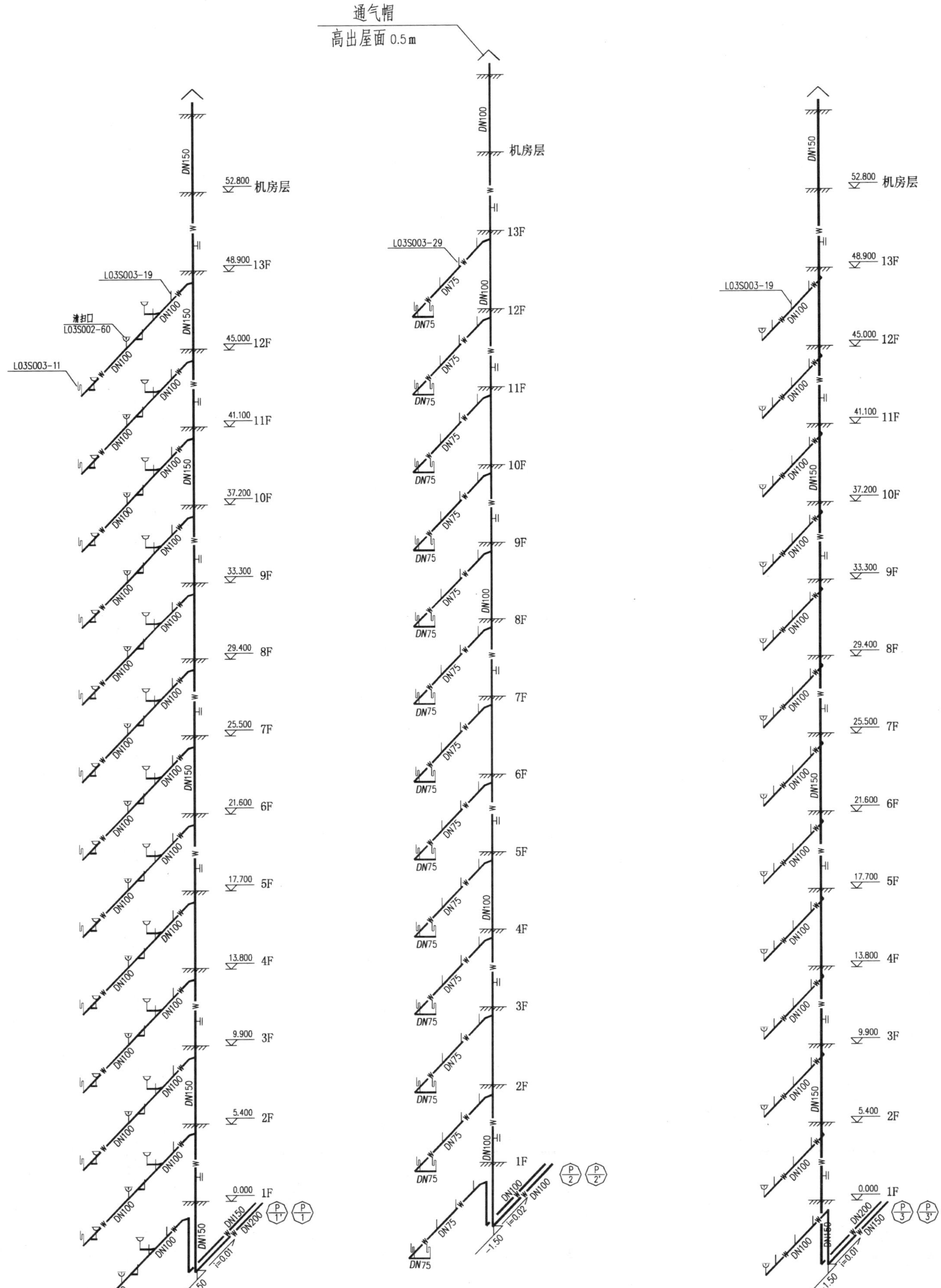

排水系统图 1:100

		工程名称	国税大楼			设 总		工程编号
		项目名称	国税大楼			方案设计		图 别 水施
		图 名	排水系统图	审 定		专业负责人		图 号 12
资质证书编号	150105			审 核		设 计		设计阶段 施工图
注册师印章编号				校 对		绘 图		日 期

附图 47 排水系统图

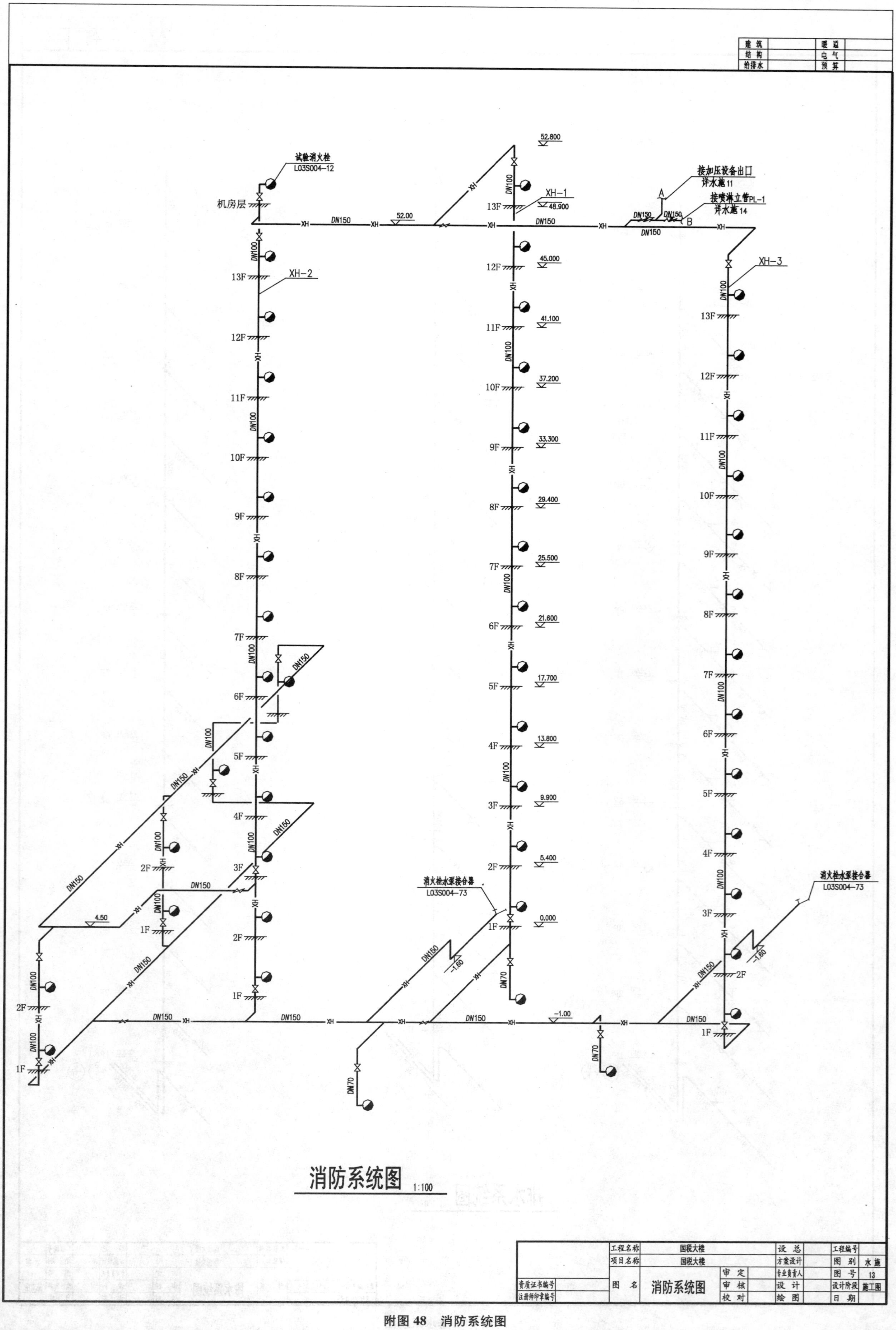
建筑
暖通
结构
电气
给排水
预算
试验消火栓
L03S004-12
机房层
XH-1
XH-2
XH-3
接加压设备出口
详水施 11
接喷淋立管PL-1
详水施 14
消火栓水泵接合器
L03S004-73
DN150
DN100
DN70
52.800
48.900
45.000
41.100
37.200
33.300
29.400
25.500
21.600
17.700
13.800
9.900
5.400
0.000
52.00
4.50
-1.00
-1.60
消防系统图 1:100
工程名称 国税大楼
项目名称 国税大楼
图名 消防系统图
设总
方案设计
专业负责人
审定
审核
设计
校对
绘图
工程编号
图别 水施
图号 13
设计阶段 施工图
日期
资质证书编号
注册师印章编号

附图 48 消防系统图

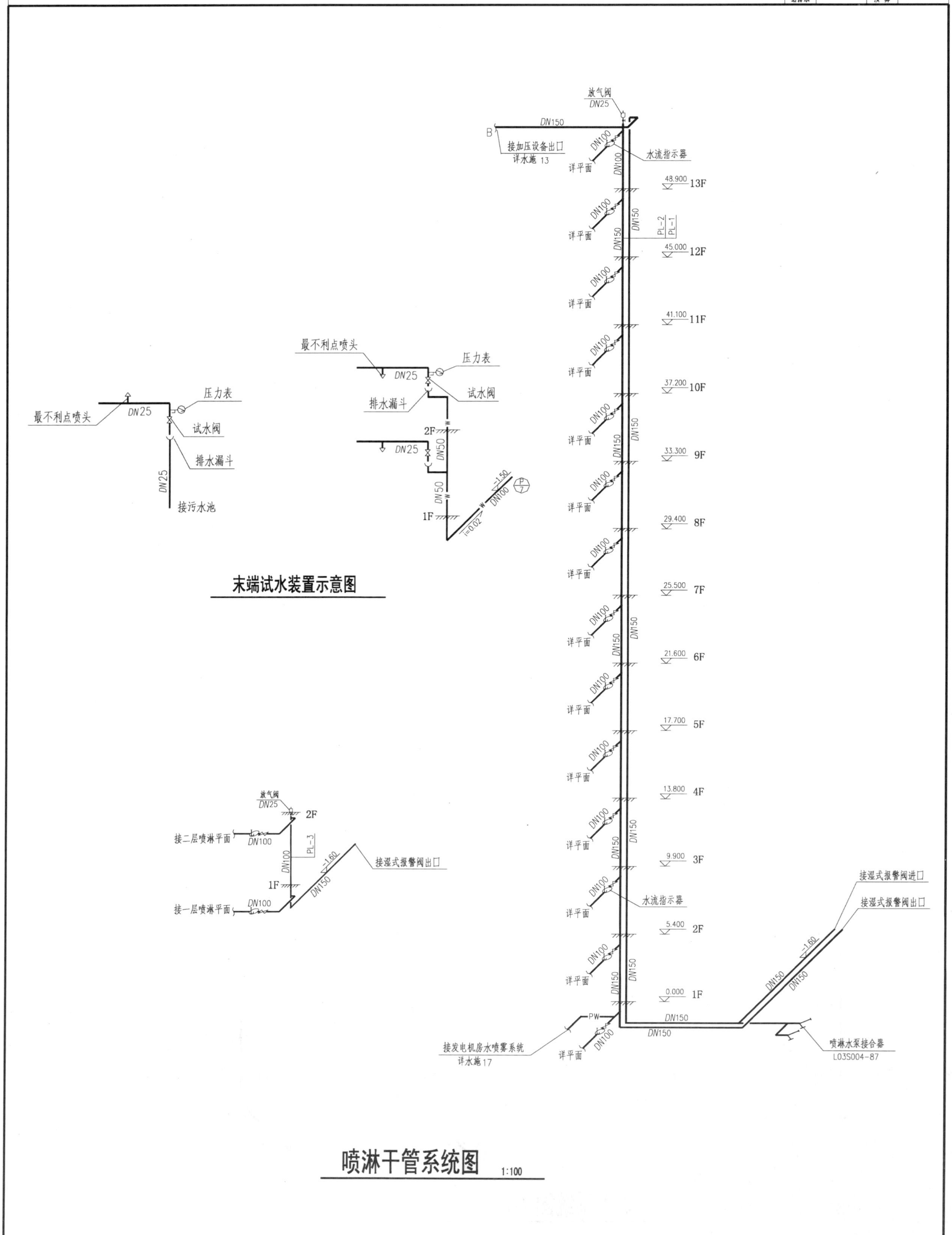

	工程名称	国税大楼		设　总	工程编号	
	项目名称	国税大楼		方案设计	图　别	水施
资质证书编号	图　名	末端试水装置示意图 喷淋干管系统图	审　定	专业负责人	图　号	14
注册师印章编号			审　核	设　计	设计阶段	施工图
			校　对	绘　图	日　期	

附图 49　末端试水装置示意图及喷淋干管系统图

建筑		暖通	
结构		电气	
给排水		预算	

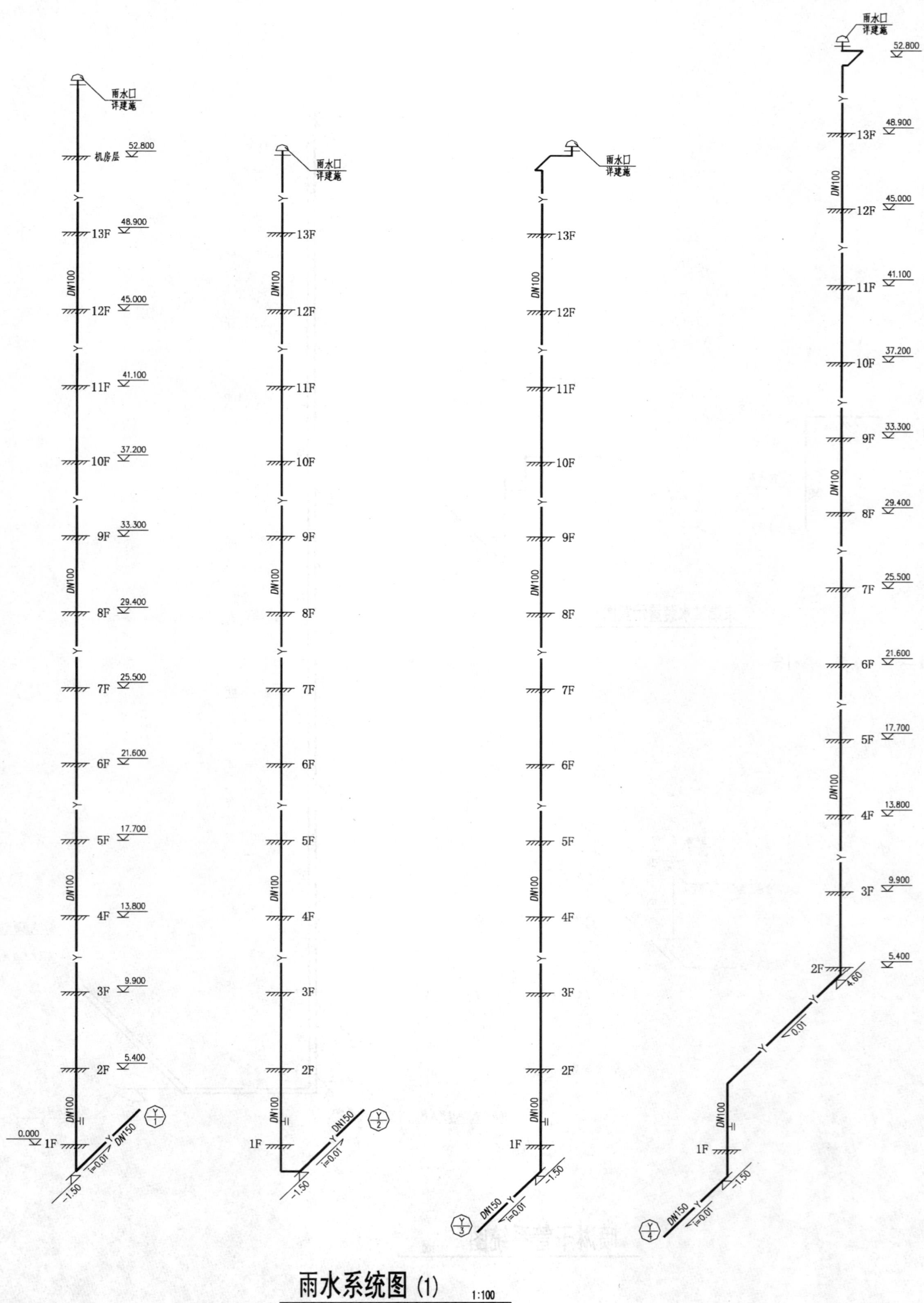

雨水系统图 (1) 1:100

	工程名称	国税大楼		设总	工程编号	
	项目名称	国税大楼		方案设计	图别	水施
	图名	雨水系统图(1)	审定	专业负责人	图号	15
资质证书编号			审核	设计	设计阶段	施工图
注册师印章编号			校对	绘图	日期	

附图 50 雨水系统图(1)

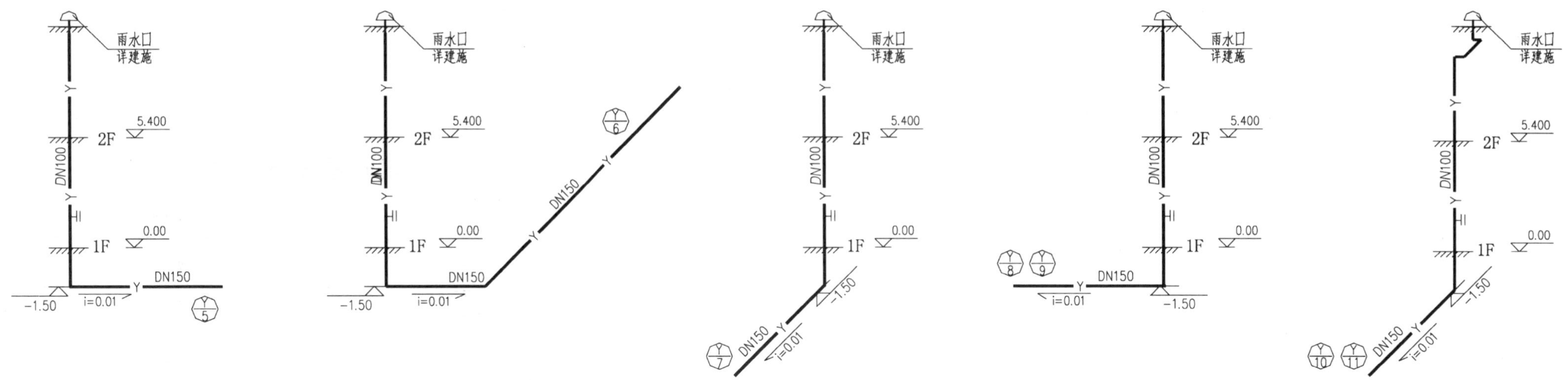

雨水系统图 (2) 1:100

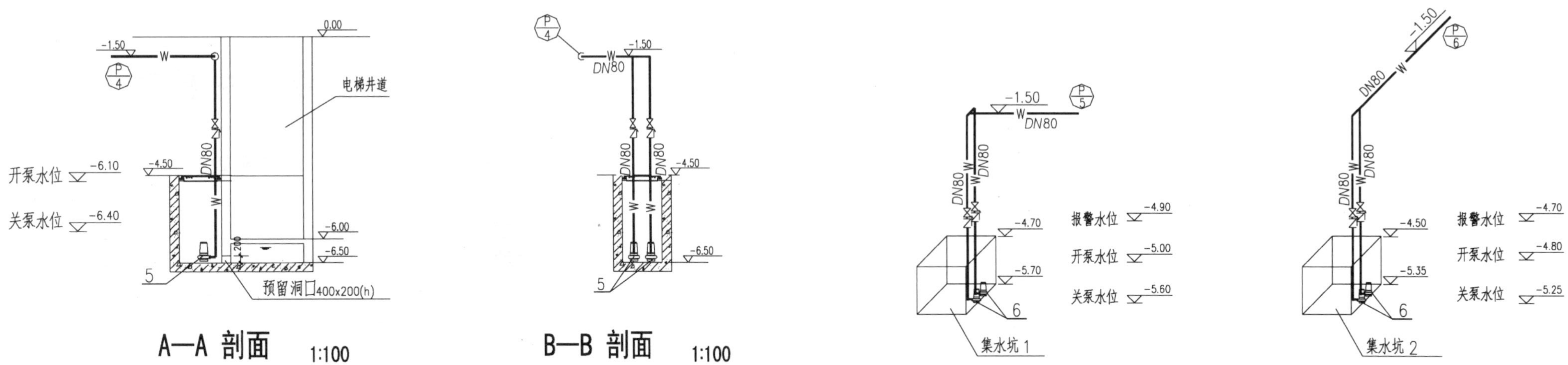

A—A 剖面 1:100
(消防电梯底坑)

B—B 剖面 1:100
(消防电梯底坑)

电梯底坑和集水坑1、2排水大样图 1:100

工程名称	国税大楼		设 总		工程编号	
项目名称	国税大楼		方案设计		图 别	水 施
图 名	雨水系统图(2) 电梯底坑和集水坑1、2 排水大样图	审 定	专业负责人		图 号	16
		审 核	设 计		设计阶段	施工图
		校 对	绘 图		日 期	

资质证书编号
注册师印章编号

建筑	暖通
结构	电气
给排水	预算

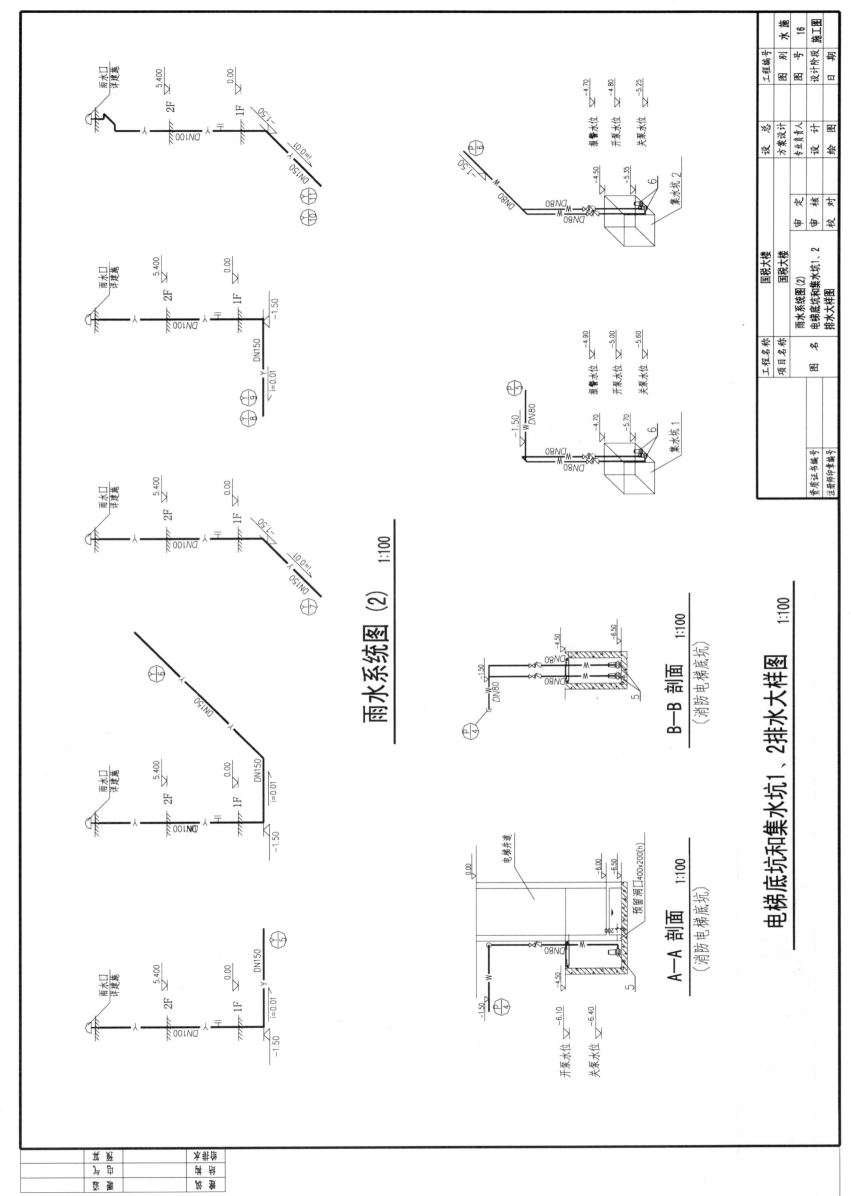

附图 51 雨水系统图(2)及电梯底坑和集水坑 1、2 排水大样图

建筑		暖通	
结构		电气	
给排水		预算	

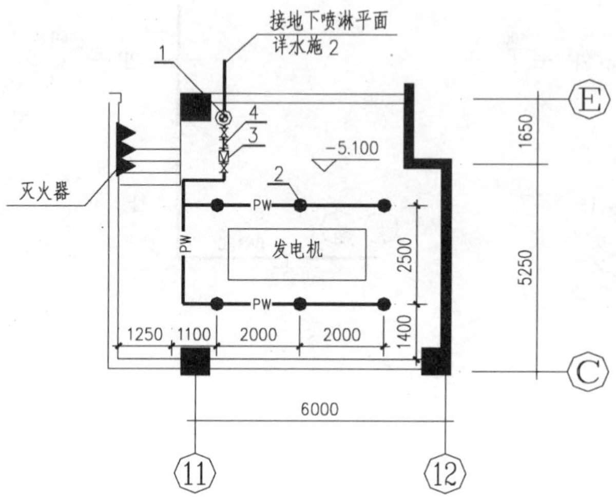

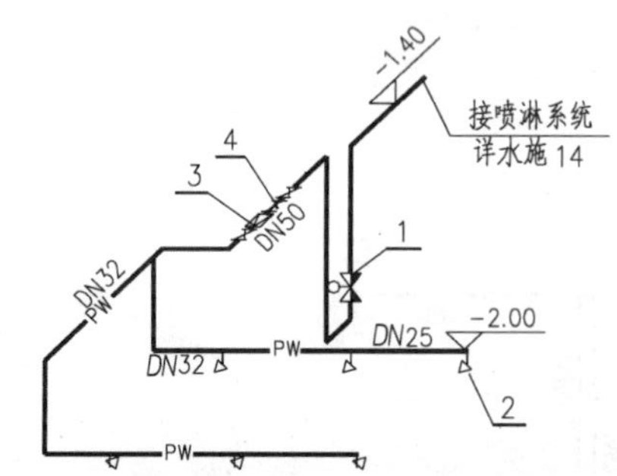

水喷雾设计说明

依现行"高规"要求，地下一层柴油发电机房设置高速水喷雾系统。

1. 水喷雾系统与喷淋系统合用水泵及水源 设独立的雨淋阀，水力警铃和应急开关。因喷淋系统压力过大，在雨淋阀前端设减压阀，减压至0.35MPa。
2. 高速水喷雾灭火系统设计参数如下。
   柴油发电机保护面积为 $30m^2$；火灾喷水量为 $20l/(min\cdot m^2)$，水喷雾用水量为 10L/s；火灾延续时间 1h，一次灭火用水量为 $36m^3$。
3. 本系统设有自动，手动及应急等三种启动装置，自动装置为电气控制系统，由保护围内的火灾自动报警系统探测到火灾后发出信号，打开雨淋阀的电磁阀，雨淋阀控制膜室压力下降，雨淋阀开启，压力开关动作，自动启动水泵向系统内供水。
4. 喷头安装高度及角度依据现场实际情况可调整，边上喷头对准发电机中心。
5. 管道采用内外镀锌钢管，丝扣连接。
6. 高速水雾喷头的型号为 ZSTWB-50-90型。
7. 柴油发电机房配备磷酸铵盐干粉灭火器 (MF3×3=9kg)。

主要设备材料表

编号	名 称	规格及型号	单位	数量	备 注
1	水力控制雨淋装置	ZSFY100 DN100	个	1	地下一层发电机房内
2	高速水喷雾喷头	ZSTWB-50-90型	台	9	
3	减压阀	阀后压力0.35MPa	台	1	
4	过滤器	DN100 1.6MPa	台	1	
5					

地下一层发电机房水喷雾平面及系统图 1:100

	工程名称	国税大楼		设 总		工程编号	
	项目名称	国税大楼		方案设计		图 别	水施
资质证书编号	图 名	地下一层发电机房水喷雾平面及系统图	审 定	专业负责人		图 号	17
注册师印章编号			审 核	设 计		设计阶段	施工图
			校 对	绘 图		日 期	

附图 52 地下一层发电机房水喷雾平面及系统图

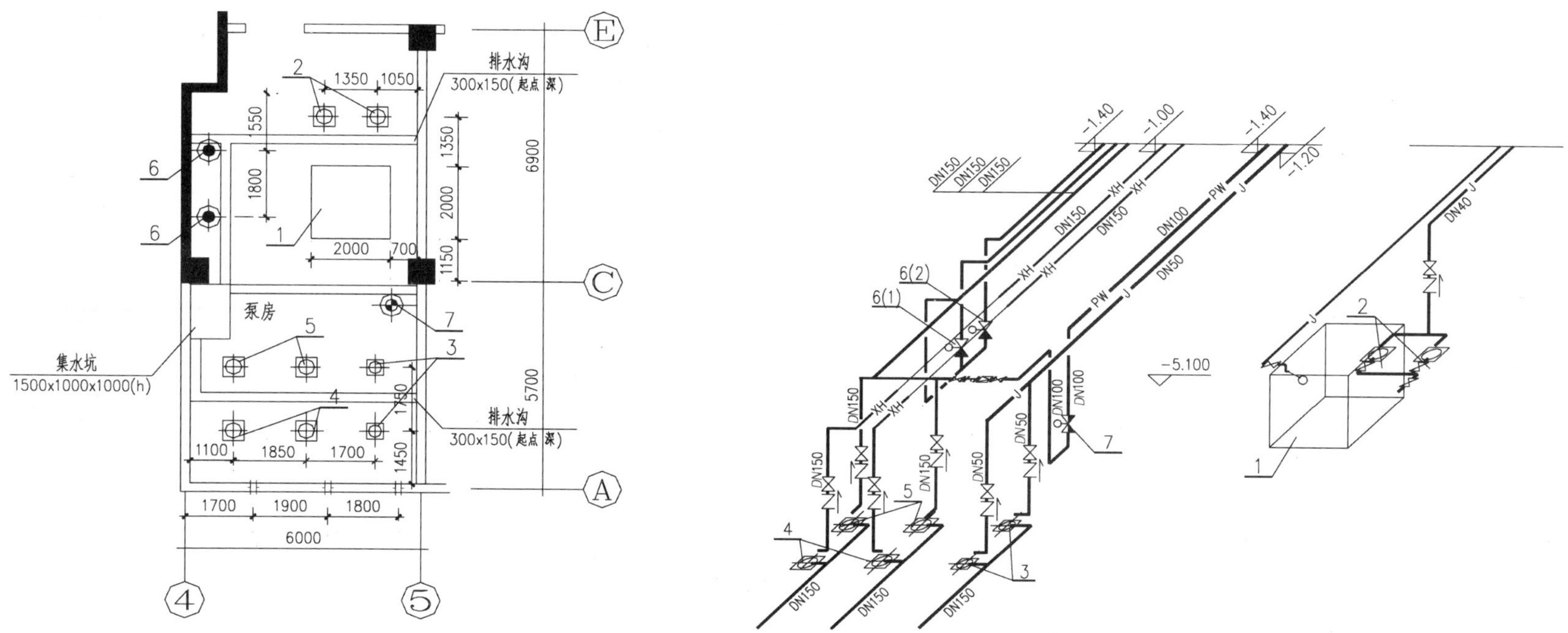

水泵房大样图 1:100

	工程名称	国税大楼		设　总		工程编号	
	项目名称	国税大楼		方案设计		图　别	水施
	图　名	水泵房大样图	审　定	专业负责人		图　号	18
资质证书编号			审　核	设　计		设计阶段	施工图
注册师印章编号			校　对	绘　图		日　期	

暖通	电气	预算
建筑	结构	给排水

附图 53　水泵房大样图

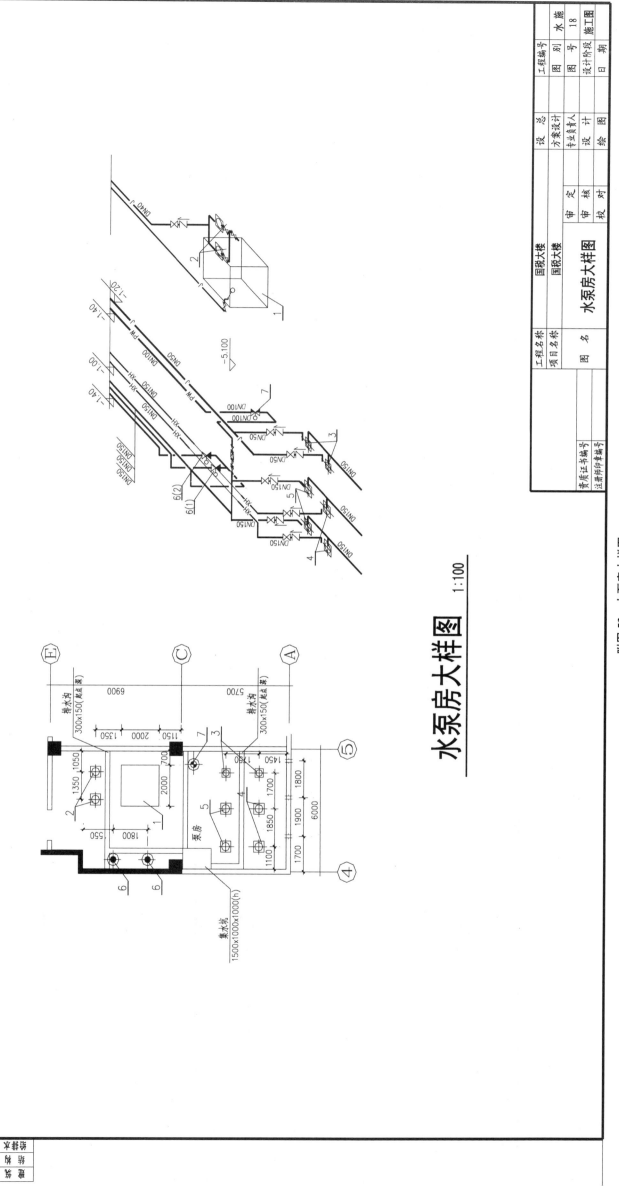

暖通空调设计说明

一、概述

1. 本工程为某住宅楼采暖空调工程，主要使用功能为居住。
2. 本工程为十一层框架结构，地下层为住宅杂物间，建筑面积9933m²，建筑高度34.70m。
3. 设计内容：室内采暖空调、通风系统。

二、设计依据

1.《民用建筑采暖通风与空气调节设计规范》(GB 50736—2012)。
2.《建筑设计防火规范》(GB 50016—2006)。
3.《居住建筑节能设计标准》(DB64/521—2013)。
4.《民用建筑热工设计规范》(GB 50176—1993)。
5.《中华人民共和国工程建设标准强制性条文—房屋建筑部分(2009年版)》。
6.《通风与空调工程施工质量验收规范》(GB 50243—2002)。
7. 建设单位提供的设计要求，建筑专业提供的设计条件图。

三、节能设计部分

1. 本工程各建筑构件的设计均按照《居住建筑节能设计标准》(DB 64/521—2013)的要求。
   (1) 外墙：外墙为200厚加气混凝土砌块墙体，外墙采用外贴35厚挤塑聚苯板保温层。
   (2) 屋面：采用L06J113-P43-63 保温屋面，50厚挤塑聚苯板保温层。
   (3) 外门窗：采用辐射率≤0.25LOW-E中空玻璃隔热铝合金门窗；气密性等级不低于4级。
2. 围护结构设计传热系数具体数值如下表

围护结构名称	外墙		外门窗		屋面 楼板		楼梯间墙		户间内墙		分户门	
节能标准规定值与实际设计值	规定值	设计值	规定值	设计值	规定值	设计值	规定值	设计值	规定值	设计值	规定值	设计值
传热系数/[W/(m²·K)]	≤0.63	0.60	≤2.80	2.70	≤0.55	0.50	≤1.70	1.37	≤1.70	1.58	≤2.00	2.00

3. 风机盘管采用三档调速开关，室内温度设定控制主机输出负荷大小，做到两级节能。
4. 管井内．户内及地下层的空调水管、凝结水管均采用25mm厚柔性泡沫橡塑保温，完全满足GB 50189—2005表4.3.3的节能要求。
5. 经详细计算采暖设计热负荷，实际设计值为31.5W/m²（计算书已存档，备查）。
6. 该建筑热工设计符合山东省居住建筑节能标准要求。

四、空调设计参数

1. 室外设计参数：夏季：计算温度t= 34.8℃，湿球温度 t=26.7℃。
   冬季：计算温度t= −10℃，相对湿度$\varnothing$= 54 %。
   平均风速：冬季v=3.2m/s，夏季v=2.8m/s。
   大气压力：P_d=1020.2hPa；P_x=998.5hPa。
2. 室内设计参数：

设计参数 / 房间名称	夏季 温度/℃	夏季 相对湿度/(%)	冬季 温度/℃	冬季 相对湿度/(%)	人员密度/(m²/p)	新风量/[m³/(p·h)]	噪声/dBA
客厅、餐厅	26	≤60	18	≥30			45
卧室、书房	26	≤55	18	≥30			45
商业用房	25	≤65	18	≥30	0.8	20	60

3. 主要设计负荷指标：冬季空调热负荷313kW，夏季空调冷负荷375kW。

五、空调方式和空调系统

1. 本建筑采用垂直地埋管地源热泵户式中央空调系统，用于冬季采暖和夏季制冷。
2. 空调形式为分户式系统。根据单元布置分户主机集中放置于地下室，户可远程控制。根据用户舒适要求冬、夏季自动供暖/供冷切换。
3. 地源水系统分区集中供应，由专业公司设计及施工。每户空调水系统由泵房内膨胀水箱集中供给。
4. 室内机采用卧式暗装风机盘管，吊顶内安装。送回风风口采用铝合金百叶风口。
5. 热媒配管冬夏季共用，系统为闭式机械循环。供回水温度：冬季40～47℃，夏季7～12℃。
6. 机房内及户内吊顶内所有冷媒水管采用镀锌钢管，丝扣连接，自主机经管道井至户内管道采用铝塑管。铝塑管为整根管道中间不得出现接头，与其他管线及设备采用专用铜管件连接转换。
7. 凝水管采用PVC塑料管，外用10mm厚的25mm厚柔性泡沫橡塑保温，坡度i=0.01。
8. 各种水管支吊架详见国标CN33.34−1.34−2，冷冻水阀门、仪表、管材及附件承压为1.6MPa。
9. 加氟及调试：所有检验进行完毕后，按厂方安装手册向管内加氟，并组织专业人员进行调试。

六、通风排烟部分

1. 本建筑的楼梯及电梯间具有可开启外窗，符合规范要求的自然排烟规定。
2. 本建筑的卫生间及厨房均设置了变压式节能排风道，其房间门下方设进风百叶或留缝隙，废气可自然或由用户设机械风扇排至屋顶。
3. 本建筑除地下走廊设置机械排烟系统。排烟机吸入口处装排烟防火阀排烟温度达到280℃时防火阀自动关闭，同时切断电源风机停转，该防火阀平时常开手动调节风量及打开。
4. 排烟排风风管采用非燃玻璃钢管，连接软接管为不燃材料制作。风管沿梁底敷设。
5. 风管连接方式参《通风与空调工程施工质量验收规范》(GB 50243—2002)。
6. 风管支、吊、托架按国标TF1−268～276 制作与安装，且不得设置在风口、阀门检视门处；吊架不得直接吊在法兰上。
7. 风管支、吊、托架间距凡未注明者，应符合下列规定：
   不保温风管直径或大边长小于400mm者，间距不超过4m；大于或等于400mm者，保温风管间距不超过3m。

七、其他

1. 油漆：油漆前先清除金属表面的铁锈，对于保温管道、刷防锈底漆两遍。非保温管道、刷防锈底漆两遍，耐热色漆或银粉两遍，色漆染色一般应与室内墙壁一致。
2. 冲洗：冷媒系统安装竣工经试压合格后，应对系统反复注水、排水，直至排出水中不含泥砂、铁屑等且水色不浑浊为合格。
3. 试调：系统的工作压力为0.40MPa，试验压力为0.80MPa；经试压和冲洗合格后，即可进行试运行和调试，使各环路的流量分配符合设计要求。
4. 其他各项施工要求，应严格按照《建筑给排水及采暖工程施工质量验收规范》(GB 50242—2002)及《采暖设备安装图集》(DBJ/T14—7)。
5. 本工程所在地为I级非自重湿陷性黄土，各种设备管线的辐射严格按照《湿陷性黄土地区建筑规范》(GB 50025—2004)的要求施工。

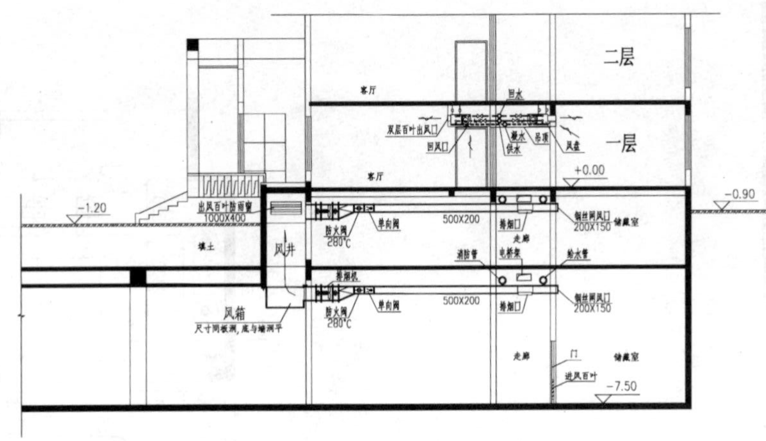

通风空调安装剖面图 1:100

本图为设备安装示意，土建施工以建筑图为准

管材管径对照表

公称直径	DN15	DN20	DN25	DN32	DN40	DN50	DN70	DN80	DN100
钢管	DN15	DN20	DN25	DN32	DN40	DN50	DN70	DN80	DN100
塑料管	De20	De25	De32	De40	De50	De63	De75	De90	De110
铝塑管	1620	2025	2632	3240	4150	5163	6075		

空调水供水管

空调水回水管

稳压供软化水管

凝结水管

资质证书编号	工程名称	居住小区	审定	专业负责人	设计号	
注册师印章编号	项目	住宅楼	院审核	校对	专业	暖通
	暖通空调设计说明		所审核	设计	日期	
			项目负责人	制图	第1张	共8张

附图 54　暖通空调设计说明

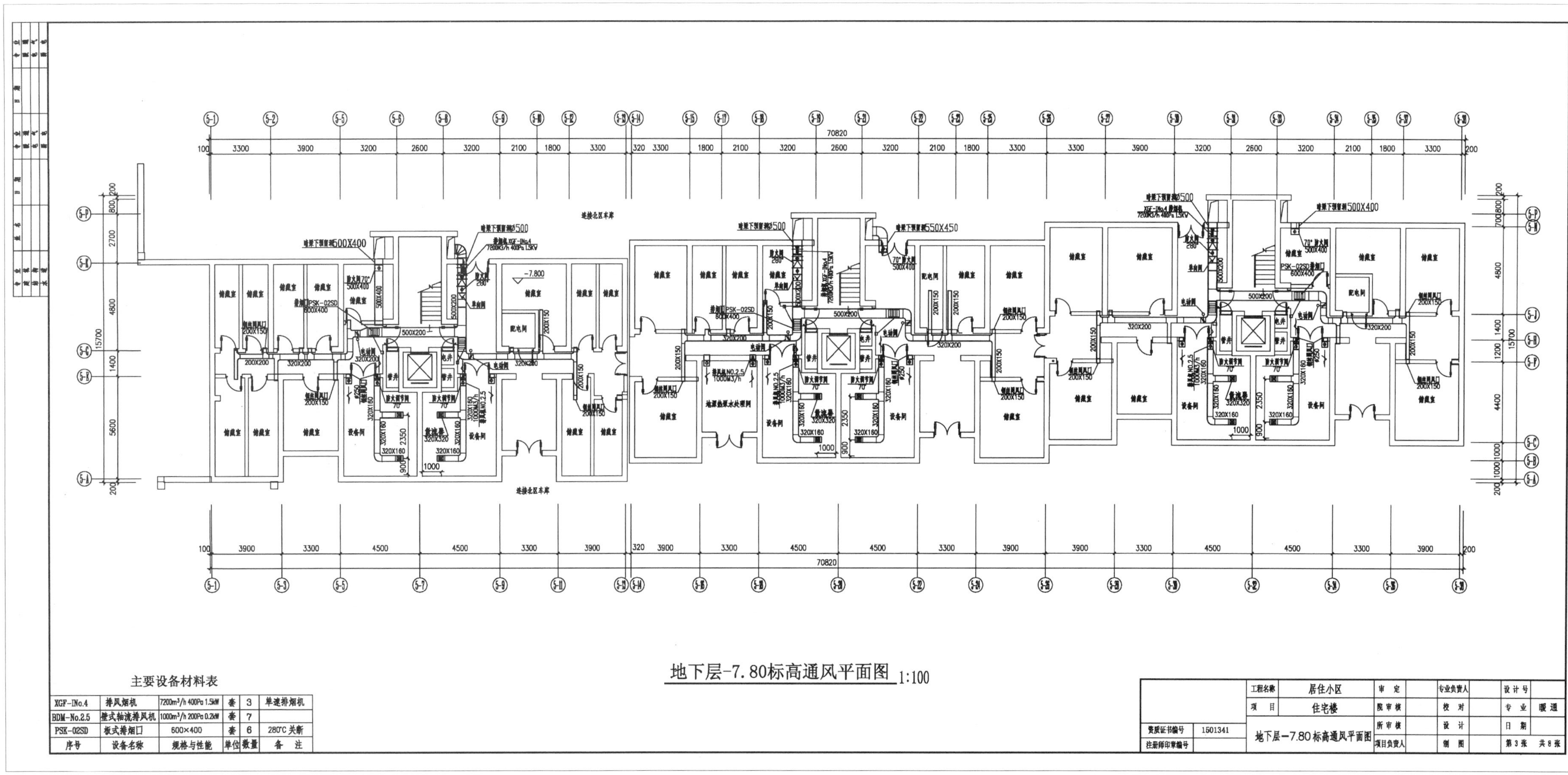

附图 56　地下层—7.80 标高通风平面图

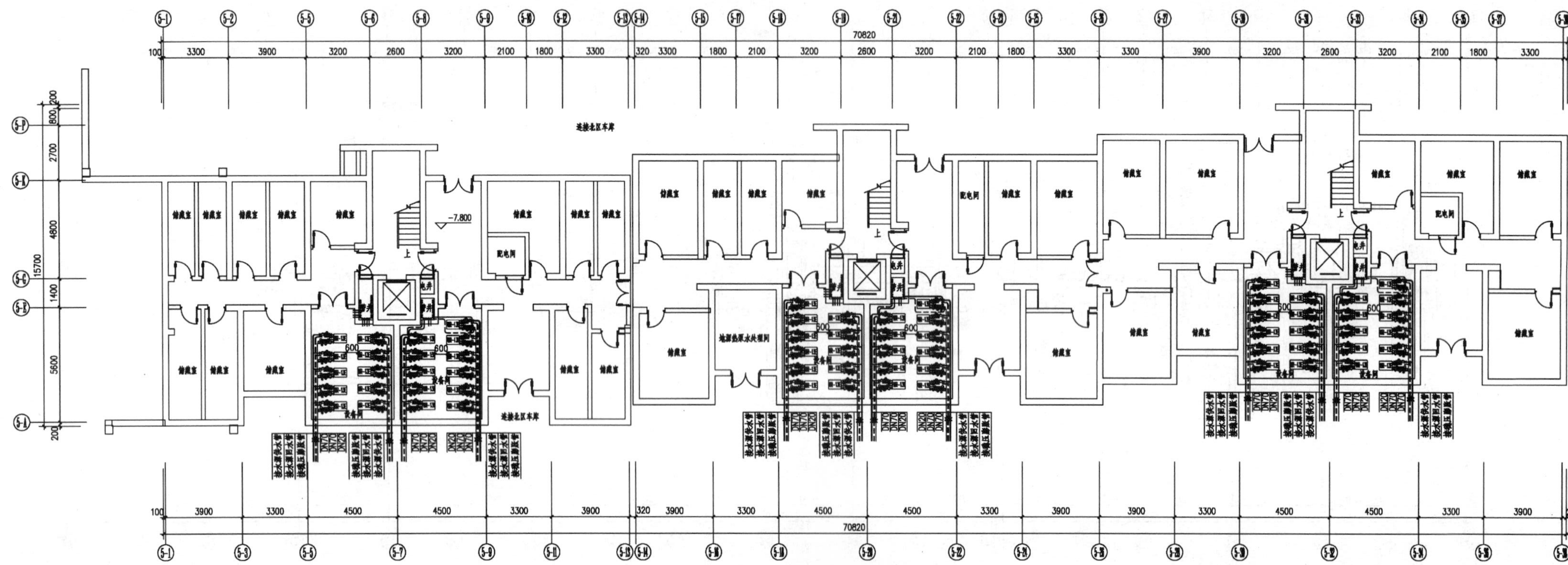

地下层-7.80标高空调平面图 1:100

主要设备材料表

HSSWR-13(D)E	地源热泵机组	制冷量11.5kW/N=2.6kW 制热量10.3kW/N=3.3kW 地源水流量 $2.6m^3/h$	套	65	电源220V
序号	设备名称	规格与性能	单位	数量	备　注

	工程名称	居住小区	审　定	专业负责人	设计号	
	项　目	住宅楼	院审核	校　对	专　业	暖通
资质证书编号 1501341	地下层—7.80标高空调平面图		所审核	设　计	日　期	
注册师印章编号			项目负责人	制　图	第2张	共8张

附图 55　地下层—7.80 标高空调平面图

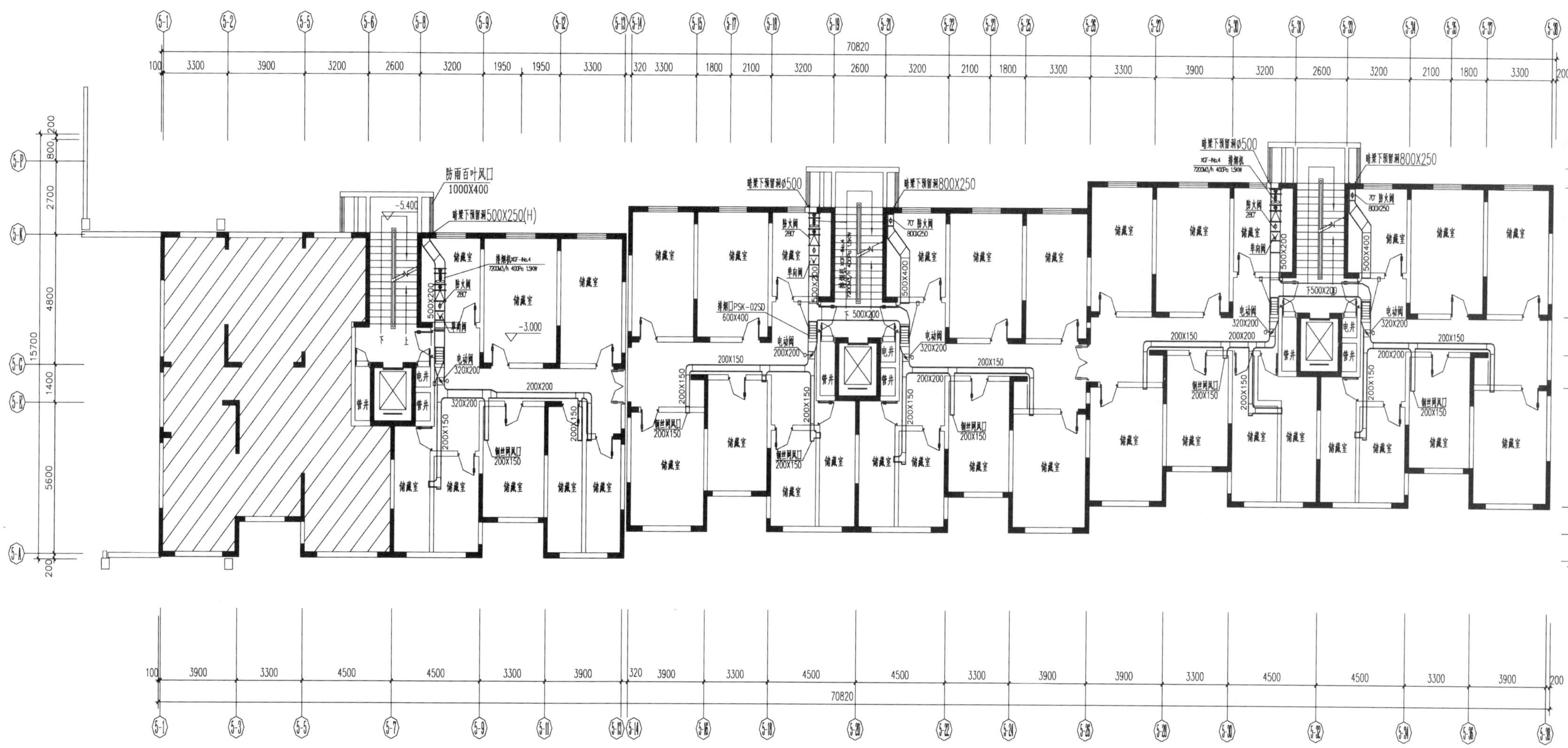

地下层-3.00标高通风平面图 1:100

主要设备材料表

序号	设备名称	规格与性能	单位	数量	备注
XGF-INo.4	排风烟机	7200m³/h 400Pa 1.5kW	套	3	单速排烟机
PSK-02SD	板式排烟口	600mm×400mm	套	5	280℃关断

工程名称	居住小区	审 定	专业负责人	设计号	
项 目	住宅楼	院 审 核	校 对	专 业	暖 通
资质证书编号	地下层-3.00标高通风平面图	所 审 核	设 计	日 期	
注册师印章编号		项目负责人	制 图	第4张	共8张

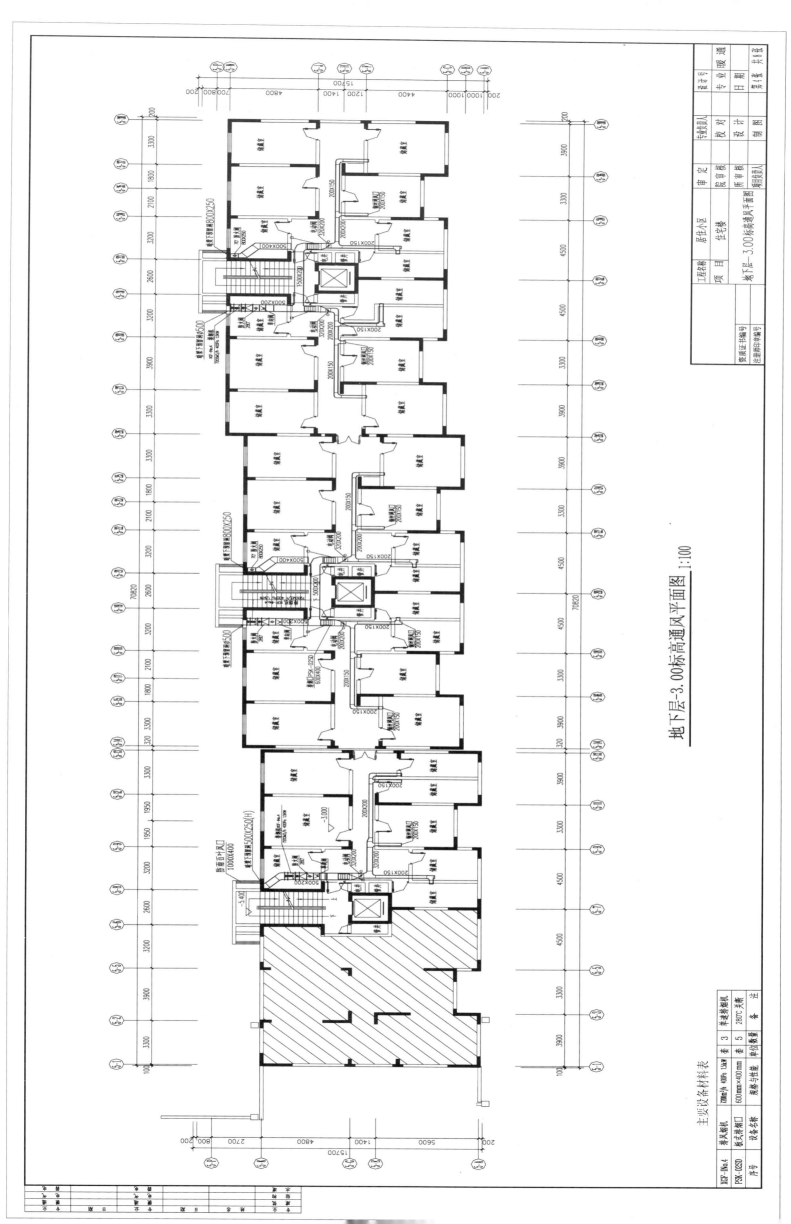

附图 57　地下层－3.00 标高通风平面图

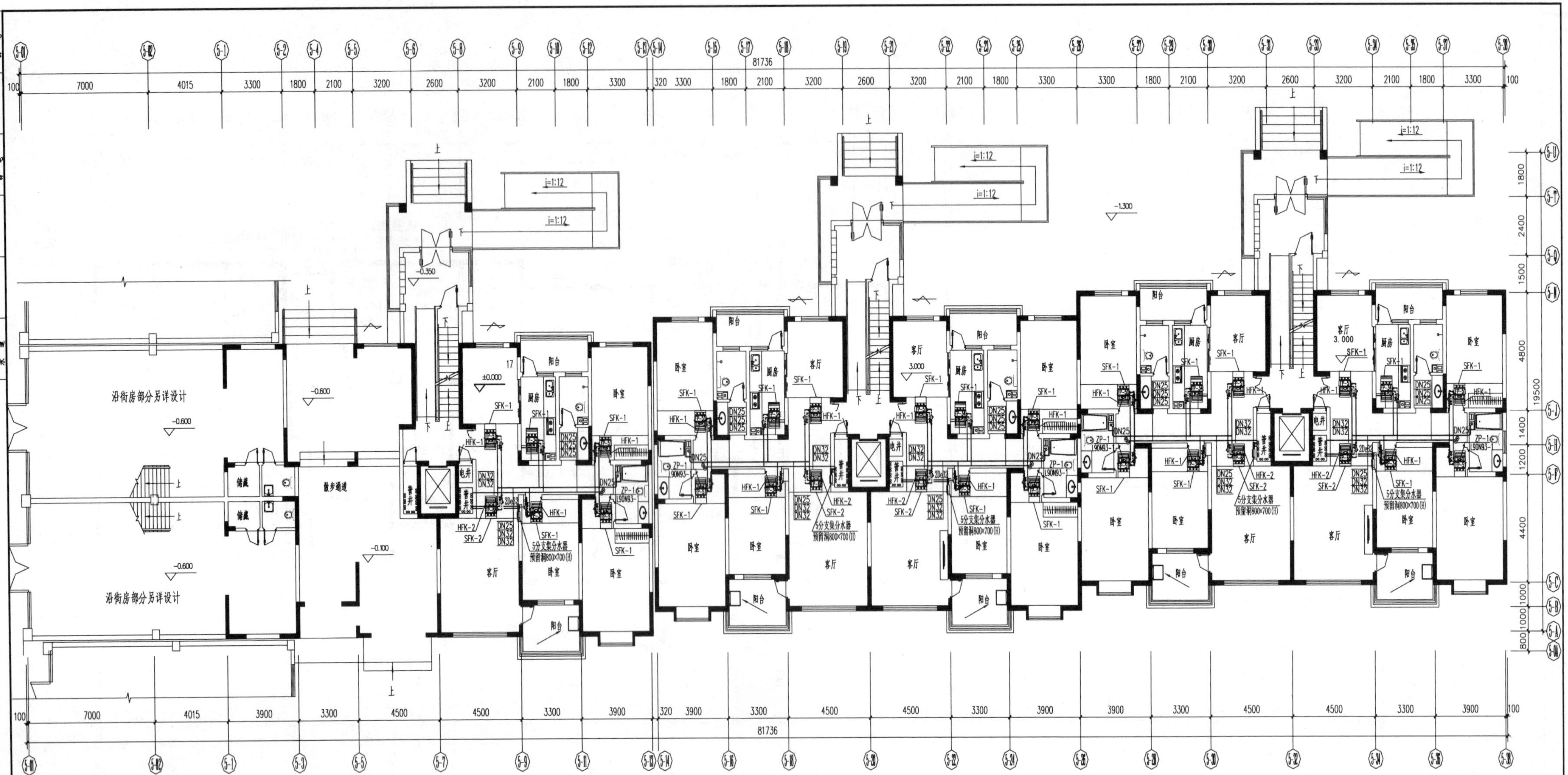

一层空调平面图 1:100

主要设备材料表

序号	设备名称	规格与性能	单位	数量	备注
FP-34	风机盘管	L=442m³/h N=48W Q_L=2.18kW Q_R=3.50kW	台	10	
FP-51	风机盘管	L=663m³/h N=64W Q_L=3.04kW Q_R=5.02kW	台	15	
FP-68	风机盘管	L=884m³/h N=82W Q_L=3.60kW Q_R=6.10kW	台	5	客厅
SFK1	双层百叶送风口	600mm×160mm	个	25	
SFK2	双层百叶送风口	700mm×160mm	个	5	
HFK1	铝合金回风口	500mm×200mm	个	25	单层百叶
HFK2	铝合金回风口	600mm×200mm	个	5	单层百叶

	工程名称	居住小区	审定		专业负责人		设计号
	项目	住宅楼	院审核		校对		专业 暖通
资质证书编号	一层空调平面图		所审核		设计		日期
注册师印章编号			项目负责人		制图		第5张 共8张

附图 58 一层空调平面图

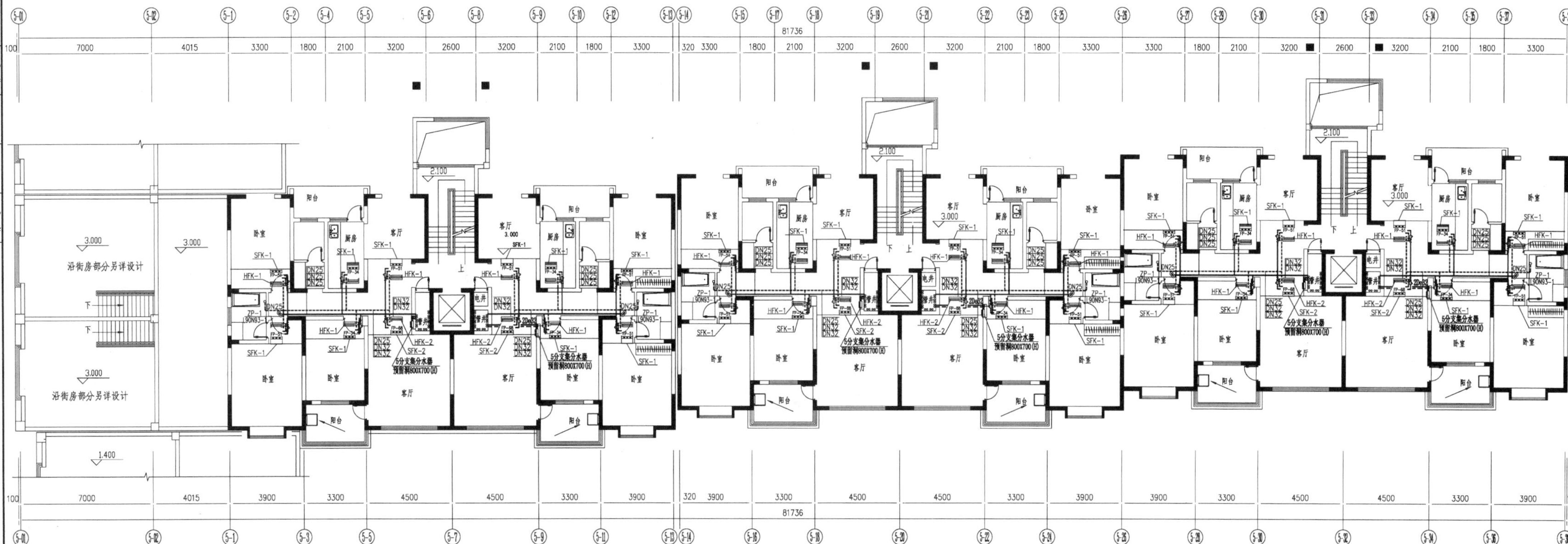

主要设备材料表

序号	设备名称	规格与性能	单位	数量	备注
FP-34	风机盘管	L=442m^3/h N=48W Q_L=2.18kW Q_R=3.50kW	台	12	
FP-51	风机盘管	L=663m^3/h N=64W Q_L=3.04kW Q_R=5.02kW	台	18	
FP-68	风机盘管	L=884m^3/h N=82W Q_L=3.60kW Q_R=6.10kW	台	6	客厅
SFK1	双层百叶送风口	600X160	个	30	
SFK2	双层百叶送风口	700X160	个	6	
HFK1	铝合金回风口	500X200	个	30	单层百叶
HFK2	铝合金回风口	600X200	个	6	单层百叶

二层空调平面图 1:100

工程名称	居住小区	审定		专业负责人	设计号	
项目	住宅楼	院审核		校对	专业	暖通
资质证书编号	二层空调平面图	所审核		设计	日期	
注册师印章编号		项目负责人		制图	第6张	共8张

附图 59　二层空调平面图

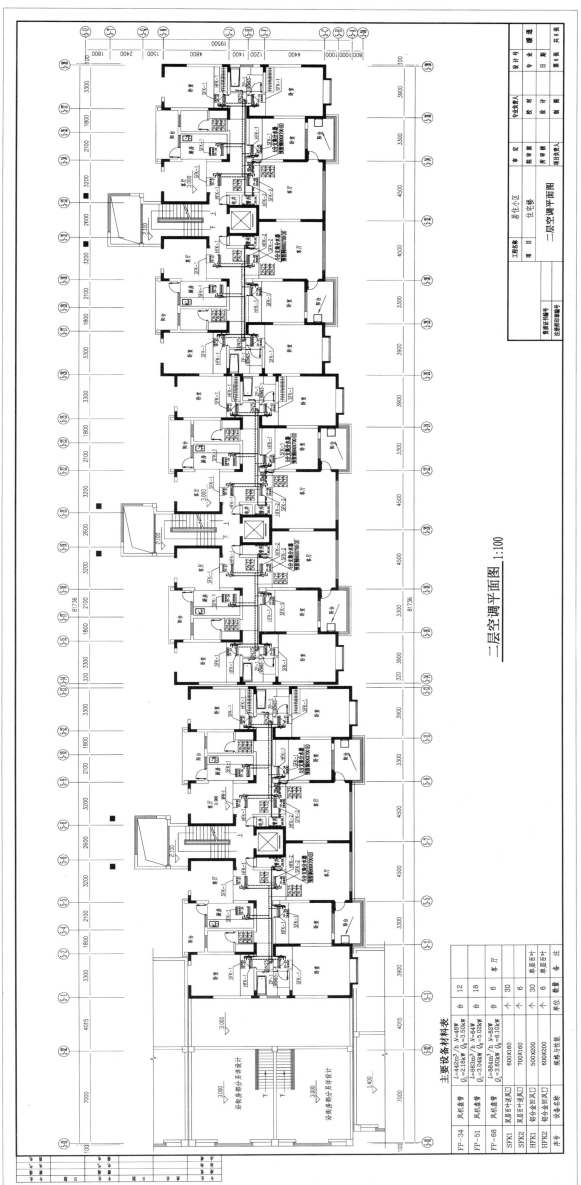

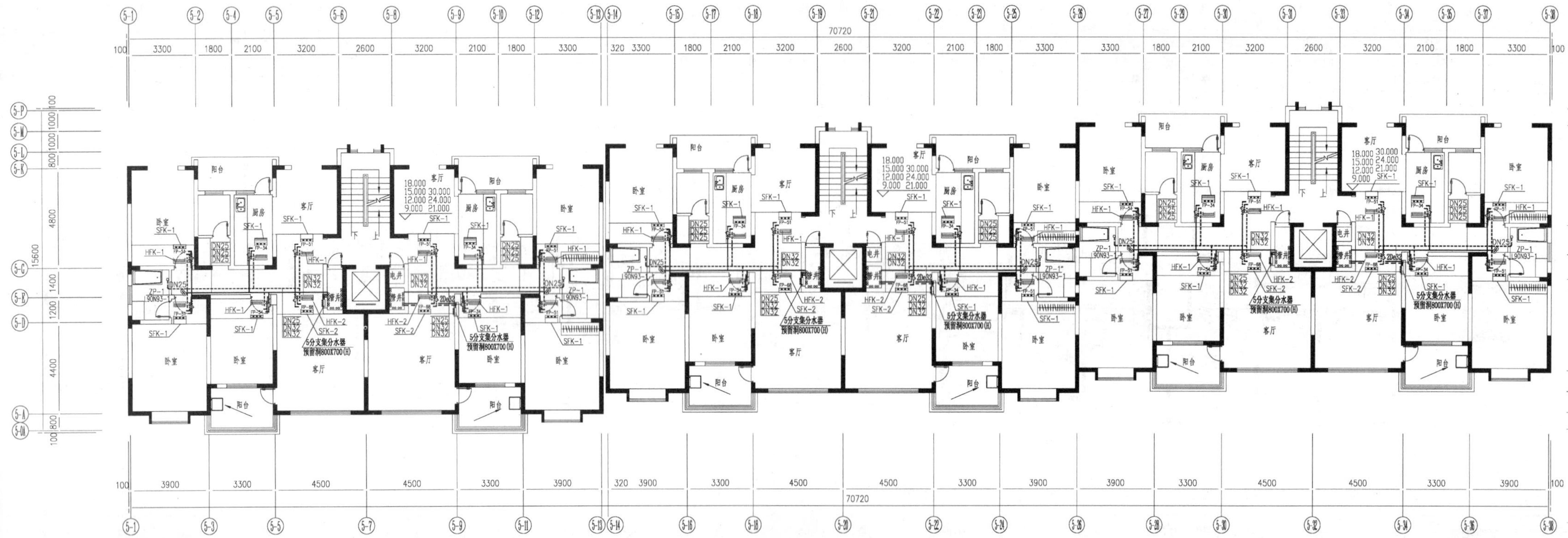

主要设备材料表

序号	设备名称	规格与性能	单位	数量	备注
FP-34	风机盘管	L=442 m³/h N=48W Q_L=2.18kW Q_R=3.50kW	台	12	
FP-51	风机盘管	L=663 m³/h N=64W Q_L=3.04kW Q_R=5.02kW	台	18	
FP-68	风机盘管	L=884 m³/h N=82W Q_L=3.60kW Q_R=6.10kW	台	6	客厅
SFK1	双层百叶送风口	600X160	个	30	
SFK2	双层百叶送风口	700X160	个	6	
HFK1	铝合金回风口	500X200	个	30	单层百叶
HFK2	铝合金回风口	600X200	个	6	单层百叶

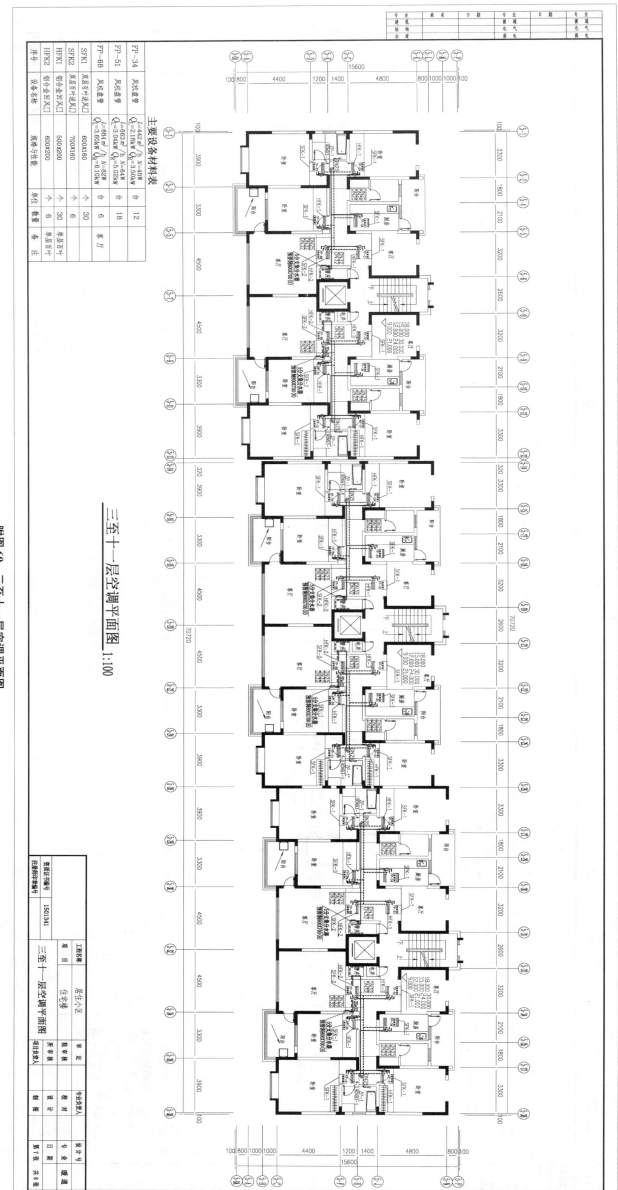

三至十一层空调平面图 1:100

	工程名称	居住小区	审定	专业负责人	设计号	
	项目	住宅楼	院审核	校对	专业	暖通
资质证书编号 1501341	三至十一层空调平面图		所审核	设计	日期	
注册师印章编号			项目负责人	制图	第7张	共8张

附图 60　三至十一层空调平面图